建设行业专业技术管理人员职业资格培训教材

预算员专业基础知识

危道军　主编

中国建筑工业出版社

图书在版编目（CIP）数据

预算员专业基础知识/危道军主编. —北京：中国建筑工业出版社，2009
建设行业专业技术管理人员职业资格培训教材
ISBN 978-7-112-10801-5

Ⅰ. 预… Ⅱ. 危… Ⅲ. 建筑预算定额-资格考核-教材 Ⅳ. TU723.3

中国版本图书馆 CIP 数据核字（2009）第 038872 号

本书为建设行业专业技术管理人员职业资格培训教材之一。主要内容包括：构造与识图、工程材料基础知识、施工技术知识和工程施工组织与管理等。本书可作为预算员的培训教材，也可供相关专业工程技术人员参考。

*　　*　　*

责任编辑：朱首明　李　明
责任设计：郑秋菊
责任校对：陈晶晶　孟　楠

建设行业专业技术管理人员职业资格培训教材
预算员专业基础知识
危道军　主编
*
中国建筑工业出版社出版、发行（北京西郊百万庄）
各地新华书店、建筑书店经销
北京嘉泰利德公司制版
北京同文印刷有限责任公司印刷
*

开本：787×1092 毫米　1/16　印张：15¾　字数：385 千字
2010 年 5 月第一版　2019 年 11 月第十三次印刷
定价：**35.00** 元
ISBN 978-7-112-10801-5
（18063）

版权所有　翻印必究
如有印装质量问题，可寄本社退换
（邮政编码 100037）

前 言

本书参照我国最新颁布的新标准、新规范编写，取材上力图反映我国工程建设施工的实际，内容上尽量符合实践需要，以达到学以致用、学有创造的目的，文字上深入浅出、通俗易懂、便于自学，以适应建筑施工企业管理的特点。

本书为预算员职业岗位资格考试培训教材。重点介绍了作为预算员所必须掌握的构造与识图、工程材料基础知识、施工技术知识、工程施工组织与管理等。与《预算员专业实务》一书配套使用。

本书由危道军主编、庄保勤副主编。参加编写人员有：危道军、庄保勤、易操、李云、王彩云、万宇鸿、危莹。全书由危道军教授统稿。

本书编写过程中得到了湖北省建设教育协会、湖北城市建设职业技术学院、上海城市管理职业技术学院、恩施土家族苗族自治州建委等的大力支持，在此表示衷心感谢！

本书在编写过程中，参考了大量书籍资料，在此对作者表示感谢！

由于我们水平有限，加之时间仓促，错误之处在所难免，我们恳切希望广大读者批评指正。

目 录

一、构造与识图 ·· 1
  （一）建筑构造与识图 ·· 1
  （二）结构构造与识图 ·· 50
  （三）设备施工图的内容及识图方法 ·· 86

二、工程材料基础知识 ·· 92
  （一）混凝土组成材料及其特性 ·· 92
  （二）砌筑材料的品种与特性 ··· 99
  （三）常用建筑钢材的品种与特性 ·· 114
  （四）沥青和沥青混合料的技术要求与应用 ····································· 125
  （五）建筑石材、木材的品种与特性 ·· 133

三、施工技术知识 ·· 136
  （一）土方工程施工工艺 ··· 136
  （二）基础工程施工工艺 ··· 146
  （三）砌筑工程施工工艺 ··· 154
  （四）钢筋混凝土工程施工工艺 ··· 164
  （五）预应力混凝土工程施工工艺 ·· 178
  （六）结构安装工程施工工艺 ·· 185
  （七）防水工程施工工艺 ··· 194
  （八）装饰工程施工工艺 ··· 204
  （九）钢结构工程施工工艺 ·· 216

四、工程施工组织与管理 ·· 223
  （一）工程施工组织 ·· 223
  （二）工程项目管理 ·· 240

主要参考文献 ·· 247

一、构造与识图

（一）建筑构造与识图

1. 正投影基本知识

(1) 三面正投影图

由三个互相垂直相交的平面作为投影面组成的投影面体系，称为三投影面体系（图1-1）。为方便作图，需将三个垂直相交的投影面展平到同一平面上，如图1-2所示。

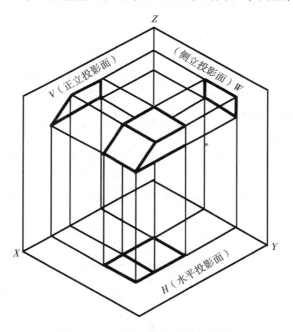

图1-1 三面正投影的形成原理

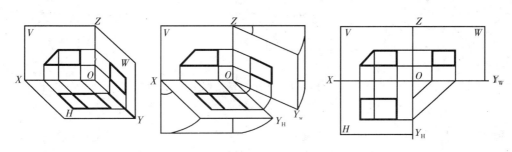

图1-2 三面正投影的展开方法

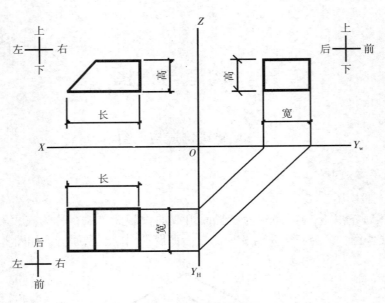

图 1-3 三面正投影图

三面正投影图的特性归纳起来为"长对正、高平齐、宽相等"(图1-3)。

(2) 点、直线、平面的投影

1) 点的投影

将空间点 A 放在三投影面体系中,自 A 点分别向三个投影面作投影线(即垂线),获得点的三面投影。空间点用大写字母表示,如"A"点在 H、V、W 面的投影用相应小写字母"a、a'、a''"表示,依次称为 A 点的水平投影、正面投影和侧面投影。如图1-4(a)所示。

点的投影规律(图1-4b):

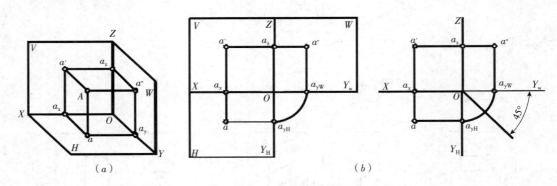

图 1-4 点的三面投影图
(a) 直观图; (b) 投影图

规律1 点的正面投影与水平投影相连,必在同一垂直连线上,即 $aa' \perp OX$;

规律2 点的正面投影和侧面投影相连,必在同一水平连线上,即 $a'a'' \perp OZ$;

规律3 点的水平投影到 OX 轴的距离等于该点的侧面投影到 OZ 轴的距离,反映空间

点到 V 面的距离，即 $aa_x = a''a_z$。（同理，空间点到 H 和 W 面的距离也可从点的正面、水平投影中得到反映）。

2）直线的投影

直线对一个投影面的相对位置有一般位置直线、投影面平行线、投影面垂直线三种。

一般位置直线倾斜于三个投影面，对三个投影面都有倾斜角，我们分别以 α、β、γ 表示。如图 1-5 所示。

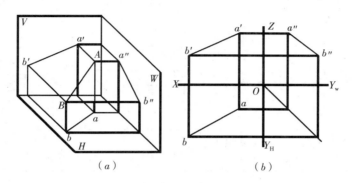

图 1-5 一般位置直线的投影
（a）直观图；（b）投影图

投影面平行线的投影特性如表 1-1。

投影面平行线的投影特性　　　　表 1-1

	水平线	正平线	侧平线
立体图			
投影图			
投影特性	1. 在平行的投影面上的投影反映实长，且反映与其他两个投影面真实的倾角 2. 另外两个投影面上的投影分别平行于对应的投影轴，且其长度要缩短		

投影面垂直线的投影特性如表 1-2。

投影面垂直线的投影特性　　　　　　　　　　　　　　　　　　　　　　表 1-2

	铅垂线	正垂线	侧垂线
立体图			
投影图			
投影特性	1. 在垂直的投影面上的投影积聚成一点 2. 另外两个投影面上的投影分别垂直于对应的投影轴，且都反映实长		

3) 平面的投影

平面按与投影面的相对位置，可分为一般位置平面、投影面平行面和投影面垂直面。平面倾斜于投影面，它的投影不反映平面的实形，如图 1-6 所示。

图 1-6　一般位置平面的投影

投影面平行面的投影特性如表 1-3。

投影面平行面的投影特性　　　　　　　　　　　　　　　　　　　　　　表 1-3

	水平面	正平面	侧平面
立体图			

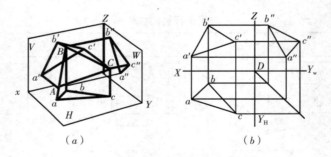

续表

	水平面	正平面	侧平面
投影图			
投影特性	1. 在平行的投影面上的投影反映实形 2. 在另外两投影面上的投影积聚成直线，并分别平行于相应的投影轴		

投影面垂直面的投影特性如表 1-4。

投影面垂直面的投影特性　　　　　　　　　　　　表 1-4

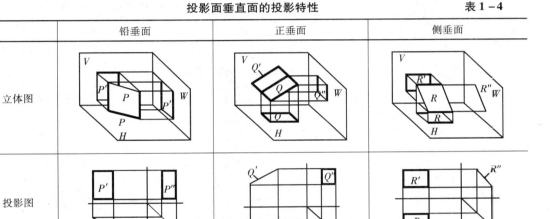

	铅垂面	正垂面	侧垂面
立体图			
投影图			
投影特性	1. 平面在所垂直的投影面上的投影积聚成直线，且对两轴的夹角反映平面对两投影面夹角 2. 另外两投影面比原实形小		

（3）形体的投影

建筑工程中各种形状的物体都可看作是各种简单几何体的组合。

基本形体（几何体）按其表面的几何性质分为平面立体和曲面立体两部分。

1）平面立体

由若干平面所围成的几何体称为平面立体。常见的平面立体有棱柱体、棱锥体等。

①棱柱体的投影。长方体是棱柱体的一种，其表面是由六个四边形（正方形或矩形）平面组成的，面与面之间和两条棱线之间均互相平行或垂直（图 1-7）。

长方体的三面投影图上可以看出：正面投影反映长方体的长度和高度，水平投影反映长方体的长度和宽度，侧面投影反映长方体的宽度和高度。

②棱锥体的投影。棱锥体是由若干个三角形的棱锥面和底面构成，其投影仍是空间一般位置和特殊位置平面投影的集合，投影规律和方法同平面的投影（图 1-8）。

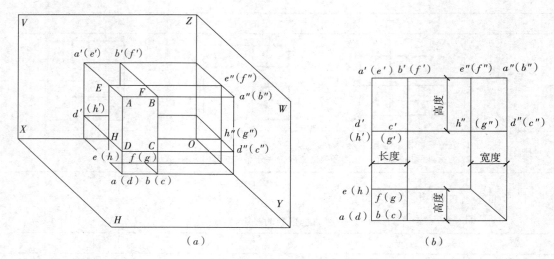

图 1-7　正棱柱的投影
(a) 立体图；(b) 三面投影图

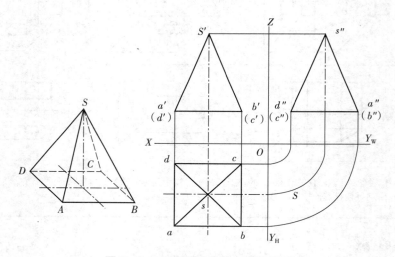

图 1-8　正四棱锥体的三面投影图

根据放置的位置关系，正四棱锥体底面在 H 面的投影反映实形，锥顶 S 的投影在底面投影的几何中心上，H 面投影中的四个三角形分别为四个锥面的投影。

2）曲面立体

由曲面或曲面与平面所围成的几何体称为曲面体。常见的曲面体有圆柱、圆锥、圆球等。

圆柱体的投影如图 1-9 所示。

圆锥体的投影如图 1-10 所示。

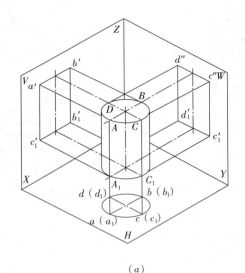 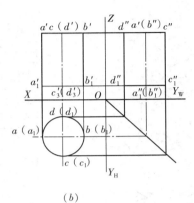

(a) (b)

图 1-9 圆柱体的投影图

(a) 直观图；(b) 投影图

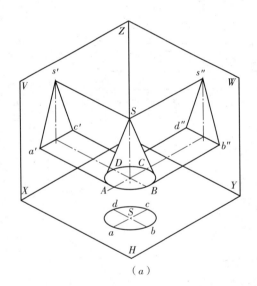 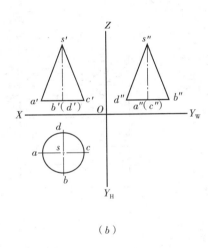

(a) (b)

图 1-10 圆锥体的投影图

(a) 直观图；(b) 投影图

3) 组合体的尺寸标注

建筑物体是由基本形体（棱柱、棱锥、圆柱、圆锥）组合而成的，习惯称之为组合体。组合体的尺寸标注必须保证尺寸齐全，即下列三种尺寸缺一不可。

①定形尺寸：确定各基本形体大小形状的尺寸，如图 1-11 所示。

②定位尺寸：确定构成组合体的各基本形体的相对位置尺寸，即离尺寸基准的上下、

7

左右、前后的距离,如图 1-12 所示。

③总体尺寸:组合体的总长、总宽和总高尺寸,如图 1-13 所示。

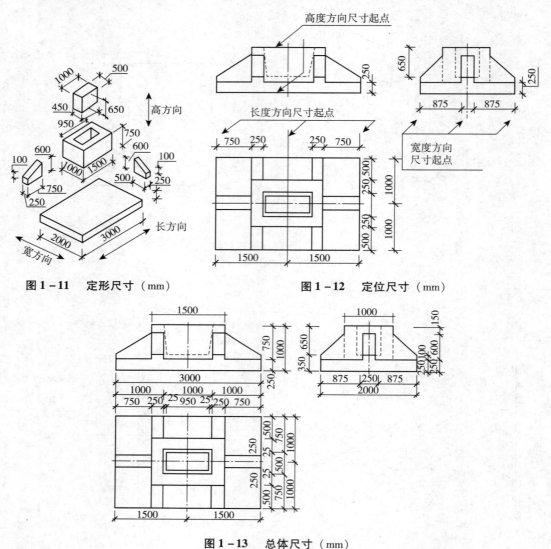

图 1-11　定形尺寸(mm)　　　图 1-12　定位尺寸(mm)

图 1-13　总体尺寸(mm)

2. 墙体的建筑构造

(1) 墙体的分类

按墙体的位置分为内墙和外墙;按墙体布置的方向分为纵墙和横墙(习惯上,外纵墙称为檐墙,外横又称山墙;两纵墙间的距离称为进深,两横墙间的距离称为开间);按墙体的位置有窗间墙、窗下墙、女儿墙。按墙体的受力情况分为承重墙和非承重墙(承重墙是承担上部传来的荷载及自重的墙体;仅承担自身重量不承受外来荷载的墙称为非承重墙,非承重墙又分为自承重墙、隔墙和幕墙);按墙体的构成材料分为砖墙、石墙、砌块墙、混凝土墙、钢筋混凝土墙等;按墙体的构造形式分为实体墙、空体墙和复合墙(空体墙又分为空斗墙、空心砌块墙、空心板墙等，复合墙由两种以上材料组合而成，如加气混凝土复合板材墙，其中混凝土起承重作用，加气混凝土起保温隔热作用）；按墙体承重结构方案分为横墙承重、纵墙承重、纵横墙承重和外墙内柱承重；按施工方法分为叠砌墙、板筑墙和装配式板材墙。

（2）墙体的细部构造

墙体的细部构造有基础、勒脚、门窗过梁、窗台、圈梁、构造柱等（图1-14）。

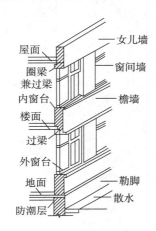

图1-14 外墙墙身构造示意图

1）基础

在建筑工程中，建筑物与土层直接接触的部分称为基础；支承建筑物重量的土层叫地基。基础是建筑物的主要承重构件，属于隐蔽工程。

2）勒脚构造

首层室内地面以下，基础以上的墙体常称为勒脚。该部位包括墙身防潮层、勒脚、散水和室外明沟等。

①勒脚高度一般指室内地坪与室外设计地面之间的高差部分。一些重要建筑也有将首层窗台至室外地面的高度做成勒脚的。一般构造做法如图1-15所示。

A. 抹灰：采用20mm厚1:3水泥砂浆抹面、1:2水泥石子浆水刷石或斩假石抹面。

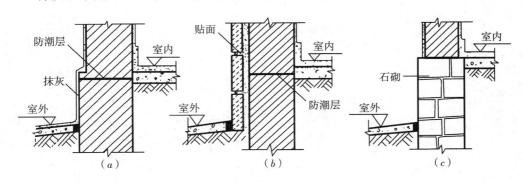

图1-15 勒脚构造做法
(a) 抹灰；(b) 贴面；(c) 石材砌筑

B. 贴面：采用天然石材或人工石材，如花岗石、水磨石板等。

C. 石材砌筑：采用条石等。

②墙身防潮层。为了防止土壤中的水分沿基础墙上升或位于勒脚处地面水渗入墙内，在内外墙的墙脚部位连续设置防潮层。构造形式有水平防潮层和垂直防潮层。

A. 防潮层的位置

当室内地面垫层为混凝土等密实材料时，防潮层的位置应设在垫层范围内，低于室内地坪 60mm（即 -0.060m 标高）处设置（图1-16a）；当内墙两侧地面出现高差或室内地面低于室外地面时，应在墙身设高低两道水平防潮层，并在土壤一侧设垂直防潮层（图1-16b、c）。

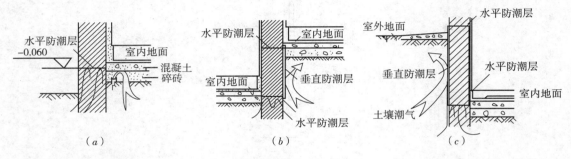

图 1-16 墙身防潮层的位置

（a）位置合适；（b）当室内地层有高差时；（c）当室内地面低于室外地面时

B. 墙身水平防潮层的构造

a. 防水砂浆防潮层　采用 20~25mm 厚防水砂浆（水泥砂浆中加入 3%~5% 防水剂）或防水砂浆砌三皮砖。不宜用于地基会产生不均匀变形的建筑中（图1-17a）。

b. 油毡防潮层　油毡的使用年限一般只有 20 年左右，且削弱了砖墙的整体性。不应在刚度要求高或地震区采用（图1-17b），目前已较少采用。

c. 配筋混凝土防潮层　这种防潮层多用于地下水位偏高、地基土较弱而整体刚度要求较高的建筑中（图1-17c）。如在防潮层位置处设有钢筋混凝土地圈梁时，可不再单

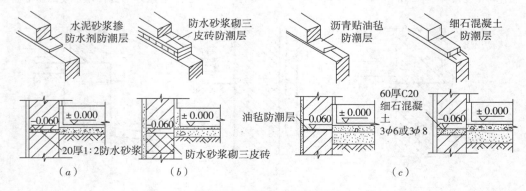

图 1-17 墙身水平防潮层

（a）防水砂浆防潮层；（b）油毡防潮层；（c）配筋细石混凝土防潮层

设防潮层。

③散水与明沟。房屋四周勒脚与室外地面相接处一般设置散水（有时带明沟或暗沟）。

散水的排水坡度3%~5%，宽度一般为600~1000mm，一般构造是在基层（即：素土夯实），有的在其上还做2:8灰土一层，再浇筑60~80mm厚C15混凝土垫层（图1-18a），随捣随抹光或在垫层上再设置15~20mm厚1:2.5水泥砂浆面层。寒冷地区应在基层上设置300~500mm厚炉渣、中砂或粗砂防冻层。散水与外墙交接处、散水整体面层纵向距离每隔5~8m处应设分格缝，缝宽为20~30mm，并用弹性防水材料（如沥青砂浆）嵌缝，以防渗水（图1-18b）。明沟用砖砌、石砌或混凝土现浇，沟底纵坡坡度0.5%~1%（图1-18c）。

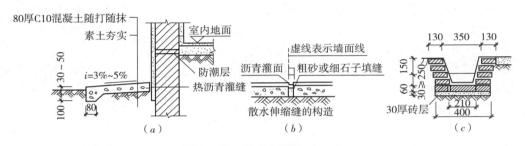

图1-18 散水与明沟（mm）
（a）散水构造示意图；（b）散水变形缝；（c）砖砌明沟示意图

3）门窗过梁

在门窗洞口上设置横梁，即门窗过梁。常见的有砖拱过梁、钢筋砖过梁和钢筋混凝土过梁三种形式。

①砖砌平拱/弧拱过梁。砂浆强度不低于M5.0，砖的强度不低于MU10。上口灰缝宜小于15mm，下口灰缝不小于5mm，起拱L1/50，洞口跨度1.0m左右，最大不宜超过1.8m，有集中荷载或建筑受振动荷载时不宜采用这种过梁形式。构造要求如图1-19所示。

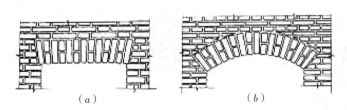

图1-19 砖砌过梁
（a）砖砌平拱过梁；（b）砖砌弧拱过梁

②钢筋砖过梁。适用于跨度1.5~2.0m、上部无集中荷载及抗震设防要求的建筑。清水墙时，可将钢筋砖过梁沿内外墙连通砌筑，形成钢筋砖圈梁。构造要求如图1-20所示。

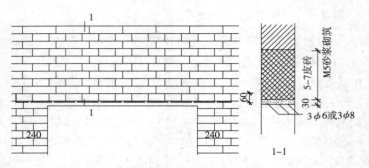

图 1-20　钢筋砖过梁构造示意图（mm）

③钢筋混凝土过梁。钢筋混凝土过梁有现浇和预制两种。梁高及配筋由设计确定。构造要点如下：

A. 断面形式为矩形时多用于内墙和混水墙，L 形多用于外墙、清水墙和寒冷地区。

B. 梁高与砖的皮数相适应，即 60mm 的整倍数，断面梁宽一般同墙厚，梁长为洞口尺寸 +240×2（两端支承在墙上的长度不少于 240mm）（图 1-21）。

C. 过梁与圈梁、悬挑雨篷、窗楣板或遮阳板等可一起构造（图 1-22）。

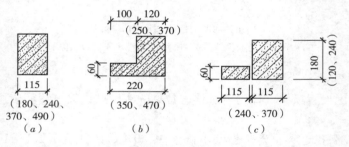

图 1-21　钢筋混凝土过梁截面形式和尺寸（mm）
(a) 矩形过梁；(b) L 形过梁；(c) 组合过梁

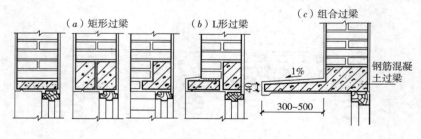

图 1-22　过梁的几种形式（mm）

4）窗台

窗台位于窗洞口下部，距楼地面 900~1000mm。窗台类型按位置分有内、外窗台；按形式分有悬挑、不悬挑窗台；按材料分有砖砌、钢筋混凝土窗台（图 1-23）。

外窗台表面做一定排水坡度，一般作抹灰或贴面处理，窗台可丁砌、侧砌一皮砖或预制混凝土悬挑 60mm，并做滴水槽。内窗台一般水平设置，与室内装修一致。寒冷地区的窗台下留凹龛（称为暖气槽），便于安装暖气片。

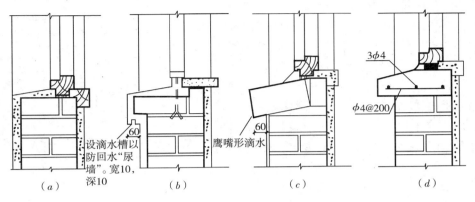

图 1-23 窗台形式

（a）不悬挑窗台；（b）粉滴水的悬挑窗台；（c）侧砌砖窗台；（d）预制钢筋混凝土外挑窗台

5）圈梁

沿外墙四周及部分内墙设置在同一水平面上的连续闭合的梁称为圈梁，对墙体起到整体稳定作用。圈梁和构造柱共同作用可提高建筑物的空间刚度及整体性，增加墙体的抗震功能，减少由于地基不均匀沉降而引起的墙身开裂。

①圈梁的位置。常设于基础顶面、楼层顶面及屋顶檐口处。

②圈梁的构造。

A. 钢筋砖圈梁的构造：梁高 4~6 皮砖，上、下两层灰缝中各加入的钢筋不少于 $3\phi6$ 或 $3\phi8$，水平间距不宜大于 120mm，砂浆强度等级不宜低于 M5，如图 1-24（a）所示。钢筋砖圈梁一般不用于抗震地区。

B. 钢筋混凝土圈梁的构造：地震区钢筋混凝土圈梁的配筋要求参见相关标准。在非地震区，圈梁内纵筋不少于 $4\phi8$，箍筋间距不大于 300mm。圈梁的截面高度应为砖厚的整倍数，并不小于 120mm，宽度与墙厚相同，如图 1-24（b）、（c）所示。

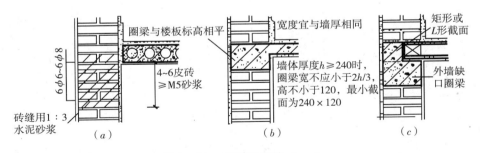

图 1-24 圈梁的构造（mm）

（a）钢筋砖圈梁；（b）圈梁与楼板一起现浇；（c）现浇或预制钢筋混凝土圈梁

③圈梁的搭接补强。当圈梁被门窗洞口截断时，圈梁应设置附加圈梁，其截面、配筋和混凝土强度等级均不变（图 1-25）。设计烈度大于等于 8 度时，圈梁必须贯通封闭。

④圈梁与过梁的关系。当圈梁的高度位置符合要求时,也可用圈梁兼做过梁,俗称"以圈代过",实践中运用较多,但兼做过梁段的圈梁内的配筋应进行验算,以满足强度要求。

6) 构造柱

构造柱是砖混结构房屋中,为抗震需要设置在墙身中的竖向构件。它在墙基础混凝土中插钢筋,随墙体砌筑升高,一起浇筑施工。构造柱通常与圈梁一起组合,成为砖混结构房屋中的抗震"筋骨"。

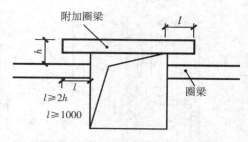

图1-25 圈梁补强措施——附加圈梁

构造要点如下:

①设置要求。构造柱不单设基础,但应伸入室外地坪以下500mm的基础内,或锚固在室外地坪以下500mm的地圈梁或基础梁内,构造柱的上部应伸入顶层圈梁或女儿墙压顶内,以形成封闭的骨架。

②断面与配筋要求。一般为240mm×240mm、240mm×360mm等,最小断面为240mm×180mm。竖向钢筋一般用4ϕ12,箍筋ϕ6间距不大于200mm,每层楼的上下各500mm处为箍筋加密区,其间距加密至100mm。

设计烈度为7度超过6层,设计烈度为8度超过5层及设计烈度为9度时,构造柱纵筋宜采用4ϕ14,箍筋直径不小于ϕ8,间距不大于200mm,并且一般情况下房屋四角的构造柱钢筋直径均较其他构造柱钢筋直径大一个等级(图1-26a)。

③砌筑要求。"先墙后柱"是指先砌墙体,后浇钢筋混凝土柱(混凝土等级不低于

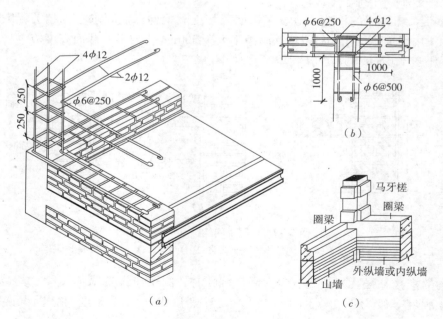

图1-26 构造柱与马牙槎的构造(mm)

(a)外墙转角处;(b)内外墙交接处;(c)马牙槎构造示意图

C15；拉结钢筋是指柱内沿墙高每500mm伸出2ϕ6锚拉筋和墙体连接，每边伸入墙内不少于1.0m，若遇到门窗洞口，压长不足1.0m时，则应有多长压多长，使墙柱形成整体（图1-26b）；构造柱两侧的墙体应"五进五出"，即沿柱高度方向每300mm（5皮砖）高伸出60mm，再300mm高收回60mm，形成"马牙槎"（图1-26c）。

（3）幕墙的分类与构造

幕墙是由金属构件与各种板材组成的悬挂在建筑主体结构上的轻质装饰性外围护墙。一般由专业装饰公司施工。幕墙的基本结构类型有：

1）根据用途不同

幕墙可分为外幕墙和内幕墙。外幕墙用作外墙立面，主要起围护及装饰作用，内幕墙用于室内可起到分隔作用。

2）根据饰面所用材料不同

幕墙可分为玻璃幕墙、金属薄板（如铝板、不锈钢）幕墙、石材幕墙等。

①金属薄板幕墙：幕墙的金属薄板既是建筑物的围护构件，也是墙体的装饰面层。主要有铝合金、不锈钢、彩色钢板、铜板、铝塑板等。多用于建筑物的入口处、柱面、外墙勒脚等部位。采用有骨架幕墙体系，金属薄板与铝合金骨架的连接采用螺钉或不锈钢螺栓连接。

②石板幕墙：幕墙主要采用装配式轻质混凝土板材或天然花岗石做幕墙板，骨架多为型钢骨架，骨架的分格一般不超过900mm×1200mm。石板厚度一般为30mm。石板与金属骨架的连接多采用金属连接件钩或挂接。花岗石色彩丰富、质地均匀、强度高且抗大气污染性能强，多用于高层建筑的底部。

3）根据结构构造组成不同

幕墙划分为型钢框架结构体系、铝合金明框结构体系、铝合金隐框结构体系、无框架结构体系等。

①型钢框架体系：这种体系是以型钢为幕墙的骨架，将铝合金框与骨架固定，然后再将玻璃镶嵌在铝合金框内。也可不用铝合金框，而完全用型钢组成玻璃幕墙的框架。

②铝合金型材框架体系：目前应用最多的这种体系是以特殊截面的铝合金型材为框架，兼有龙骨及固定玻璃的双重作用，无需另行安装其他配件，玻璃镶嵌在框架的凹槽内。

③不露骨架结构体系：这种结构体系是以特别的连接将铝合金封框与骨架相连，然后用胶粘剂将玻璃粘结固定在封框上。

④外观无框的玻璃幕墙体系：这种仅用于首层的局部装饰，体系中玻璃本身既是饰面材料，又是支撑和承重构件。所用的玻璃多为钢化玻璃或夹层钢化玻璃。其构造采用悬挂式结构，即以间隔一定距离设置粘结的竖向厚玻璃条，或用吊钩及特殊的型材从上部将玻璃悬吊起。吊钩及特殊型材一般是以通孔螺栓固定在槽钢主框架上，然后再将槽钢悬挂于梁或板底下。此外，为了增强玻璃的刚度，还需在上部加设支撑框架，下部设支撑横档，并每隔一定距离用条形玻璃作为加强肋板，称为肋玻璃。这类玻璃幕墙通透感强，立面简洁，一般多用于建筑的首层较为开阔的部位。

3. 楼板、楼地面及屋顶的建筑构造

(1) 楼板的类型、楼板的组成与构造

楼板层是多层建筑中沿水平方向分隔上下空间的结构构件。应具有足够的强度、刚度和一定程度的隔声、防火、防水等能力，同时必须仔细考虑各种设备管线的走向。

1) 楼板层的类型

楼板层按所用材料不同，分木楼板、钢筋混凝土楼板以及压型钢板混凝土组合楼板等多种形式。钢筋混凝土楼板为目前最常见的楼板形式。它按施工方式不同又分为下列三种类型。

①现浇钢筋混凝土楼板。现浇钢筋混凝土楼板适合于整体性要求较高、平面位置不规则、尺寸不符合模数或管道穿越较多的楼面。按其受力和传力情况分为有板式楼板、梁板式楼板（如单梁式楼板、复梁式楼板和井格式楼板）、无梁楼板（图1-27）。

②预制装配式钢筋混凝土楼板。根据其截面形式可分为实心平板、槽形板、空心板和T形板四种类型（图1-28）。

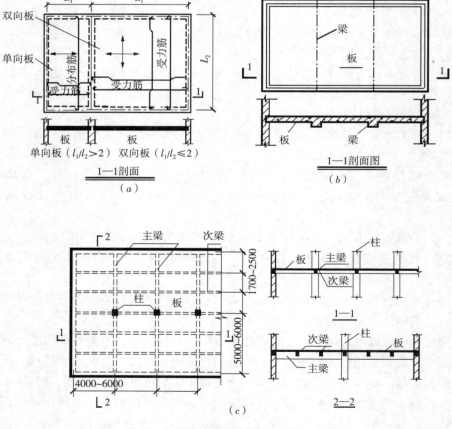

图1-27 现浇钢筋混凝土楼板的类型（mm）
(a) 板式楼板；(b) 单梁式楼板；(c) 复梁式楼板（单向板）

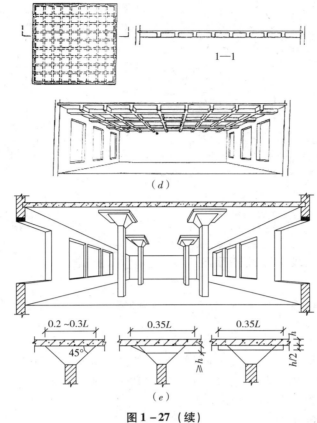

图1-27（续）

(d) 井格式楼板；(e) 无梁楼板

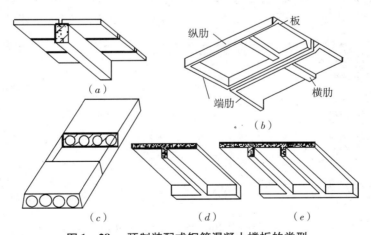

图1-28 预制装配式钢筋混凝土楼板的类型

(a) 实心平板；(b) 槽形板；(c) 空心板；(d) 单T板；(e) 双T板

③预制装配整体式钢筋混凝土楼板。预制装配整体式钢筋混凝土楼板是将楼板中的部分构件预制，然后到现场安装，再以整体浇筑其余部分的办法连接而成的楼板，它兼有现浇和预制的双重优越性，整体性较好，又可节省模板。

叠合楼板是由预制板和现浇钢筋混凝土层叠合而成的装配整体式楼板。预制板既是楼板结构的组成部分，又是现浇钢筋混凝土叠合层的永久性模板，现浇叠合层内应设置受负弯矩的钢筋，并可在其中敷设水平设备管线（图1-29）。

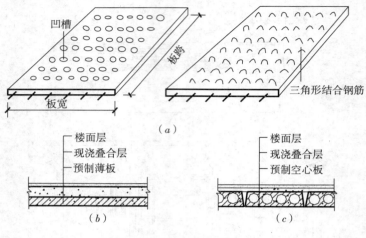

图1-29 叠合楼板

2）楼板层的组成

楼板层的基本组成：面层、附加（构造）层、结构层、顶棚层。

面层（又称为楼面）起着保护楼板、清洁和装饰作用；结构层（即楼板）是楼层的承重部分，现代建筑中主要采用钢筋混凝土楼板；顶棚层主要起保护楼板、安装灯具、装饰室内、敷设管线等作用。

此外，还可根据功能及构造要求增加附加构造层（又称为功能层），如防水层、隔声层等（图1-30），主要起隔声、隔热、保温、防水、防潮、防腐蚀、防静电等作用。

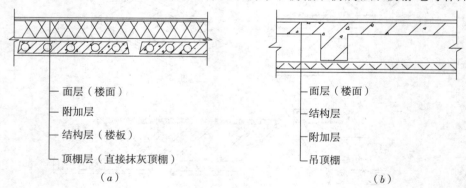

图1-30 楼板层的基本组成
（a）预制钢筋混凝土楼板层；（b）现浇钢筋混凝土楼板层

3）钢筋混凝土楼板的构造

这里主要介绍预制钢筋混凝土楼板的构造。

①梁、板的搁置方式。主梁沿短跨方向布置，经济跨度一般为5~8m；次梁一般与

主梁正交，经济跨度一般为4~6m。板的短边直接搁置在墙或梁上。其中板在梁上的搁置方式有两种：一是搁置在梁的顶面，如矩形梁（图1-31a）；二是搁置在梁出挑的翼缘上，如花篮梁如图1-31（b）所示。后一种搁置方式使室内的净空高度增加了一个板厚。

②坐浆。板在安装前，先在墙（梁）上铺设厚度不小于10mm的水泥砂浆。

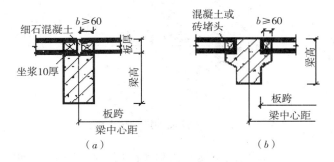

图1-31　板搁置在梁上（mm）
(a) 板搁置在矩形梁上；(b) 板搁置在花篮梁上

③梁、板的搁置长度。梁在墙上的搁置长度：次梁为240mm，主梁为370mm。板在墙上的搁置长度一般不宜小于110mm；板在梁上的搁置长度不小于60mm。

④板缝的构造。板的侧缝有V形缝、U形缝、凹槽缝三种形式，缝宽10mm左右。板与板、板边与墙、板端之间的缝隙用细石混凝土或水泥砂浆灌实。房间的楼板布置时，当缝差在60mm以内时，调整板缝宽度最大不超过20mm；当缝差超过60mm且在120mm以内，或因竖向管道沿墙边通过时，则采用局部现浇板带；当缝差超过200mm，则需重新选择板的规格。

此外，空心板在安装前，板端凸出的受力钢筋向上压弯，不得剪断；圆孔端头用预制混凝土块或砖块砂浆堵严（安装后要穿导线的孔以及上部无墙体的板除外），以提高板端抗压能力及避免传声、传热和灌缝材料的流入。

（2）楼地面的建筑构造

1）楼地面防水构造

有水侵蚀的房间，如厕所、淋浴室等，需对房间的楼板层、墙身采取有效的防潮、防水措施。通常从两方面着手解决：

①楼地面的排水：楼地面设置排水坡度（一般为1%~1.5%），引导水流入地漏。而且有水房间地面应比相邻地面低20~30mm；若不设此高差，则应在门口做20~30mm高的门槛。

②楼地面的防水：采用现浇钢筋混凝土楼板，整体现浇水泥砂浆、水磨石或贴地砖等防水性较好的面层材料。防水要求较高的房间，还应在楼板与面层之间设置防水层（如防水卷材、防水砂浆和防水涂料），防水层沿周边向上卷起至少150mm。遇到开门时，应将防水层向外延伸250mm以上（图1-32）。

2）楼地面的隔声构造

①设置弹性面层：楼板面层上铺设弹性面层，如地毯、橡胶、塑料板等。

②设置弹性垫层：在楼板面层和结构层之间设置隔声、隔热材料（如水泥砂浆、陶粒等）作垫层，降低撞击声的传递。

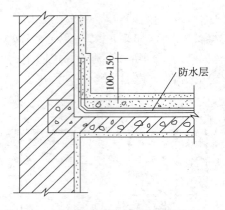

图1-32　有水房间的墙身防水措施（mm）

③设置吊顶：利用吊顶棚内的空间和吊顶棚面层的阻隔而使声能减弱。还可在顶棚上铺设吸声材料，隔声效果更佳。

3）楼地面的面层构造

①整体地面。

常见的整体地面有水泥砂浆地面、水泥石屑地面、水磨石地面等。

A. 水泥砂浆地面的构造。

水泥砂浆地面构造简单，坚固、耐磨、防水，但易起灰，不易清洁，通常做法如图1-33所示。

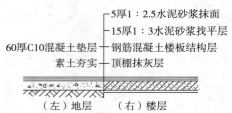

图1-33　水泥砂浆地面构造示意图（mm）

B. 水泥石屑地面的构造。

水泥石屑地面又称豆石地面，是将水泥砂浆里的中粗砂换成3~6mm的石屑形成的饰面，其饰面为20~25mm厚1:2水泥石屑，水灰比不大于0.4。

C. 水磨石地面的构造。

水磨石地面是将天然石料（大理石、方解石）的石碴做成水泥石屑面层，经磨光打蜡制成（图1-34）。质地美观，表面光洁，具有很好的耐磨、耐久、耐油、耐碱、防火、防水性能，通常用于公共建筑门厅、走道的地面踢脚。

②块材类地面。

常用块材类地面有陶瓷地砖、陶瓷锦砖、彩色水泥砖、大理石板、花岗石板等。

A. 铺砖地面的构造。

铺砖地面是按干铺和湿铺两种方式铺设黏土砖、水泥砖、预制混凝土块等。湿铺坚实平整，适用于要求不高或庭园小道等处。

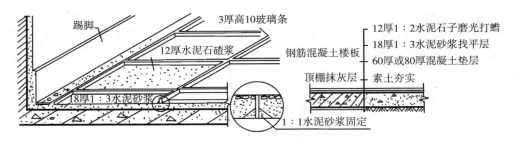

图1-34 水磨石楼地面构造示意图（mm）

B. 陶瓷锦砖地面、陶瓷地砖和石板地面。

陶瓷地砖多用于装修标准较高的建筑物地面；陶瓷锦砖用于卫生间、盥洗室、浴室、厨房、实验室及有腐蚀性液体的房间地面；石板地面包括天然石地面（如大理石和花岗石板，一般多用于高级宾馆、会堂、公共建筑的大厅、门厅等处）和人造石（预制水磨石、预制混凝土块）地面。天然石板、粗琢面的花岗石板可用在纪念性建筑、公共建筑的室外台阶、踏步上，既耐磨又防滑。

③木地面。

木地板以其不起灰、不返潮、易清洁、弹性和保温性好，常用于高级住宅、宾馆、体育馆、健身房、剧院舞台等建筑中。材料有普通实木地板、复合木地板、软木地板，构造形式有单（双）层铺钉式和粘贴式。

A. 铺钉单层木地板构造要点如下（图1-35）：

a. 找平后防潮：冷底子油和热沥青各一道。

b. 铺设木搁栅：通过与预埋在结构层内的U型铁件嵌固或10号双股镀锌钢丝扎牢，格栅间的空间可安装各种管线。

c. 铺钉普通木地板或硬木条形地板：木胶和铁钉固定。

注意：木搁栅和木板背面满涂氟化钠防腐剂；木板与四周墙体留5~8mm间隙；踢脚板上开通风孔；搁栅间可填珍珠岩或防腐粉；拼缝。

d. 刨平油漆。也有免漆地面（钉好安装完后，即清扫打蜡完工）。

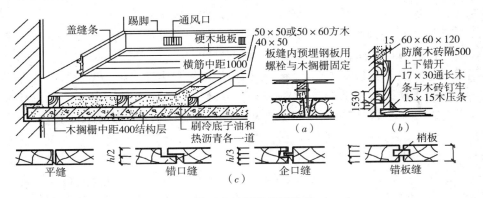

图1-35 单层木地面铺钉式构造（mm）
(a) 搁栅固定方式；(b) 通风踢脚板构造；(c) 拼缝形式

B. 双层木地板具有更好的弹性。底板又称毛板，采用普通木板，与搁栅呈30°或45°方向铺钉，面板采用硬木拼花板或硬木条板，底板和面板之间应衬一层350号沥青油毡。其他构造与单层木地板相同（图1-36）。

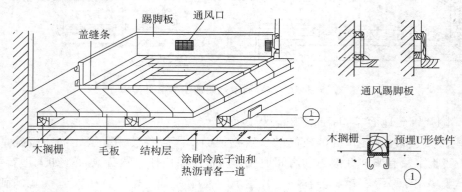

图1-36 双层木地面铺钉式构造

C. 粘贴式木地面是用胶粘剂直接将木地板粘贴在找平层上。若为底层地面，则应在找平层上做防潮层，或直接用沥青砂浆找平。

④人造软质制品楼地面构造。

人造软质制品楼地面是指以人造软质制品覆盖材料覆盖基层所形成的楼地面，如橡胶制品、塑料制品和地毯等。人造软质制品可分为块材和卷材两种，其铺设方式有固定式与不固定式，固定方法又分为粘贴式固定法与倒刺板固定法。

4）顶棚的构造

顶棚俗称天花板。要求表面光洁、美观，改善室内照度以提高室内装饰效果；特殊要求的房间顶棚还要求具有隔声吸声或反射声音、保温、隔热、管道敷设等方面的功能。

①顶棚的类型。

按施工方法分类有抹灰刷浆类顶棚、裱糊类顶棚、贴面类顶棚、装配式板材顶棚等。

按装修表面与结构基层关系分类有直接式顶棚、悬吊式顶棚。

按结构层（构造层）显露状况分类有隐蔽式顶棚、开敞式顶棚。

按饰面材料与龙骨关系分类有活动装配式顶棚、固定式顶棚等。

按装饰表面材料分类有木质顶棚、石膏板顶棚、金属板顶棚、玻璃镜面顶棚等。

②直接式顶棚的构造。

直接式顶棚是指直接在钢筋混凝土屋面板或楼板下表面直接喷浆、抹灰或粘贴装修材料的一种构造方法。常用于装饰要求不高的一般建筑，如办公室、住宅、教学楼等。

A. 直接喷刷涂料顶棚：当板底平整时，可直接喷、刷大白浆或106涂料。

B. 直接抹灰顶棚：它是用麻刀灰、纸筋灰、水泥砂浆和混合砂浆等材料构造，其中纸筋灰应用最普遍。

C. 直接贴面顶棚：某些有保温、隔热、吸声要求的房间，以及楼板底不需要敷设管线而装修要求又高的房间，采用泡沫塑料板、铝塑板或装饰吸声板等贴面顶棚。这类顶棚与悬吊式顶棚的区别是不使用吊杆，直接在结构楼板底面敷设固定龙骨，再铺钉装饰面板。

③吊顶式（悬吊式）顶棚构造。

悬吊式顶棚是指顶棚的饰面与屋面板或楼板等之间留有一定的距离，利用这一空间布置各种管道和设备，如灯具、空调、烟感器、喷淋设备等。悬吊式顶棚综合考虑了音响、照明、通风等技术要求，具有立体感好、形式变化丰富的特点，适用于中、高档的建筑顶棚装饰。

悬吊式顶棚一般由基层、面层、吊筋三个基本部分组成（图1-37）。

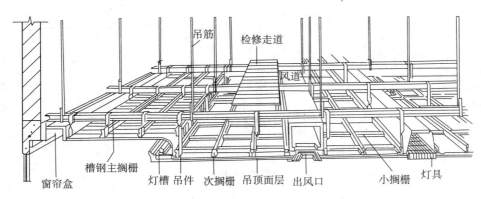

图1-37　悬吊式顶棚的构造组成

吊顶基层即吊顶骨架层，是一个由主龙骨、次龙骨（或称为主搁栅、次搁栅）所形成的网格骨架体系。常用的吊顶基层有木基层和金属基层（轻钢龙骨和铝合金龙骨）两大类。

吊顶面层的构造要结合灯具、风口布置等一起进行，吊顶面层一般分为抹灰类、板材类及搁栅类。最常用的是各类板材。

板材面层与龙骨架的连接因面层与骨架材料的形式而异，如螺钉、螺栓、圆钉、特制卡具、胶粘剂连接等，或直接搁置、挂钩在龙骨上。

吊筋或吊杆是用钢筋、型钢、轻钢型材或木方连接龙骨和承重结构的承重传力构件。钢筋用于一般顶棚；型钢用于重型顶棚或整体刚度要求特别高的顶棚；木方一般用于木基层顶棚。

（3）屋顶的类型与构造

屋顶是建筑物最上层覆盖的外围护结构，构造的核心是防水，此外，还要做好屋顶的保温与隔热构造。

1）屋顶的类型

屋顶的形式与建筑的使用功能、屋面材料、结构类型以及建筑造型要求有关（表1-5）。

2）屋顶的组成

①平屋顶的组成。

平屋顶一般由面层（防水层）、保温隔热层、结构层和顶棚层四部分组成（图1-38）。面层（防水层）常用的有柔性防水和刚性防水两种方式；南方地区，一般不设保温层，而北方地区则很少设隔热层；结构层宜采用现浇钢筋混凝土结构；顶棚层的作用及构造与楼板层顶棚层基本相同。

表 1-5 屋顶的形式

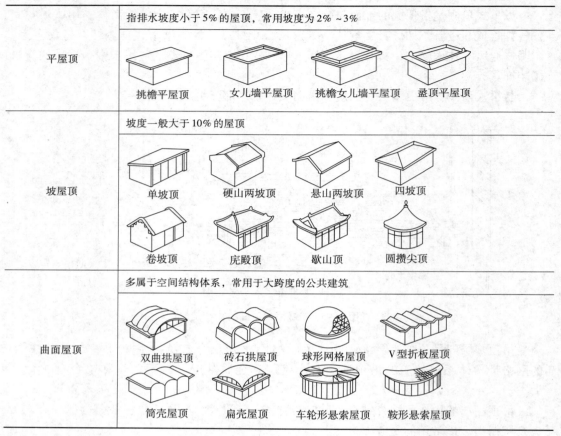

② 坡屋顶的组成。

坡屋顶一般由承重结构和屋面两部分所组成，必要时还有保温隔热层及顶棚等（图 1-39）。承重结构（图 1-40）一般有椽子、檩条、屋架或大梁等。屋面包括屋面盖料和基层，如挂瓦条、顺水条和屋面板等。

坡屋面盖面材料有平瓦屋面、钢筋混凝土挂瓦板平瓦屋面以及钢筋混凝土板瓦屋面等。

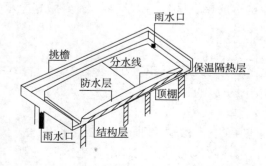

图 1-38 平屋顶的组成

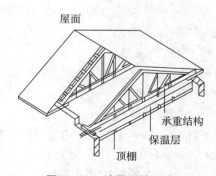

图 1-39 坡屋顶的组成

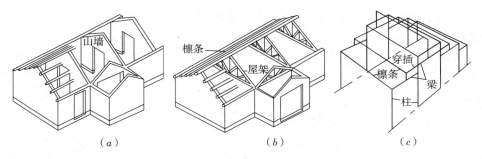

图 1-40　坡屋顶承重结构形式
(a) 横墙承重；(b) 屋架承重；(c) 梁架承檩式屋架

3）平屋面的构造

平屋面按防水可分为卷材防水、刚性防水和涂膜防水屋面等。

① 卷材防水屋面构造。

卷材防水亦称柔性防水，基本构造层次由找坡层、找平层、结合层、防水层和保护层组成（图 1-41），适用于防水等级为Ⅰ~Ⅳ的屋面防水。

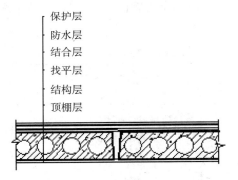

图 1-41　卷材防水屋面的基本构造组成

A. 找坡层。找坡分为材料找坡和结构找坡。

a. 材料找坡：材料找坡亦称垫置坡度或填坡。坡度一般为 2%，最薄处厚度不小于 20mm（图 1-42a）。

b. 结构找坡：结构找坡亦称搁置坡度或撑坡，不另设找坡层。坡度一般为 3%（图 1-42b）。

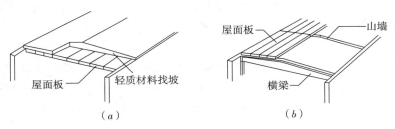

图 1-42　平屋顶坡度的形成
(a) 材料找坡；(b) 结构找坡

B. 找平层。找平层的位置一般设在结构层或保温层上面（表1-6）。

找平层 表1-6

类别	基层种类	厚度/mm	技术要求
水泥砂浆找平层	整体混凝土	15~20	1:2.5~1:3（水泥:砂子）体积比
	整体或板状材料保温层	20~25	
	装配式混凝土板、松散材料保温层	20~30	
细石混凝土找平层	松散材料保温层	30~35	混凝土强度等级为C20
沥青砂浆找平层	整体混凝土	15~20	质量比为1:8
	装配式混凝土板、整板或板状材料保温层	20~25	

C. 结合层。结合层材料应根据卷材防水层材料的不同来选择，如油毡卷材、聚氯乙烯卷材及自粘型彩色三元乙丙复合卷材用冷底子油（沥青加汽油或煤油等溶剂稀释而成，在常温下喷涂）。结合层采用涂刷法或喷涂法进行施工。

D. 卷材防水层。卷材防水层材料、材料性能质量及构造要点包括卷材防水层的厚度控制见表1-7。附加防水层、铺贴方向与搭接、沥青胶厚度的控制、粘贴方式等方面也有相应的施工规定。

防水层厚表（单位：mm） 表1-7

屋面材料					
类型	合成高分子类		高聚物改性沥青类		沥青类涂料
材料品种	三元乙丙橡胶、氯化聚乙烯橡胶共混卷材、氯磺化聚乙烯、氯化聚乙烯和聚氯乙烯		SBS改性沥青、APP改性沥青和再生橡胶改性沥青		石油沥青纸胎油毡，沥青黄麻胎油毡和沥青玻纤胎油毡
材料特点	抗拉强度高，延伸率大，耐老化		改善了沥青的高温流淌、低温冷脆的弱点，大部分采用胶粘剂冷粘施工和热熔施工		
防水等级	卷材	涂料	卷材	涂料	
Ⅰ级	1.5	2.0	3.0	3.0	
Ⅱ级	1.2	2.0	3.0	3.0	
Ⅲ级	1.2复合1.0	2.0复合1.0	4.0复合2.0	3.0复合1.5	8.0

E. 隔离层。上人卷材防水屋面块体或细石混凝土面层与防水层之间应做隔离层，隔离层可采用麻刀灰等低强度等级的砂、干铺油毡、黄砂等。

②刚性防水屋面构造。

刚性防水屋面是采用刚性材料如防水砂浆、细石混凝土、配筋细石混凝土等做成的防水屋面。主要适用于防水等级为Ⅲ级的屋面防水，也可用作Ⅰ、Ⅱ级屋面多道防水设防中的一道防水层。不适宜设置在有松散材料保温层的屋面以及受较大振动或冲击的建筑屋面。

刚性防水屋面一般由找平层、隔离层和防水层组成（图1-43）。

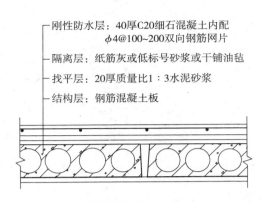

图1-43 刚性防水屋面构造层次（mm）

A. 找平层。找平层与柔性防水屋面的找平层做法一致。

B. 隔离层。隔离层设置在刚性防水层与结构层之间，即在结构层上用水泥砂浆找平（整体现浇楼板一般不用找平），然后用纸筋灰、低强度等级砂浆或在薄砂层上干铺一层油毡等作隔离层（图1-44）。

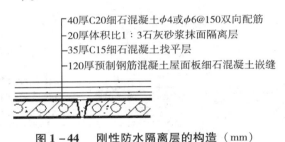

图1-44 刚性防水隔离层的构造（mm）

C. 防水层。防水层常采用不小于40mm厚细石混凝土分格整浇（图1-45）。构造要点：配筋要求双向 $\phi4$ 中距150，钢筋 HPB235 级，置于混凝土层的中偏上位置，其上部有10～15mm 厚的保护层；混凝土要求强度等级 C30，掺入适量 UEA 混凝土微膨胀剂或混凝土3%的 JJ91 硅质密实剂；分仓缝（防止屋面不规则裂缝以适应屋面变形而设置的人工缝）要求：横缝的位置应在屋面板支承端、屋面转折处和高低屋面的交接处；纵缝应与预制板板缝对齐（当建筑物进深在10m以下时可在屋脊设纵向缝；进深大于10m时最好在坡中某板缝处再设一道纵向分仓缝）（图1-46）。分格（仓）缝的服务面积宜控制在15～25m² 之间，其纵横向间距以不大于6m为宜。分格缝在养护期满，经干燥后，缝中填塞防水油膏。

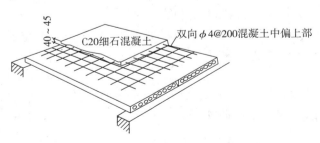

图1-45 细石混凝土刚性防水配筋（mm）

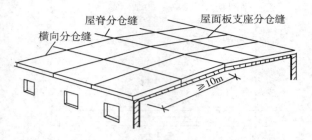

图1-46 分格缝的位置示意图

4）平屋顶的细部防水构造

①泛水构造：

突出于屋面之上的女儿墙、烟囱、楼梯间、变形缝、检修孔、立管等的壁面与屋顶的交接处，将屋面防水层延伸到这些垂直面上，形成立铺的防水层，称为泛水。做法及构造要点如下：

A. 泛水高度不得小于250mm（图1-47）。

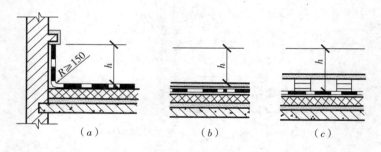

图1-47 泛水高度的确定（mm）
（a）不上人屋面；（b）上人屋面；（c）架空屋面

B. 转角处增铺附加层，圆弧转角。当卷材种类为沥青防水卷材时，$R = 100 \sim 150mm$；高聚物改性沥青卷材 $R = 80mm$；合成高分子防水卷材 $R = 50mm$。附加卷材尺寸，平铺段≥250mm，上反≥300mm，上端边口切齐。

C. 卷材收头固定。一般做法是收头直接压在女儿墙的压顶下（图1-48b）或在砖墙上留凹槽，卷材收头压入凹槽内，用压条或垫片钉固定，钉距为500mm，再用密封膏嵌固。凹槽上部的墙体也应做防水处理（图1-48a）；当墙体材料为混凝土时，卷材的收头可采用金属压条钉压，并用密封材料封固（图1-48c）。

D. 刚性防水细部构造原理和方法与卷材防水基本相同。不同之处因刚性防水材料不便折弯，常常用卷材代替（图1-49）。

②檐口构造：

A. 挑檐檐口构造：当为无组织排水采用的挑檐板时，其卷材转角或盖缝处单边贴铺空铺的附加卷材，空铺宽250mm。收头处应用钢条压住，水泥钉钉牢，最后用油膏密封（图1-50）。

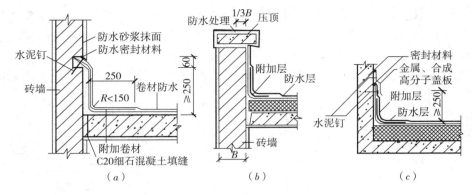

图 1-48　卷材防水屋面泛水构造（mm）
（a）附加卷材，凹槽收头；（b）收头压入压顶；（c）混凝土墙体泛水

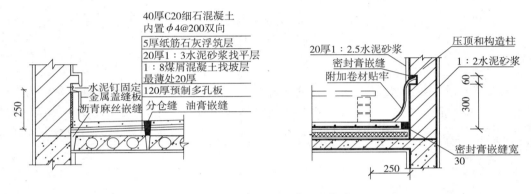

图 1-49　刚性防水屋面山墙泛水构造（mm）

B. 女儿墙构造：女儿墙的宽度一般同外墙尺寸。不上人屋面女儿墙高度一般不超过500mm，上人屋面女儿墙高度不小于1100mm，并设小构造柱与压顶相连接，以保证其稳定性和抗震安全。压顶沿外墙四周封闭，具有圈梁的作用（图 1-51）。

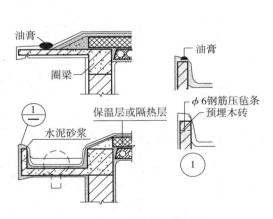

图 1-50　挑檐檐口构造图

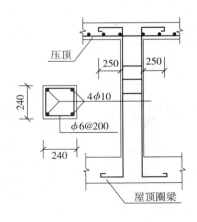

图 1-51　女儿墙压顶、构造柱与屋顶圈梁的关系（mm）

C. 落水口构造：外檐沟和内排水的落水口在水平结构上开洞，采用铸铁漏斗形定型件（直管式）；穿越女儿墙的落水口（弯管式），采用侧向排水法。水泥砂浆埋嵌牢固，落水口四周加铺卷材一层，铺入管内不少于50mm，雨水口周围应用不小于2mm厚高分子防水涂料或3mm厚高聚物改性沥青类涂料涂封，雨水口周围坡度宜为5%（图1-52）。

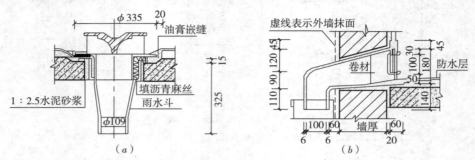

图1-52　落水口的形式与构造（mm）
（a）直管式雨水口；（b）弯管式雨水口

③分格（仓）缝：

刚性防水屋面应设置分格（仓）缝，缝宽30mm，缝内应用油膏嵌缝，厚度为20~30mm。为不使油膏下落，缝内应用弹性材料泡沫塑料或沥青麻丝填底。横向支座的分仓缝为了避免积水，常将细石混凝土面层抹成凸出表面30~40mm高的梯形或弧形分水线（图1-53）。

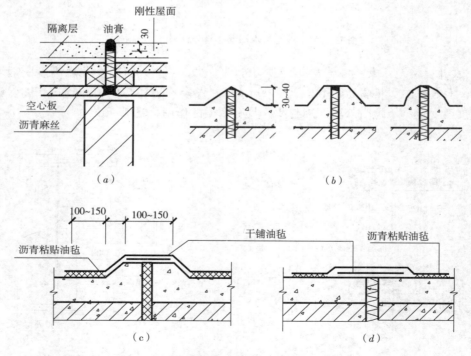

图1-53　分格缝的构造处理方式（mm）
（a）平缝；（b）凸缝；（c）凸缝加贴卷材；（d）平缝加贴卷材

5) 平屋顶的保温构造

平屋顶屋面的保温材料一般多选用空隙多、密度轻、导热系数小、防水、憎水的材料，如膨胀蛭石、膨胀珍珠岩、加气混凝土、泡沫塑料等。其材料有散料、现场浇筑的拌合物、预制板块料等三大类。

屋顶保温层的位置：

①正置式保温层。保温层设在防水层之下、结构层之上，需做排气屋面。目前采用广泛。

②复合式保温层。保温与结构组合复合板材，既是结构构件，又是保温构件（图1-54）。

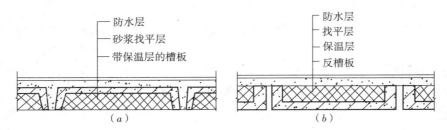

图1-54 复合式保温层位置

（a）保温层在结构层下；（b）保温层在结构层上

③倒置式保温层。保温层设置在防水层上面，亦称"倒铺法"保温。选用有一定强度的防水、憎水材料，如25mm厚挤塑型聚苯乙烯保温隔热板、聚苯乙烯泡沫塑料板或聚氨酯泡沫塑料板。在保温层上应选择大粒径的石子或混凝土作保护层，而不能采用绿豆砂作保护层，以防表面破损及延缓保温材料的老化（图1-55）。

④空气间层。防水层与保温层之间设空气间层的保温屋面。

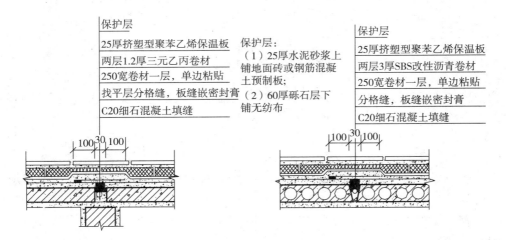

图1-55 倒置式屋面（mm）

4. 房屋建筑其他构造

(1) 门窗连接构造

门的作用主要是交通联系,并兼有采光、通风之用;窗的作用主要是采光和通风。

1) 门窗的类型

①按照所用材料分类,可分为木门窗、钢门窗、彩板门窗、铝合金门窗、不锈钢门窗、塑钢门窗、玻璃门窗等。

②按照使用功能分类,可分为一般用途的门窗和特殊用途的门窗,如防火门、防盗门、防辐射门、隔声门窗等。

③按照门的开启方式分类,可分为平开门、弹簧门、推拉门、空格栅栏门、折叠门、转门、上翻门、卷帘门等。

④按照窗的开启方式分类,可分为平开窗、(上、中、下)悬窗、推拉窗、固定窗、百叶窗等。

2) 门窗的构造组成

一般门的构造由门樘(又称门框)和门扇两部分组成(图1-56)。

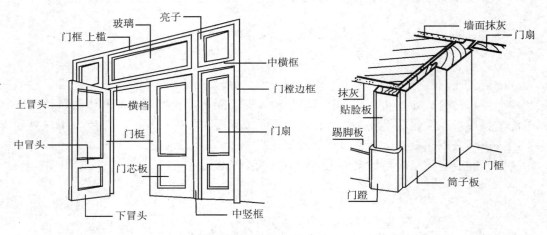

图1-56 门的组成

窗由窗樘(又称窗框)和窗扇两部分组成。窗框与墙的连接处,为满足不同的要求,有时加有贴脸板、窗台板、窗帘盒等(图1-57)。

3) 门(窗)与墙的连接

①门(窗)框与墙的位置关系:

门(窗)框与墙两者的位置有内平、居中和外平三种位置关系,如图1-58所示。

②门(窗)框与墙的连接:

门(窗)框的安装方法有立口和塞口两种(图1-59)。木门(窗)框塞口的构造如图1-60所示。

铝合金和塑钢门窗同样采用塞口安装,有直接固定法和连接件法两种固定方法(图1-61)。

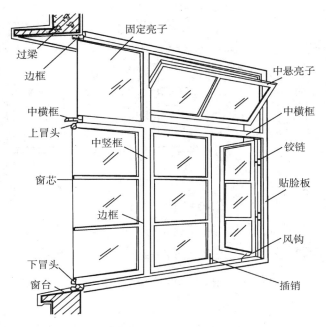

图1-57 窗的组成和名称

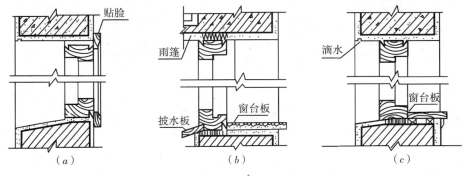

图1-58 窗框与墙的位置关系
(a) 内平;(b) 外平;(c) 居中

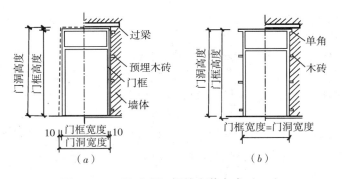

图1-59 门(窗)框的安装方式(mm)
(a) 塞口;(b) 立口

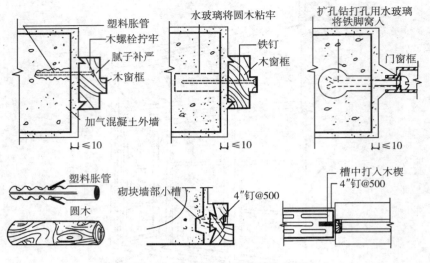

图1-60 木门（窗）框塞口的构造（mm）

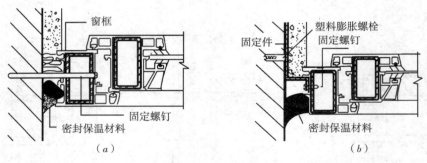

图1-61 铝合金和塑钢窗的固定构造
(a)直接固定法；(b)连接件固定法

③节点缝隙构造：

门窗框四周内外侧与窗框之间用1:2水泥砂浆或麻刀白灰浆嵌实、抹平，用嵌缝膏进行密封处理。

(2) 楼梯的组成及细部构造

1）楼梯的组成

楼梯由楼梯梯段、楼梯平台和栏杆扶手三部分组成。

楼梯梯段：连续的踏步组成一个梯段，每跑最多不超过18级，最少不少于3级。

楼梯平台：楼梯平台是用来帮助楼梯转折、稍事休息的水平部分，分楼层平台和中间平台。

栏杆和扶手：栏杆是布置在楼梯梯段和平台边缘处有一定安全保障的围护构件。扶手一般附设于栏杆顶部，作依扶用，也可附设于墙上，称为靠墙扶手。

2）楼梯的类型

按楼梯的位置分类可分为室内楼梯与室外楼梯；按使用性质分类，室内有主要楼梯、辅助楼梯，室外有安全楼梯、防火楼梯；按所用材料分类可分为木质楼梯、钢筋混凝土楼梯、金属楼梯以及几种材料制成的混合式楼梯；按楼梯间的平面形式分类可分为开敞式楼梯间、封闭式楼梯间和防烟楼梯间；按楼梯的形式分类可分为单跑直楼梯、双跑直楼梯、平行双跑楼梯、三跑楼梯、螺旋楼梯、弧形楼梯等。

3）钢筋混凝土楼梯的结构类型

现浇钢筋混凝土楼梯分为板式楼梯（图1-62）和梁式楼梯（图1-63）两种。

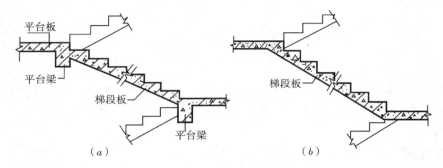

图1-62 现浇钢筋混凝土板式楼梯

（a）设平台梁的现浇钢筋混凝土板式楼梯；
（b）无平台梁的现浇钢筋混凝土板式楼梯又称折板式楼梯

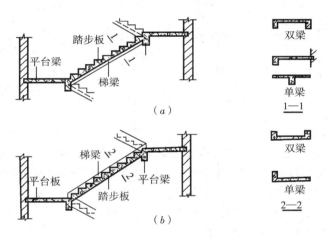

图1-63 现浇钢筋混凝土梁式楼梯

（a）梁板式明步楼梯；（b）梁板式暗步楼梯

4）楼梯的细部构造

①踏步。

踏步面层材料一般与门厅或走道的楼地面材料一致，如水泥砂浆、水磨石、大理石和防滑砖等。表面一般还应设置防滑条（图1-64）。

②栏杆。

楼梯栏杆有空花式、栏板式和组合式栏杆三种。

A. 空花式栏杆：一般采用圆钢、方钢、扁钢和钢管等金属材料做成。栏杆与梯段应有可靠的连接，具体方法有锚接、焊接、螺栓连接。

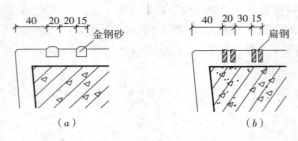

图1-64 踏步防滑条构造（mm）
(a) 金钢砂防滑条；(b) 扁钢防滑条

B. 栏板式栏杆：通常采用轻质板材如木质板、有机玻璃和钢化玻璃板作栏板。
C. 组合式栏杆：将空花栏杆与栏板组合而成的一种栏杆形式。
③扶手。
扶手的形式与构造如图1-65所示。

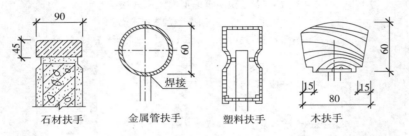

图1-65 扶手的形式与构造（mm）

(3) 变形缝的构造

为了防止因气温变化、不均匀沉降以及地震等因素造成对建筑物的使用和安全的影响，设计时预先在变形敏感部位将建筑物断开，分成若干个相对独立的单元，且预留的缝隙能保证建筑物有足够的变形空间，设置的这种构造缝称为变形缝。

变形缝按其功能不同分为伸缩缝、沉降缝和防震缝三种类型。

变形缝构造处理采取中间填缝、上下或内外盖缝的方式。中间填缝是指缝内填充沥青麻丝或木丝板、油膏、泡沫塑料条、橡胶条等有弹性的防水轻质材料；上下或内外盖缝是指根据位置和要求合理选择盖缝条，如镀锌铁皮、彩色薄钢板、铝皮等金属片以及塑料片、木盖缝条等。

1) 墙体变形缝的构造

墙体变形缝可做成平缝、错口缝、企口缝等形式（图1-66）。
墙体伸缩缝的构造处理如图1-67所示。
墙体沉降缝的构造与伸缩缝构造基本相同。不同之处是调节片或盖板由两片组成，并分别固定，以保证两侧结构在竖向方向能有相对运动趋势的可能。

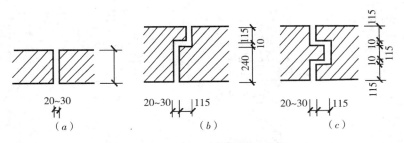

图 1-66 砖墙变形缝的截面形式（mm）

（a）平缝；（b）错口缝或高低缝；（c）企口缝或凹凸缝

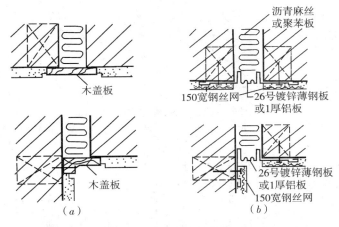

图 1-67 墙体伸缩缝的构造（mm）

（a）内墙面；（b）外墙面

墙体防震缝的构造与沉降缝构造基本相同。不同之处是因缝隙较大，一般不作填缝处理，而在调节片或盖板上设置相应材料并固定，以保证两侧结构在竖向和水平两方向都有相对运动趋势的可能，不受约束。

2）楼板和地坪变形缝的构造

楼板和地坪伸缩缝的构造如图 1-68 所示。

3）屋顶变形缝的构造

特别注意构造上应考虑伸缩缝的水平运动趋势（图 1-69）。

4）基础变形缝的构造方案

基础沉降缝的构造处理方案有双墙式、挑梁式和交叉式三种。

①双墙式处理方案。

双墙式方案常用于基础荷载较小的房屋（图 1-70）。

②挑梁式处理方案。

沉降缝一侧的墙体以及基础按一般构造做法处理，而另一侧则采用挑梁支承基础梁，基础梁上支承轻质墙的做法，适用于沉降缝两侧基础埋深相差较大或新旧建筑毗连的情况（图 1-71）。

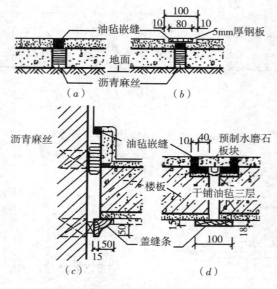

图1-68 楼地面伸缩缝的构造（mm）
（a）地面油膏嵌缝；（b）地面钢板盖缝；（c）楼板靠墙处变形缝；（d）楼板变形缝

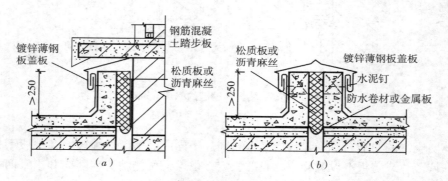

图1-69 屋顶伸缩缝的构造
（a）屋顶出入口处；（b）等高屋面

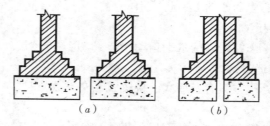

图1-70 基础沉降缝双墙式处理方案示意图
（a）间距较大时；（b）间距较小时

③交叉式处理方案。

沉降缝两侧的基础均做成墙下独立基础，交叉设置，在各自的基础上设置基础梁以支承墙体。这种做法效果较好，但施工难度大，造价也较高（图1-72）。

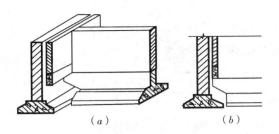

图 1-71 基础沉降缝挑梁式处理方案示意图
(a) 轴测图；(b) 剖面图

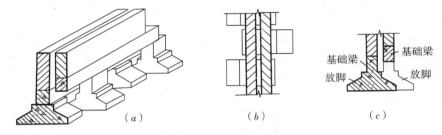

图 1-72 基础沉降缝交叉式处理方案示意图
(a) 轴测示意图；(b) 平面图；(c) 剖面图

（4）阳台、雨篷的构造

阳台、雨篷和遮阳板都属于建筑物上的水平悬挑构件。

1）阳台的构造

阳台主要由阳台板和栏杆扶手组成。阳台板是承重结构，栏杆扶手是起围护、安全作用的构件。

①阳台的类型。

按其与外墙的相对位置分为凸阳台、凹阳台、半凸半凹阳台、转角阳台（图1-73）。
按使用功能不同分生活阳台（靠近卧室或客厅）和服务阳台（靠近厨房）。
钢筋混凝土材料制作的阳台按结构布置方式分有墙承式、悬挑式、压梁式等。

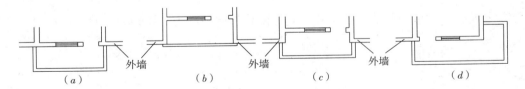

图 1-73 阳台与外墙位置关系分类
(a) 凸阳台；(b) 凹阳台；(c) 半凸半凹；(d) 转角阳台

②阳台的构造。

A. 墙承式：将阳台板直接搁置在墙上，多用于凹阳台（图1-74）。

B. 悬挑式：阳台板悬挑出外墙，一般悬挑长度为1.0~1.5m，以1.2m最常见。悬挑式按悬挑方式不同有挑梁式（图1-75）和挑板式（图1-76）两种。挑板式板底平整，外形轻巧美观，而且阳台平面形式可做成半圆形、弧形、梯形、斜三角等各种形状。

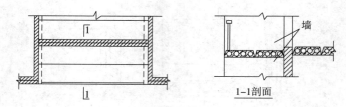

图1-74 墙承式阳台

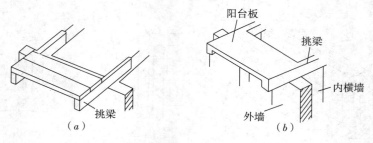

图1-75 挑梁式阳台
(a) 预制挑梁外伸式；(b) 现浇挑梁外伸式

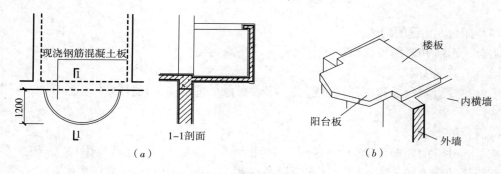

图1-76 挑板式阳台（mm）
(a) 挑板式平面、剖面图；(b) 挑板式阳台示意图

C. 压梁式：阳台板与墙梁现浇在一起，阳台悬挑一般为1.2m以内（图1-77）。

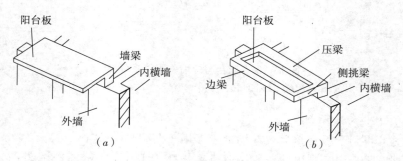

图1-77 压梁式阳台
(a) 挑出部分为板式；(b) 挑出部分为梁板式

③阳台的细部构造。

A. 阳台栏杆与扶手：阳台栏杆形式应防坠落（垂直栏杆间净距不应大于110mm），防攀爬（不设水平栏杆）。阳台扶手的高度不应低于1.05m，高层建筑不应低于1.1m。

B. 阳台排水处理：阳台地面应低于室内地面30～50mm，并应做排水坡（图1-78）。

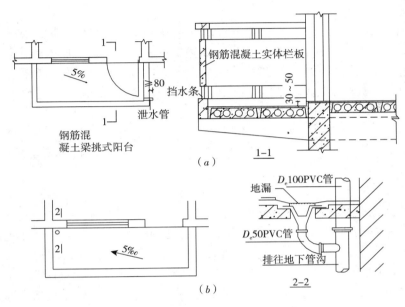

图1-78 阳台的排水处理（mm）
(a) 设泄水管排水；(b) 设地漏经下水管排水

2）雨篷

雨篷是设置在建筑物外墙出入口的上方用以挡雨并有一定装饰作用的水平构件。有悬挑板式雨篷和悬挑梁板式雨篷两种结构形式，其悬挑长度一般为0.9～1.5m（图1-79）。

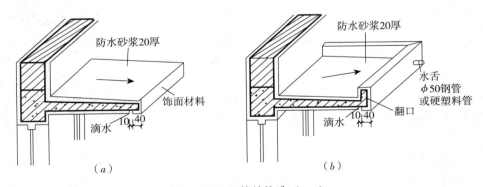

图1-79 雨篷的构造（mm）
(a) 板式雨篷；(b) 梁板式雨篷（反梁）

5. 建筑工程图的识图方法

（1）房屋建筑图的产生和分类

1）房屋建筑图的设计阶段

一般建设项目按两个阶段进行设计，即初步设计阶段和施工图设计阶段。对于技术要求复杂的项目，可在两设计阶段之间，增加技术设计阶段，用来解决各工种之间的协调等技术问题。

初步设计是设计人员根据业主建造要求和有关政策性文件、地质条件等画出比较简单的初步设计图，简称方案图纸。包括简略的平面、立面、剖面等图样，文字说明及工程概算。有时提供建筑效果图、建筑模型及电脑动画效果图，便于直观地反映建筑的真实情况。方案图报业主征求意见，并报规划、消防、卫生、交通、人防等部门审批。

施工图设计是在已经批准的方案图纸的基础上，综合建筑、结构、设备等工种之间的相互配合、协调和调整，为施工企业提供完整的、正确的施工图和必要的有关计算的技术资料，是设计方案的具体化。

2）房屋施工图的分类

房屋施工图按专业分工不同，一般分为建筑施工图、结构施工图、装饰施工图、给水排水施工图、采暖通风施工图、电气施工图。也有的把水施、暖施、电施统称为设备施工图。

房屋施工图应按专业顺序编排，一般应为图纸目录、建筑设计总说明、总平面图、建施、结施、装施、水施、暖施、电施等。各专业的图纸，应该按图纸内容的主次关系、逻辑关系有序排列。

（2）建筑施工图的内容及识图方法

建筑施工图是描绘房屋建造的规模、外部造型、内部布置、细部构造的图纸，是施工放线、砌筑、安装门窗、室内外装修和编制施工预算及施工组织计划的主要依据。主要内容有设计说明、总平面图、建筑平面图、建筑立面图、建筑剖面图以及建筑详图等。

1）设计说明

设计说明一般放在一套施工图的首页。主要是对建筑施工图上不易详细表达的内容，如设计依据、工程概况、构造做法、用料选择等，用文字加以说明。此外，还包括防火专篇、节能专篇等一些有关部门要求明确说明的内容。

2）总平面图

将拟建工程四周一定范围内的新建、拟建、原有和拆除的建筑物、构筑物连同其周围的地形地物状况，用水平投影方法和相应的图例所画出的图样，即称为总平面图。

①总平面图的内容。

A. 图名、比例。总平面图通常选用的比例为1:500、1:1000、1:2000等。

B. 应用图例来表示拟建区或扩建区的总体布置。常用的各种图例见表1-8。

建筑总平面图常用图例　　　　　　　　表 1-8

图例	名称	图例	名称
▭ (右上角有点)	新设计的建筑物 右上角以点数表示层数		围墙 表示砖石、混凝土及金属材料围墙
▭	原有的建筑物		围墙 表示镀锌钢丝网、篱笆等围墙
▭ (虚线)	计划扩建的建筑物或预留地	154.30 ▽	室内地坪标高
▭ (带×)	拆除的建筑物	▼ 142.00	室外整平标高
X=105.0 / Y=425.0	测量坐标		原有的道路
A=131.52 / B=276.24	建筑坐标		计算的道路
▭	散状材料露天堆场		公路桥
⊠	其他材料露天堆场或露天作业场		铁路桥
▭ ○	地下建筑物或构筑场		护坡

C. 确定拟建工程或扩建工程的具体位置，一般根据原有房屋或道路来定位，并以米为单位，注写至小数点后两位。

D. 确定拟建房屋首层地面、室外地坪及道路的标高。总平面图中标高为绝对标高，一般注写至小数点后两位。

E. 用指北针表示房屋的朝向，用风玫瑰表示常年风向频率。

②总平面图的识读方法。

总平面图的识读比较简单，图 1-80 为某单位培训楼的总平面图，现以该图为例，简要介绍总平面图的读图方法。

A. 看图名、比例和有关的文字说明。

B. 了解新建工程的性质和总体布局。从图中可知，新建房屋为培训楼，右上角七个黑点表示该建筑为七层。该建筑物南面是新建道路园林巷，西面为绿化用地，北面是篮球场，西北有两栋单层实验室，东北有四层办公楼和五层教学楼，东面是将来要建的四层服务楼。

C. 看新建房屋的定位尺寸。该建筑的总长度和宽度为 31.90m 和 15.45m，培训楼南面距离道路边线 9.60m，东面距离原教学楼 8.40m。

D. 看新建房屋首层室内地面和室外地面的标高。室外地坪 ▼ 10.40、室内地坪 $\frac{10.70}{\triangledown}$ 均为绝对标高，室内外高差 300mm。

E. 看总平面图中的指北针。该图右下角指北针显示该建筑物坐北朝南的方位。

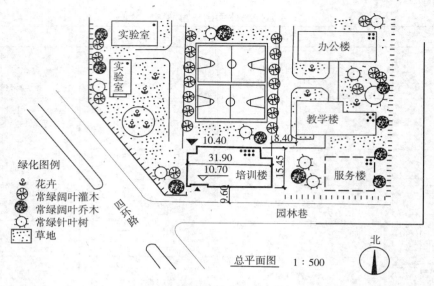

图 1-80 某单位培训楼总平面图

3) 建筑平面图

建筑平面图是把房屋用一个假想的水平剖切平面,沿门、窗洞口部位(指窗台以上,过梁以下的空间)水平切开,移去剖切平面以上的部分,把剖切平面以下的物体投影到水平面上,所得的水平剖面图,即为建筑平面图,简称平面图。

建筑平面图表示房屋的平面形状、内部布置及朝向,是施工放线、砌墙、安装门窗、室内装修及编制预算的重要依据。

原则上讲,房屋有几层,就应画出几个平面图,如首层平面图,二层平面图……屋顶平面图。高层及多层建筑中存在许多平面布局相同的楼层,它可用一个平面图来表达,称为"标准层平面图"或"×~××层平面图"。

一层平面图或首层平面图:是指±0.000地坪所在的楼层的平面图。它除表示该层的内部形状外,还画有室外的台阶(坡道)、花池、散水和雨水管的形状及位置,以及剖面的剖切符号,以便与剖面图对照查阅。首层平面图上应注指北针,其他层平面图上可以不再标出。

标准层平面图:标准层平面图除表示本层室内形状外,还需要画出本层室外的雨篷、阳台等。

顶层平面图:顶层平面图也可用相应的楼层数命名,其图示内容与标准层平面图的内容基本相同。

屋顶平面图:屋顶平面图是指将房屋的顶部单独向下所做的俯视图,主要是用来表达屋顶形式、排水方式及其他设施的图样。

①建筑平面图的主要内容。

A. 建筑物平面的形状轴线、标高及总长、总宽、开间、进深等尺寸。

B. 建筑物内部各房间的名称、尺寸、大小、承重墙和柱的定位轴线、墙的厚度、门窗的宽度等,以及走廊、楼梯(电梯)、出入口的位置。

C. 各层地面的标高。一层地面标高定为±0.000,并注明室外地坪的绝对标高,其余各层均标注相对标高。

D. 门、窗的编号、位置、数量及尺寸，一般图纸上还有门窗数量表用以配合说明。

E. 室内的装修做法，如地面、墙面及顶棚等处的材料做法。较简单的装修，一般在平面图内直接用文字注明；较复杂的工程应另列房间明细表及材料做法表。

F. 其他细部的配置和位置情况，如楼梯、搁板、各种卫生设备等。

G. 室外台阶、花池、散水和雨水管的大小与位置。

H. 在首层平面图上画指北针符号，另外还要画上剖面图的剖切位置符号和编号，以便与剖面图对照查阅。

②建筑平面图的阅读方法。

阅读平面图首先必须熟记建筑图例［建筑图例可查阅国家制图标准《房屋建筑制图统一标准》（GB/T 50001—2001）和《建筑制图标准》（GB/T 50104—2001）］。现以某别墅的首层平面图（图1-81）为例，说明平面图的阅读方法。

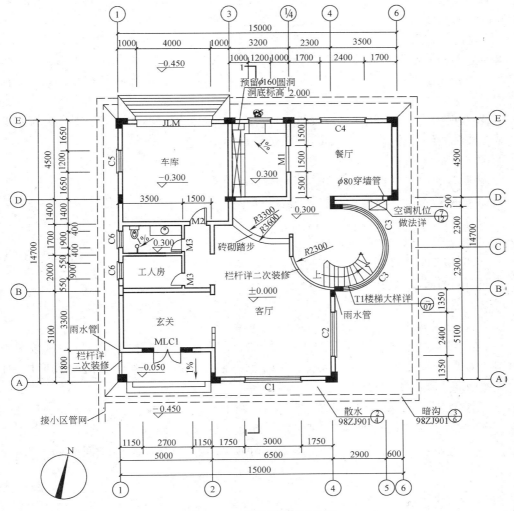

图1-81 首层平面图 1:100

A. 看图名、比例：先从图名了解该平面图是表达哪一层平面，比例是多少；从首层平面图中的指北针明确房屋的朝向。

B. 从大门入口开始，看房间名称，了解各房间的用途、数量及相互之间的组合情况。从该图可知，别墅大门朝南，车库、厨房、餐厅朝北，另有工人房、卫生间在西侧，东侧有一弧形楼梯通向二楼。

C. 根据轴线，定位置，识开间、进深。开间是指房间两横轴之间的距离，进深是指房间两纵轴之间的距离。本例中厨房的开间为3.2m，进深为4.5m。

D. 看图例，识细部，认门窗的代号。了解房屋其他细部的平面形状、大小和位置，如阳台、栏杆和厨厕的布置，搁板、壁柜、碗柜等空间利用情况。厨房中画有矩形及其对角线虚线的图例表示搁板。一般情况下，在首页图上或在本平面图内，附有门窗表，列出门窗的编号、名称、尺寸、数量及其所选标准图集的编号等内容。

E. 看楼地面标高，了解各房间地面是否有高差。平面图中标注的楼地面标高为相对标高，且是完成面的标高。本例中厨房和卫生间地面标高为0.300，比室内地面高300mm。

4）建筑立面图

建筑立面图是用平行建筑物的某一墙面的平面作为投影面，向其作正投影，所得到的投影图。主要用于表示建筑物的体形和外貌、立面各部分配件的形状及相互关系、立面装饰要求及构造做法等。

建筑立面图命名有多种方式：按朝向命名，如东立面图、西立面图、南立面图、北立面图等；按轴线编号进行命名，如①—⑨立面图和Ⓐ—Ⓓ立面图等。

①建筑立面图的内容。

A. 表明建筑物的立面形式和外貌，外墙面装饰做法和分格。

B. 表示室外台阶、花池、勒脚、窗台、雨篷、阳台、檐沟、屋顶，以及雨水管等的位置、立面形状及材料做法。

C. 反映立面上门窗的布置、外形。

D. 用标高及竖向尺寸表示建筑物的总高以及各部位的高度。

②立面图的阅读方法。

现以某别墅①—⑥立面图为例（图1-82），说明立面图的阅读方法。

A. 先看图名和比例，了解该图反映的是房屋的哪一侧立面。

B. 再仔细看房屋立面的外形、门窗、檐口、阳台、台阶等形状及位置。从该图中可看出别墅为四坡屋顶，正面有一大窗，为客厅外窗，右侧三扇弧形窗对应弧形楼梯间，二、三层南向房间均带有阳台。

C. 看立面图中的标高尺寸。这主要包括室内外地坪、檐口、屋脊、女儿墙、雨篷、门窗、台阶等处的标高。别墅室内外高差0.45m，檐口高10.40m。

D. 看房屋外墙表面装修的做法、分格线以及详图索引标志等。如 $\frac{21}{11}$ 为墙柱立面详图的索引标志，21表示详图的编号，11表示详图所在图纸的编号。

5）建筑剖面图

假想用一个平行于投影面的剖切平面，将房屋剖开，移去观察者与剖切平面之间的房

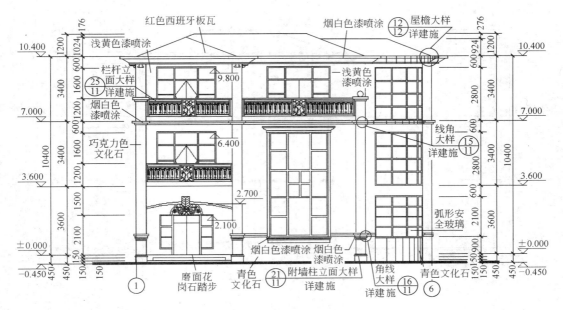

图 1-82 ①—⑥立面图 1:100

屋部分,作出剩余部分的房屋的正投影,所得图样称为建筑剖面图,简称剖面图。将沿着建筑物短边方向剖切后形成的剖面图称为横剖面图,将沿着建筑物长边方向剖切形成的剖面图称为纵剖面图。一般多采用横向剖面图。

建筑剖面图是表示房屋的内部垂直方向的结构形式、分层情况、各层高度、楼面和地面的构造以及各配件在垂直方向上的相互关系等内容的图样。

剖面图的剖切部位,应根据图样的用途或设计深度,在平面图上选择能反映全貌、构造特征以及有代表性的部位剖切。一般选在楼梯间、门窗洞口、大厅以及阳台等处。

①建筑剖面图的内容。

A. 表示被剖切到的或能见到的房屋各部位,如各楼层地面、内外墙、屋顶、楼梯、阳台、散水、雨篷等。

B. 高度尺寸内容。包括:

a. 外部尺寸:门窗洞口(包括洞口上部和窗台)高度,层间高度及总高度(室外地面至檐口或女儿墙顶)。有时后两部分尺寸可不标注。

b. 内部尺寸:地坑深度,隔断、搁板、平台、墙裙及室内门窗的高度。

c. 标高尺寸:主要是注出室内外地面、各层楼面、阳台、楼梯平台、檐口、圈梁、屋脊、女儿墙、雨篷、门窗、台阶等处的标高。

C. 表示建筑物主要承重构件的位置及相互关系,如各层的梁、板、柱及墙体的连接关系等。

D. 表示屋顶的形式及泛水坡度等。

E. 索引符号。

②建筑剖面图的阅读方法

现以 1—1 剖面图为例(图 1—83),说明剖面图的内容及其阅读方法。

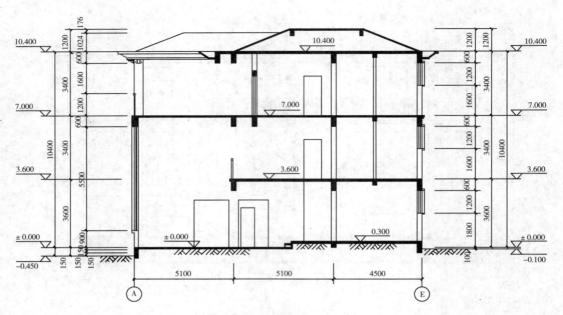

图1-83 1—1剖面图 1:100

A. 从图名和轴线编号与平面图（图1-81）上的剖切符号相对照，可知1—1剖面图是一个剖切平面通过厨房、客厅，剖切后向左投影所得到的横剖面图。

B. 看房屋内部的构造、结构形式和所用建筑材料等内容。如各层梁板、楼梯、屋面的结构形式、位置及其与墙（柱）的相互关系等。

C. 看房屋各部位竖向尺寸。

D. 看楼地面、屋面的构造。

在剖面图中表示楼地面、屋面的多层构造时，通常用通过各层引出线，按其构造顺序加文字说明来表示。有时将这一内容放在墙身剖面详图中表示。

阅读时要和平面图对照同时看，按照由外部到内部、由上到下，反复查阅，最后在头脑中形成房屋的整体形状，有些部位和详图结合起来一起阅读。

6）建筑详图

建筑详图就是把房屋的细部或构配件的形状、大小、材料和做法等，按正投影的原理，用较大的比例绘制出来的图样（也称为大样图或节点图）。它是建筑平面图、立面图和剖面图的补充，详图比例常用1:1~1:50。

某些建筑构造或构件的通用做法，可采用国家或地方制定的标准图集（册）或通用图集（册）中的图纸，一般在图中通过索引符号注明，不必另画详图。

建筑详图包括墙身剖面图和楼梯、阳台、雨篷、台阶、门窗、卫生间、厨房、内外装修等详图。

①外墙详图。

外墙详图主要用来表示外墙各部位的详细构造、材料做法及详细尺寸，如檐口、圈梁、过梁、墙厚、雨篷、阳台、防潮层、室内外地面、散水等。

在多层建筑中，中间各层墙体的构造相同，则只画底层、中间层和顶层的三个部位组合图，有时也可单独绘制各个节点的详图。

A. 墙的轴线编号、墙的厚度及其与轴线的关系。有时一个外墙身详图可适用于几个轴线。按"国标"规定：如一个详图适用于几个轴线时，应同时注明各有关轴线的编号。通用详图的定位轴线应只画圆，不注写轴线编号，轴线端部圆圈直径在详图中宜为10mm。

B. 各层楼板等构件的位置及其与墙身的关系。

C. 门窗洞口、底层窗下墙、窗间墙、檐口、女儿墙等的高度，室内外地坪、防潮层、门窗洞的上下口、檐口、墙顶及各层楼面、屋面的标高。

D. 屋面、楼面、地面等为多层次构造。多层次构造用分层说明的方法标注其构造做法。多层次构造的共用引出线，应通过被引出的各层。文字说明宜用5号或7号字注写在横线的上方或横线的端部，说明的顺序由上至下，并应与被说明的层次相互一致。如层次为横向排列，则由上至下的说明顺序应与由左至右的层次相互一致。

E. 立面装修和墙身防水、防潮要求，及墙体各部位的线脚、窗台、窗楣、檐口、勒脚、散水等的尺寸、材料和做法，或用引出线说明，或用索引符号引出另画详图表示。

外墙详图的识读首先根据外墙详图剖切平面的编号，在平面图、剖面图或立面图上查找出相应的剖切平面的位置，以了解外墙在建筑物的具体部位。其次看图时应按照从下到上的顺序，先看位于外墙最底部部分，一个节点、一个节点依次进行阅读，了解各部位的详细构造、尺寸、做法，并与材料做法表相对照，检查是否一致。

图1-84为别墅屋檐构造详图，从图中可知各细部构造尺寸及屋面做法。

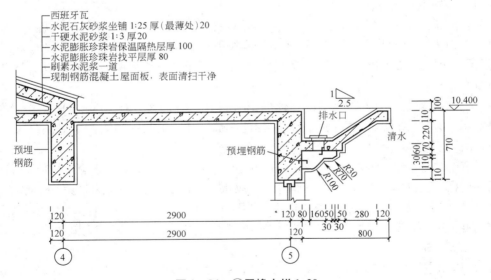

图1-84　⑫屋檐大样 1:20

②楼梯间详图。

楼梯详图一般分建筑详图和结构详图，分开绘制并分别编入建筑施工图和结构施工图中。楼梯建筑详图包括楼梯平面图、楼梯剖面图以及栏杆（或栏板）、扶手、踏步等详图。

A. 楼梯平面图。

楼梯平面图是距楼地面1.0m以上的位置，用一个假想的剖切平面，沿着水平方向剖开（尽量剖到楼梯间的门窗），然后向下作投影得到的投影图。

楼梯平面图一般应分层绘制。如果中间几层的楼梯构造、结构、尺寸均相同的话，可以只画底层、中间层和顶层的楼梯平面图。

楼梯平面图中，各层被剖切到的梯段，按国标规定，均在平面图中以一根45°的折断线表示。在每一梯段处画有一长箭头，并注写"上"或"下"字和踏步级数，表明从该层楼（地）面往上或往下走多少步可到达上（或下）一层的楼（地）面。在首层平面图中还应注明楼梯剖面图的剖切位置和投影方向。

楼梯平面图主要表示楼梯平面的布置详细情况，如楼梯间的尺寸大小、墙厚、楼梯段的长度和宽度、楼梯上行或下行的方向、踏面数和踏面宽度、楼梯平台和楼梯位置等。

B. 楼梯剖面图。

楼梯剖面图主要表示楼梯段的长度、踏步级数、楼梯结构形式及所用材料、房屋地面、楼面、休息平台、栏杆和墙体的构造做法，以及楼梯各部分的标高和详图索引符号。

阅读楼梯剖面图时，应与楼梯平面图对照起来，要注意剖切平面的位置和投影方向。另外在多层建筑中，如果中间各层的楼梯构造相同时，则剖面图可以只画出首层、中间层和顶层的剖面，中间用折断线断开。

C. 楼梯踏步、扶手、栏板（栏杆）详图。

踏步详图表明踏步截面形状及大小、材料与面层及防滑条做法。

栏杆（栏板）和扶手详图表明其形式、大小、材料和连接方式等。

③门窗详图。

各省市和地区一般都制定统一的各种不同规格的门窗详图标准图册，以供设计者选用。因此在施工图中只要注明该详图所在标准图册中的编号，可不必另画详图。如果没有标准图册，就一定要画出详图。门窗详图一般用立面图、节点详图、截面图以及五金表和文字说明等来表示。

A. 立面图。立面图主要表明门、窗的形式，开启方向及主要尺寸，还标注出索引符号，以便查阅节点详图。在立面图上一般标注三道尺寸，最外一道为门、窗洞口尺寸，中间一道为门窗框的外沿尺寸，最里面一道为门、窗扇尺寸。

B. 节点详图。节点详图为门、窗的局部剖面图。表示门、窗扇和门、窗框的断面形状、尺寸、材料以及相互的构造关系，也表明门、窗与四周（如过梁、窗台、墙体等）的构造关系。

C. 截面图。截面图用比较大的比例（如1:5、1:2等）将不同门窗用料和截面形状、尺寸单独绘制，便于下料加工。在门窗标准图集中，通常将截面图与节点详图画在一起。

④阳台详图。

阳台详图主要反映阳台的构造、尺寸和做法，详图由剖面图、阳台栏杆构件平面布置图和阳台局部平面图组成。

（二）结构构造与识图

1. 建筑结构的类型

建筑物中由若干构件通过各种形式连接而成的能承受"作用"的体系称为建筑结构，

一般简称结构。这里所说的"作用"是使结构产生效应（如结构或构件的内力、应力、位移、应变、裂缝等）的各种原因的统称。作用分为直接作用和间接作用。直接作用即为外荷载，指施加在结构上的外力，如结构的自重、楼面荷载、雪荷载、风荷载等。间接作用指引起结构构件应力变化除荷载以外的其他原因，如地基沉降、混凝土收缩、温度变化、地震作用等。建筑结构可用不同的方法分类。

(1) 按所用材料的不同分类

1) 混凝土结构

混凝土结构是钢筋混凝土结构、预应力混凝土结构和素混凝土结构的总称，其中钢筋混凝土结构应用最为广泛。

钢筋混凝土结构具有以下优点：

①易于就地取材。钢筋混凝土的主要材料砂、石几乎到处都有，而水泥和钢材的产地在我国分布也较广，这有利于就地取材，降低工程造价。

②耐久性好。在钢筋混凝土结构中，钢筋被混凝土紧紧包裹而不致锈蚀，也不被腐蚀性环境侵蚀。因此具有良好的耐久性，几乎不用维修。

③抗震性能好。钢筋混凝土结构，特别是现浇结构具有很好的整体性，能减缓地震作用所带来的危害。

④可模性好。混凝土可根据工程需要制成各种形状和尺寸的构件，这给合理选择结构形式及构件的截面形式提供了便利。

⑤耐火性好。在钢筋混凝土结构中，钢筋被混凝土包裹着，而混凝土的导热性很差，因此钢筋不致在发生火灾时很快软化而造成结构破坏。

钢筋混凝土的主要缺点是自重大，抗裂性能差，现浇结构模板用量大、工期长等。

2) 砌体结构

由砖、石材、砌块、块体等，通过砂浆砌筑而成的结构称为砌体结构。

砌体结构主要有以下优点：

①取材方便，造价低廉，且能废物利用。

②耐火性及耐久性好。一般情况下，砌体能耐受400℃左右的高温。砌体耐腐蚀性能良好，完全能满足预期的耐久年限要求。

③具有良好的保温、隔热、隔声性能，节能效果好。

④施工方法简单，技术上易于掌握，也无需特殊设备。

砌体结构的主要缺点是自重大，整体性差，砌筑劳动强度大。

砌体结构在多层建筑中应用相当广泛，尤其是在多层民用建筑中，砌体结构占绝大多数。

3) 钢结构

钢结构是指以钢材为主制作的结构。钢结构具有以下主要优点：

①材料强度高，自重轻，塑性和韧性好，材质均匀。

②便于工厂生产和机械化施工，便于拆卸。

③抗震性能优越。

④没有污染、可以再生，节能符合建筑可持续发展的原则。

钢结构的缺点是易腐蚀，需经常油漆维护，故维护费用较高。钢结构的耐火性差，当温度达到250℃时，钢结构的材质将会发生较大变化，强度只有常温下强度的一半左右；当温度达到500℃时，钢材完全软化，结构会瞬间崩溃，承载能力完全丧失。

钢结构的应用正日益增多，尤其是在高层建筑及大跨度结构（如屋架、网架、悬索等结构）中。

4）木结构

木结构是指全部或大部分用木材制作的结构。这种结构由于制作简单，易于就地取材，过去应用相当普遍。但由于木材用途广泛，用量日增，而产量却受自然条件的限制，因此已很少采用。

（2）按承重结构类型分类

按承重结构类型的不同来分，又可分为两大方面：一方面是解决跨度问题的结构，另一方面是解决高度问题的结构。

1）解决跨度问题的结构

①桁架结构。

桁架是由上弦杆、下弦杆、腹杆通过铰连接成的一个平面结构，图1-85是桁架的几种形式。

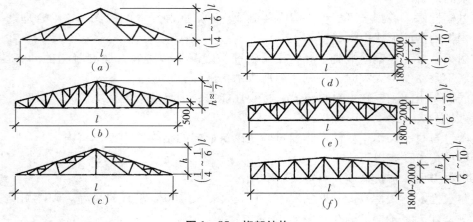

图1-85 桁架结构

②单层刚架结构。

刚架是指梁与柱的连接为刚性连接的结构，图1-86所示是刚架的几种形式。

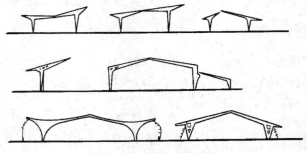

图1-86 单层刚架结构

③拱式结构。

拱是一种十分古老,而现代仍在大量应用的结构形式。它是以承受轴向压力为主的结构,这对混凝土、砖、石等抗压强度高而抗拉强度低的脆性材料是十分适宜的。

上述几种是解决跨度问题的平面结构,能应用的跨度有限,当需要采用更大跨度时,则有下面这些结构可以应用:

④薄壳结构。

将平面板变成曲面板后形成的结构,有圆顶(图1-87)、筒壳(图1-88)、双曲扁壳(图1-89),双曲扁壳的曲面坐标如图1-90所示。

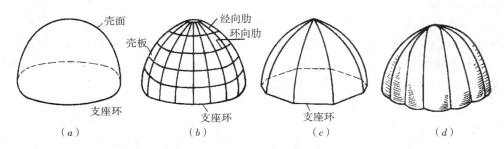

图1-87 圆顶的壳身结构

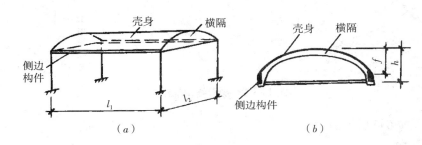

图1-88 筒壳结构

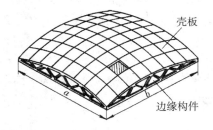

图1-89 双曲扁壳的结构

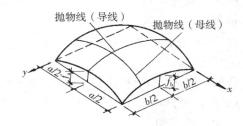

图1-90 双曲扁壳的曲面坐标

⑤网架结构。

网架结构平面布置灵活,空间造型美观,便于建筑造型处理和装饰、装修,能适应不同跨度、不同平面形状、不同支承条件、不同功能需要的建筑物。特别是在大、中跨度的单层屋盖结构中,网架结构更显示出其优越性,被大量应用于大型体育建筑(如体育馆、练习馆、体育场看台雨篷等)、公共建筑(如展览馆、影剧院、车站、码头、候机楼等)、工业建筑(如仓库、厂房、飞机库等)中。如图1-91所示为中国科技馆球形影院。

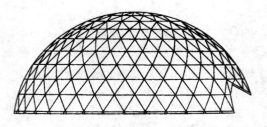

图1-91 中国科技馆球形影院

⑥悬索结构。

悬索结构由受拉索、边缘构件和下部支承构件所组成,如图1-92所示。拉索按一定的规律布置可形成各种不同的体系,边缘构件和下部支承构件的布置则必须与拉索的形式相协调,有效地承受或传递拉索的拉力。拉索一般采用由高强钢丝组成的钢绞线、钢丝绳或钢丝束,边缘构件和下部支承构件则常常为钢筋混凝土结构。

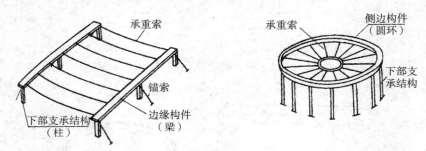

图1-92 悬索结构的组成

2) 解决高度问题的结构

①砖混结构。

砖混结构是指竖向的承重构件为砖,而水平承重构件为钢筋混凝土构件的结构。这种结构造价低、砌筑速度快,但因其强度低、抗震性差,所以只能用于层数不多的住宅、宿舍、办公楼、旅馆等民用建筑。

②框架结构。

框架结构是指由梁和柱以刚接或铰接相连接而构成承重体系的结构。这种结构平面布置灵活、强度高、抗震性好,但侧向刚度小,抗侧移的能力差,所以其建造高度一般为30m左右。

③剪力墙结构。

剪力墙结构是指由钢筋混凝土墙体即剪力墙承受水平和竖向作用的结构。这种结构的墙体较多,侧向刚度大,可建造比较高的建筑物,但其平面布置不灵活,所以一般用于住宅、旅馆等小开间的高层建筑中。

④框架—剪力墙结构。

框架—剪力墙结构是指由若干个框架和局部剪力墙共同组成的多高层结构体系。这种结构兼有框架体系和剪力墙体系两者的优点,建筑平面布置灵活、使用方便,也能满足结构承载力和侧向刚度的要求,同时还可充分发挥材料的强度作用,具有较好的技术经济指标。常用于15~25层的办公楼、旅馆、公寓。

⑤筒体结构。

筒体是由实心钢筋混凝土墙或密集框架柱（框筒）构成。筒体结构是由单个或几个筒体作为竖向承重结构的高层房屋结构体系。其外形采用形状规则的几何图形，如圆形、方形、矩形、正多边形。筒体结构一般又可分为内筒体、外筒体、筒中筒和多筒体等几种。这种结构由钢筋混凝土墙围成侧向刚度很大的筒状结构。它将剪力墙集中到房屋的内部和外围，形成空间封闭筒体，使结构体系既有极大的抗侧力刚度，又能因为剪力墙的集中而获得较大的空间，使建筑平面设计获得良好的灵活性，特别适用于30层以上或100m以上的超高层办公楼建筑。

2. 混凝土结构构造

（1）钢筋和混凝土的共同工作原理

钢筋混凝土由钢筋和混凝土两种物理力学性能完全不同的材料组成。混凝土的抗压能力较强而抗拉能力很弱，而钢材的抗拉和抗压能力都很强，为了充分利用材料的性能扬长避短，就把混凝土和钢筋这两种材料结合在一起共同工作，使混凝土主要承受压力，钢筋主要承受拉力，从而既满足工程结构的使用要求，又较为经济。

图1-93为两根截面尺寸、跨度和混凝土强度等级完全相同的简支梁，其中图1-93(a)为一根没配钢筋的素混凝土梁。由试验得知，素混凝土梁在较小荷载作用下，便由于受拉区混凝土被拉裂而突然折断。但如在梁的受拉区配置纵向钢筋（图1-93b），试验表明，配置在受拉区的钢筋明显地加强了受拉区的抗拉能力，从而使钢筋混凝土梁的承载能力比素混凝土梁的承载能力大大提高。这样，钢筋和混凝土两种材料的强度均得到了较充分的利用。

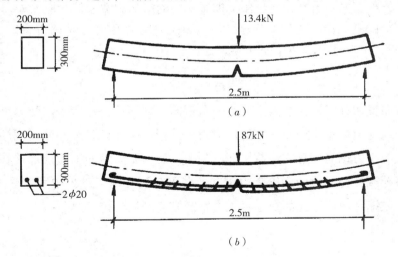

图1-93　钢筋和混凝土共同工作（mm）
(a) 素混凝土梁；(b) 下部配钢筋的混凝土梁

（2）钢筋混凝土受弯构件——板和梁的构造要求

1）截面尺寸

①板的厚度。

现浇钢筋混凝土板的厚度不应小于下表1-9规定的数值。

现浇钢筋混凝土板的最小厚度 表1-9

板的类别		最小厚度/mm
单向板	屋面板	60
	民用建筑楼板	60
	工业建筑楼板	70
	车道下的楼板	80
双向板		80
密肋板	肋间距小于或等于700mm	40
	肋间距大于700mm	50
悬臂板	板的悬臂长度小于或等于500mm	60
	板的悬臂长度大于500mm	80
无梁楼板		150

②梁的截面形式和尺寸。

梁的常见截面形式有矩形、T形、工字形以及花篮形等，其截面尺寸要满足承载力、刚度和裂缝宽度限值三方面的要求，截面高度 h 可根据梁的跨度来确定。

常见的梁高（mm）有240、250、300、350…700、800、900、1000等。

梁的截面宽度 b 通常由高宽比控制，即矩形截面梁的高宽比通常取 $h/b = 2.0 \sim 2.5$；T形、工形截面梁的高宽比通常取 $h/b = 2.5 \sim 4.0$；常用的梁宽（mm）有120、150、180、200、240、250、300、350、370、400等。

2）配筋

①板的配筋。

板中通常布置两种钢筋：受力钢筋和分布钢筋，如图1-94所示。受力钢筋沿板的受力方向布置，承受由弯矩作用而产生的拉应力，其用量由计算确定。分布钢筋是布置在受力钢筋内侧且与受力钢筋垂直的构造钢筋。分布钢筋与受力钢筋绑扎或焊接在一起，形成钢筋骨架，将荷载更均匀地传递给受力钢筋，并可起到在施工过程中固定受力钢筋位置、抵抗因混凝土收缩及温度变化而在垂直受力钢筋方向产生的拉应力。

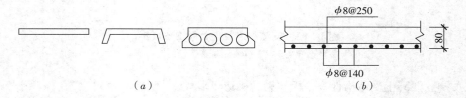

图1-94 板的配筋（mm）
（a）板的截面图；（b）配筋方式

受力钢筋的作用是承受由弯矩产生的主拉正应力。受力钢筋的直径（mm）通常采用6、8、10、12、14、16等。当钢筋采用绑扎时，受力钢筋的间距一般不小于70mm，当板厚 $t \leq 150mm$ 时，不应大于200mm；当板厚 $t > 150mm$ 时，不应大于 $1.5t$，且不宜大于250mm。板中伸入支座下部的钢筋，其间距不应大于400mm，其截面面积不应小于跨中受力钢筋截面面积的1/3。受力钢筋的支座锚固长度最小不小于 $5d$。

分布钢筋的作用主要是固定受力钢筋的位置，将荷载更有效地传递给受力钢筋，同时受力钢筋抵抗因混凝土收缩、温度变化等原因在平行于受力筋方向产生的裂缝。分布钢筋的截面面积不应小于单位长度上受力钢筋截面面积的15%，且配筋率不宜小于0.15%，其间距不大于250mm，直径不宜小于6mm。

②梁的配筋

梁中一般配置下面几种钢筋：纵向受力钢筋、箍筋、弯起钢筋、纵向构造钢筋（架立钢筋和腰筋），如图1-95所示。

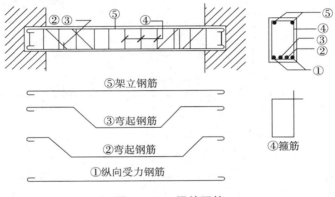

图1-95　梁的配筋

A. 纵向受力钢筋。布置在梁的受拉区，承受由弯矩作用而产生的拉应力。数量由计算确定，但不得少于2根（当梁宽度 $b < 150mm$ 时，可仅设一根）。常用的直径为10～28mm。当混凝土抗压能力不足而截面尺寸受到限制时，在构件受压区也配置纵向受力钢筋与混凝土共同承受压力。

B. 箍筋。设置箍筋可以提高构件的抗剪承载力，同时也与纵向受力钢筋，架立筋一起形成钢筋骨架。箍筋的直径和间距由计算确定，当按计算不需要箍筋时，对截面高度 $h > 300mm$ 的梁也应沿梁全长按照构造要求设置箍筋，且箍筋的直径不得小于箍筋的最小直径 d_{min}，箍筋的间距不得小于箍筋的最大间距 S_{max}；箍筋的最小直径 d_{min}、箍筋的最大间距 S_{max} 见表1-10、表1-11。

C. 弯起钢筋。梁中纵向受力钢筋在靠近支座的地方承受的拉应力较小，为了增加斜截面的受剪承载能力，可将部分纵向受力钢筋弯起来伸至梁顶，形成弯起钢筋。弯起钢筋的弯起角度一般为45°，当梁高较大（$h > 800mm$）时可取60°。

箍筋的最小直径 d_{min}　　　　　　　　　　　　　　　　表 1-10

梁高 h（mm）	箍筋最小直径（mm）
h≤800	6
h>800	8

注：当有受压钢筋时，箍筋的直径不得小于 d/4（d 为受压钢筋的最大直径）。

箍筋的最大间距 S_{max}（mm）　　　　　　　　　　　　表 1-11

项次	梁高 h/mm	$V>0.7f_tbh_0$	$V\leq0.7f_tbh_0$
1	150<h≤300	150	200
2	300<h≤500	200	300
3	500<h≤800	250	350
4	h>800	300	400

D. 架立钢筋。为了固定箍筋，以便与纵向受力钢筋形式钢筋骨架，并抵抗因混凝土收缩和温度变化产生的裂缝，在梁的受压区沿梁轴线设置架立钢筋。如在受压区已有受压纵筋时，受压纵筋可兼作架立钢筋。架立钢筋应伸至梁端，当考虑其承受负弯矩时，架立钢筋两端在支座内应有足够的锚固长度。架立钢筋的直径可参考表 1-12 选用。

架立钢筋直径　　　　　　　　　　　　　　　　　　　　表 1-12

梁跨度（m）	最小直径（mm）
$L_0<4$	≥8
$4\leq L_0\leq6$	≥10
$L_0>6$	≥12

E. 梁侧构造筋。当截面有效高度 h_0 或腹板高度 $h_w\geq450$mm，为了加强钢筋骨架的刚度，以及防止当梁太高时由于混凝土收缩和温度变化在梁侧面产生竖向裂缝，应在梁的两侧沿梁高每 200mm 各设一根直径不小于 10mm 的梁侧构造筋，俗称腰筋，其截面面积不小于腹板截面面积 bh_w 的 0.1%，两根腰筋之间用 $\phi6$ 或 $\phi8$ 的拉筋联系，拉筋间距一般为箍筋间距的 2 倍，如图 1-96 所示。

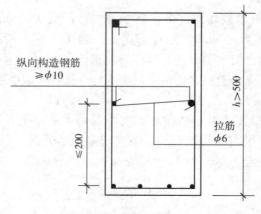

图 1-96　腰筋布置（mm）

3) 混凝土保护层厚度 c 和截面有效高度 h_0 及纵向受力钢筋净距

①混凝土保护层厚度。

钢筋外边缘至混凝土表面的距离称为钢筋的混凝土保护层厚度。其主要作用，一是保护钢筋不致锈蚀，保证结构的耐久性；二是保证钢筋与混凝土间的粘结；三是在火灾等情况下，避免钢筋过早软化。

混凝土保护层最小厚度见表 1-13

混凝土保护层最小厚度（mm）　　　　　　　　　　　　表 1-13

环境类别		板、墙、壳			梁			柱		
		≤C20	C25～C45	≥C50	≤C20	C25～C45	≥C50	≤C20	C25～C45	≥C50
一		20	15	15	30	25	25	30	30	30
二	a	/	20	20	/	30	30	/	30	30
	b	/	25	20	/	35	30	/	35	30
三		/	30	25	/	40	35	/	40	35

注：对于特殊要求的保护层及一些构造上规定不同部位的保护层要求，可见混凝土设计规范。

②梁内纵向受力钢筋净距。

为了保证钢筋周围的混凝土浇筑密实，避免钢筋锈蚀而影响结构的耐久性，梁的纵向受力钢筋间必须留有足够的净间距，其要求如图 1-97 所示。

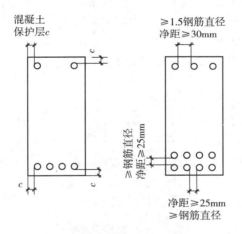

图 1-97　受力钢筋排列图

(3) 混凝土受压构件的构造

1) 材料强度等级

混凝土强度等级对受压构件的承载力影响较大，为使其抗压强度得到充分利用，设计时宜采用强度等级较高的混凝土。一般情况下，混凝土强度等级不低于 C25。因强度不能充分发挥，柱中不宜采用高强度钢筋。

2) 截面形状及尺寸

为便于施工，轴心受压柱一般采用正方形或矩形截面。当有特殊要求时，也可采用圆形或多边形截面。偏心受压柱一般采用矩形截面。当截面尺寸较大时，为减轻自重、节约混凝土，常采用工字形截面。

柱截面尺寸，主要依据内力的大小和柱的计算长度而定。为了充分利用材料强度，使柱的承载力不因长细比过大而降低太多，截面尺寸不宜太小。一般要求 $b \geq L_0/30$，$h \geq L_0/25$。对于现浇柱，截面尺寸不宜小于 250mm×250mm。柱截面尺寸还应符合模数要求，边长在 800mm 以下时，以 50mm 为模数；边长在 800mm 以上时，以 100mm 为模数。

3）纵向钢筋

纵向钢筋的作用是和混凝土一起承担外荷载，承受因温度改变及收缩而产生的拉应力，改善混凝土的脆性性能。为此，《混凝土结构设计规范》规定了纵向钢筋的最小配筋率 ρ_{min}。

纵向钢筋的直径不宜小于 12mm，通常在 12~40mm 范围内选择。

纵向钢筋的根数至少应保证在每个阳角处设置一根；圆柱中纵向钢筋根数不宜少于 8 根，且不应少于 6 根，轴心受压时，应沿截面四周均匀、对称设置。纵向钢筋的净距离不应小于 50mm，中距不大于 350mm。对于在水平位置上浇筑的预制柱，其纵向钢筋的净距离要求与梁相同。当偏心受压柱的截面高度 $h \geq 600mm$ 时，在截面侧边应设置直径 10~16mm 的纵向构造钢筋，用以承受由于温度变化及混凝土收缩产生的拉应力，同时，应相应设置附加箍筋或拉筋。

4）箍筋

柱中配置箍筋，主要用来箍住纵向钢筋形成混凝土柱内的钢筋骨架，还可以防止纵向钢筋压屈，同时对剪力也有抵抗作用。柱中箍筋应做成封闭式。

箍筋一般采用 HPB235 级钢筋，其直径不应小于纵向钢筋直径的 1/4，且不应小于 6mm。箍筋的间距一般为 200~300mm，在加密区要减小到 100mm。

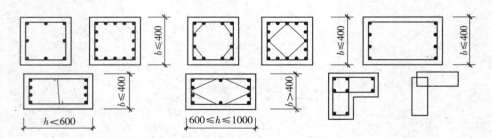

图 1-98　常用箍筋形式

箍筋的形式及布置应根据截面形状、尺寸及纵向受力钢筋的根数确定。当柱截面各边纵向钢筋不多于 3 根，或当柱子短边尺寸不大于 400mm 且纵向钢筋不多于 4 根时，可设置单个箍筋，否则，应设置复合箍筋，使纵向钢筋每隔一根位于箍筋转角处。柱中不允许采用有内折角的箍筋。图 1-98 为几种常用的箍筋形式。

(4) 钢筋混凝土受扭构件的构造

1）受扭构件的类型

截面上作用有扭矩的构件即为受扭构件。在建筑结构中，受纯扭的构件很少，一般在受扭的同时还受弯、受剪。图 1-99 所示的雨篷梁、框架的边梁和厂房中的吊车就是这样的例子。

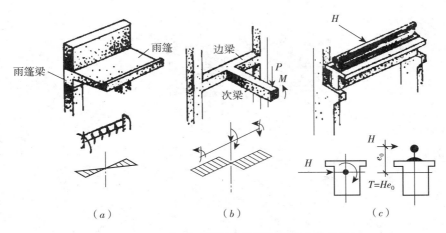

图1-99 雨篷梁、框架的边梁和厂房中的吊梁

2）配筋构造
①抗扭纵筋。
抗扭纵筋应沿构件截面周边均匀对称布置。矩形截面的四角以及T形和工字形截面各分块矩形的四角，均必须设置抗扭纵筋。抗扭纵筋的间距不应大于200mm，也不应大于梁截面短边长度。弯剪扭构件纵向钢筋的配筋率，不应小于受弯构件纵向受力钢筋的最小配筋率与受扭构件纵向受力钢筋的最小配筋率之和。

②抗扭箍筋。
抗扭箍筋必须为封闭式，其间距应满足箍筋最大间距的要求。受扭箍筋的末端应做成135°弯构，弯构端头平直段长度不应小于$10d$（d为箍筋直径）。

3. 砌体结构构造

(1) 砌体的种类

1）无筋砌体

根据块材种类不同，无筋砌体分为砖砌体、砌块体和石砌体。

砖砌体是最常采用的一种砌体。当采用标准尺寸砖砌筑时，墙厚有120mm（半砖）、240mm（1砖）、370mm（$1\frac{1}{2}$砖）、490mm（2砖）、620mm（$2\frac{1}{2}$砖）等，还可结合侧砌做成180mm、300mm、420mm等厚度。

砌块砌体为建筑工厂化、工业废料的应用、加快建设速度、减轻结构自重开辟了新的途径。我国目前采用最多的是混凝土小型空心砌块砌体。

石砌体的类型有料石砌体、毛石砌体和毛石混凝土砌体。

2）配筋砌体

为了提高砌体的承载力和减小构件尺寸，可在砌体内配置适当的钢筋形成配筋砌体。配筋砌体有网状配筋砖砌体（图1-100a）、砖砌体和钢筋混凝土面层或钢筋砂浆面层形成的组合砖砌体（图1-100b）、砖砌体和钢筋混凝土构造柱形成的组合墙（图1-100c）及配筋砌块砌体剪力墙结构（图1-100d）等。

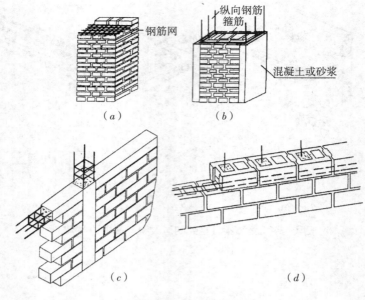

图1-100 配筋砌体
(a) 配筋砖砌体；(b) 组合砖砌体；(c) 组合墙；(d) 配筋砌块砌体剪力墙

(2) 砌体结构房屋的承重体系

根据建筑物竖向荷载传递路线的不同，可将混合结构房屋的承重体系划分为下列四种类型。

1) 横墙承重体系

在横墙承重体系的房屋中，横墙是主要的承重墙，纵墙主要起围护、隔断和将横墙连接成整体的作用。荷载的主要传递路线是：板（梁）→横墙→基础→地基。横墙承重体系房屋的横向刚度较大，整体性好，对抵抗风荷载、地震作用和地基的不均匀沉降等较为有利，适用于横墙间距较密的住宅、宿舍、旅馆、招待所等民用建筑。

2) 纵墙承重体系

在纵墙承重体系的房屋中，纵墙是主要的承重墙，横墙主要起分隔和将纵墙连接成整体的作用，荷载的主要传递路线是：板（梁）→纵墙→基础→地基。纵墙承重体系房屋的平面布置灵活，室内空间较大，但横向刚度和房屋的整体性稍差些，适用于使用上要求有较大空间的教学楼、实验楼、办公楼、厂房和仓库等工业与民用建筑。

3) 纵横墙承重体系

在有些房屋中，纵横墙均为承重墙。这种结构房屋受屋面、楼面传来荷载的，有的是纵墙，有的是横墙。这种房屋在两个相互垂直的方向上的刚度均较大，有较强的抗风和抗震能力，应用广泛。荷载的主要传递路线是：屋（楼）面荷载（梁）→纵墙或横墙→基础→地基。

4) 内框架承重体系

在混合结构房屋中，屋（楼）面荷载由设置在房屋内部的钢筋混凝土框架和外部的砖墙、柱共同承重。内框架承重多用于工业厂房、仓库、商店等建筑。此外，某些建筑的底层，为取得较大的使用空间，往往也采用这种体系。但这种房屋的整体性和总体刚度较差,在抗震设防地区不宜采用。

(3) 砌体房屋的构造要求

1) 高厚比必须符合国家的设计规范

墙、柱的高厚比验算是保证砌体房屋稳定性与刚度的重要构造措施之一。所谓高厚比是指墙、柱计算高度 H_0 与墙厚 h (或与柱的计算高度相对应的柱边长)的比值,用 β 表示。

$$\beta = \frac{H_0}{h} \quad (1-1)$$

砌体墙、柱的允许高厚比是指墙、柱高厚比的允许限值,用 $[\beta]$ 表示,该具体数据读者有兴趣可查《砌体结构设计规范》GB 50003—2001。

2) 砌体结构一般构造要求简介

为了保证砌体结构房屋有足够的耐久性和良好的整体工作性能,必须采取合理的构造措施。

①根据房屋层次及使用要求,对材料强度有相应的要求如下:

A. 五层及五层以上房屋的墙,以及受振动或层高大于 6m 的墙、柱所用材料的最低强度等级为:砖 MU10,砌块 MU7.5,石材 MU30,砂浆 M5。

对安全等级为一级或设计使用年限大于 50 年的房屋,墙、柱所用材料的最低强度等级至少比上述要求再提高一级。

B. 地面以下及防潮层以下的砌体、潮湿房间的墙所用材料的最低强度等级应符合表 1-14 的要求。

地面以下或防潮层以下的砌体、潮湿房间墙所用材料的最低强度等级 表 1-14

基土的潮湿程度	烧结普通砖、蒸压灰砂砖		混凝土砌块	石材	水泥砂浆
	严寒地区	一般地区			
稍潮湿的	MU10	MU10	MU7.5	MU30	MU5
很潮湿的	MU15	MU10	MU7.5	MU30	MU7.5
含水饱和的	MU20	MU15	MU10	MU40	MU10

注:1. 在冻胀地区,地面以下或防潮层以下的砌体,不宜采用多孔砖,必须采用时,其孔洞应用水泥砂浆灌实;当采用混凝土砌块砌体时,其孔洞应采用强度等级不低于 C20 的混凝土灌实。
　　2. 对安全等级为一级或者设计使用年限大于 50 年的房屋,表中材料强度等级至少应该提高一级。

②最小截面规定。

为了避免墙柱截面过小导致稳定性能变差,以及局部缺陷对构件的影响增大,规范规定了各种构件的最小尺寸。承重的独立砖柱截面尺寸不应小于 240mm×370mm。

③墙、柱连接构造。

为了增强砌体房屋的整体性和避免局部受压损坏,规范规定:

A. 跨度大于 6m 的屋架和跨度大于 4.8m 的梁,应在支承处砌体中设置混凝土或钢筋混凝土垫块;当墙中设有圈梁时,垫块与圈梁宜浇成整体;

B. 预制钢筋混凝土板的支承长度,在墙上不宜小于 100mm;在钢筋混凝土圈梁上不宜小于 80mm;当利用板端伸出钢筋拉结和混凝土灌筑时,其支承长度可为 40mm,但板端缝宽不小于 80mm,灌缝混凝土不宜低于 C20。

C. 预制钢筋混凝土梁在墙上的支承长度应为 180~240mm。

D. 填充墙、隔墙应采取措施与周边构件可靠连接。一般是在钢筋混凝土结构中预埋拉结筋，在砌筑墙体时将拉结筋砌入水平灰缝内。

E. 山墙处的壁柱宜砌至山墙顶部，屋面构件应与山墙可靠拉结。

④砌体中留槽洞或埋设管道时的规定。

A. 不应在截面长边小于 500mm 的承重墙体、独立柱内埋设管线；

B. 不宜在墙体中穿行暗线或预留、开凿沟槽，无法避免时应采取必要的措施或按削弱后的截面验算墙体承载力。对受力较小或未灌孔砌块砌体，允许在墙体的竖向孔洞中设置管线。

3）砌体房屋中圈梁、过梁与挑梁的构造规定

①圈梁的设置要求。

在墙体内设置现浇钢筋混凝土圈梁的目的，是为了增强砌体结构房屋的整体刚度，防止由于地基的不均匀沉降或较大的振动荷载等对房屋引起的不利影响，而不是用以提高其承载力。

在多层房屋中，圈梁可参照下列规定设置：

A. 多层砖砌体民用房屋，如宿舍、办公楼等，且层数为 3~4 层时，宜在檐口标高处设置圈梁一道；当层数超过 4 层时应在所有纵横墙上隔层设置。

B. 多层砌体工业房屋，应每层设置现浇钢筋混凝土圈梁。

C. 设置墙梁的多层砌体房屋应在托梁、墙梁顶面和檐口标高处设置现浇钢筋混凝土圈梁，其他楼层处应在所有纵横墙上每层设置。

D. 采用现浇钢筋混凝土楼（屋）盖的多层砌体结构房屋，当层数超过 5 层时，除在檐口标高设置圈梁外，可隔层设置圈梁，并与楼（屋）面板一起现浇。未设圈梁的楼面板嵌入墙内的长度不应小于 120mm，并沿墙长配置不少于 $2\phi10$ 的纵向钢筋。

E. 砖砌体房屋，檐口标高为 5~8m 时，应在檐口标高处设置圈梁，檐口标高大于 8m 时，应增加设置数量。

②过梁的构造规定。

过梁是门窗洞口上用以承受上部墙体和楼盖传来的荷载的常用构件，其构造补充规定为：

A. 钢筋砖过梁不应超过 1.5m 跨度；

B. 砖砌平拱不应超过 1.2m 跨度；

C. 对有较大振动载荷或过梁上有集中载荷，以及可能产生不均匀沉降的房屋必须采用钢筋混凝土过梁。

③挑梁的构造规定。

挑梁是指一端埋入墙体内，一端挑出墙外的钢筋混凝土梁。挑梁应进行抗倾覆验算、挑梁下砌体的局部受压承载力验算以及挑梁本身承载荷载的计算。挑梁设计除应符合国家现行《混凝土结构设计规范》（GB 50010—2002）外，还应满足下列要求：

A. 纵向受力钢筋在梁上部至少应有 1/2 的钢筋面积伸入梁嵌固端内足够长度，且不少于 $2\phi12$。其余钢筋伸入支座的长度不应小于埋入砌体长度的 2/3。

B. 挑梁埋入砌体的长度 L_1 与挑出长度 L 之比 L_1/L 宜大于 1.2，当挑梁上无砌体时，

L_1/L 宜大于 2。

4. 钢结构构造

(1) 钢结构的特点

钢结构具有下述特点：

①钢材的强度高；

②钢结构的自重相对于其他结构要轻；

③钢材具有均匀、连续及各向同性的特点；

④钢材具有可焊性和可加工性；

⑤钢结构加工及施工受季节限制较少；

⑥钢材耐温性较好，而耐火性较差。温度在 250℃ 以内，钢材的性能变化很小，因而钢结构的长期耐高温性能比其他结构好。但当温度接近 500℃ 时，钢材的强度迅速下降，使钢结构软化，丧失抵抗外力的能力。因此，在某些有特殊防火要求的建筑中采用钢结构时，必须用耐火材料予以围护；

⑦后期维护费用高。由于钢结构的主要元素是铁（Fe），所以其最大缺点是易于锈蚀。因此，对钢结构需要定期维护（刷防锈涂料），所以钢结构的维护费用比其他结构高。

(2) 钢结构的连接构造

1）连接的种类和特点

钢结构常用的连接方法有焊接连接、螺栓连接和铆钉连接（图 1-101）。目前应用较多的为焊接连接。

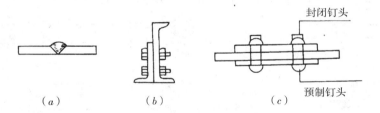

图 1-101 连接的种类
(a) 焊接连接；(b) 螺栓连接；(c) 铆钉连接

①焊接连接。

焊接连接的优点是构造简单，可以不削弱截面，连接的密封性好，易于自动化操作等。但也存在一些缺点，如使焊接影响区的材质变脆；在焊件中产生焊接残余应力和变形，影响结构或结构构件的承载能力以及正常使用。焊接连接是钢结构中最主要的一种连接方法。

②螺栓连接。

螺栓连接分普通螺栓连接和高强螺栓连接两大类。

A. 普通螺栓连接。

普通螺栓主要用于安装连接及可拆卸的结构中。按照加工的精度，这类螺栓有粗制螺栓和精制螺栓两种。精制螺栓加工粗糙，尺寸不够准确，只要求Ⅱ类孔。粗制螺栓成本低，传递剪力时，连接的变形较大，但传递拉力的性能尚好，故多用在承受拉力的安装连接中。精制螺栓尺寸准确，要求Ⅰ类孔，孔径等于螺栓杆径，因而抗剪性能比精制螺栓好，但成本高，安装困难，因而较少采用。

B. 高强度螺栓连接。

普通螺栓是靠栓杆受拉和抗剪来传递剪力，而高强度螺栓则是靠连接件间的强大摩擦阻力来传递剪力。为了产生更大的摩擦阻力，高强度螺栓采用高强度的优质碳素钢或合金钢制成。高强度螺栓按计算准则不同分为两种类型。一种为摩擦型，以连接板间摩擦阻力刚被克服作为连接承载力的极限状态，用于直接承受动力荷载的结构中；另一种为承压型，靠连接件间的摩擦力和栓杆共同传力，以栓杆被剪坏和被压坏为承载力极限，多用于承受静荷载和对变形不敏感的结构中。两种螺栓均要求Ⅰ类孔。

③铆钉连接。

铆钉连接是将一端带有预制钉头的铆钉，插入被连接构件的钉孔中，利用铆钉枪或压铆机将另一端压成封闭钉头而成。铆钉连接因费工费时、成本高，现已很少采用，因此不再作详细介绍。

2）焊缝的形式与构造

焊接连接有气焊、接触焊和电弧焊等形式。电弧焊又分为手工焊、自动焊和半自动焊三种。钢结构中常用的是手工电弧焊。利用手工操作的方法，以焊接电弧产生的热量使焊条和被连接的钢材熔化从而凝固成牢固接头的工艺过程，就是手工电弧焊。

①对接焊缝。

为使被连接件焊透，常将对接焊缝的焊件剖口，所以焊件对接焊缝的形式有直边缝、单边V形缝、双边V形缝、U形缝、K形缝、X形缝等（图1-102）。

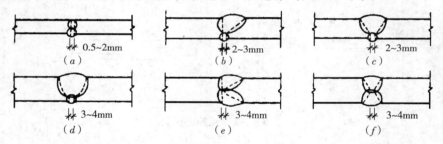

图1-102 对接焊缝的构造
（a）直边缝；（b）单边V形缝；（c）双边V形缝；（d）U形缝；（e）K形缝；（f）X形缝

焊缝的起点和终点处，常因不能熔透而出现凹形的焊口。为避免受力后出现裂纹及应力集中，按《钢结构工程施工质量验收规范》（GB 50205—2001）的规定，施焊时应将两端焊至引弧板上（图1-103），然后再将多余部分切除，这样也就不致减小焊缝处的截面。

对接焊缝的优点是用料经济，传力均匀、平顺，没有显著的应力集中，承受动力荷载的构件最适于采用对接焊缝。缺点是施焊的焊件应保持一定的间隙，板边需要加工，施工不便。

②角焊缝。

在相互搭接或丁字连接构件的边缘，所焊截面为三角形的焊缝，这种焊缝叫做角焊缝（图1-104）。

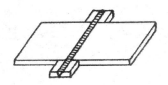
图1-103 对接焊缝的引弧板

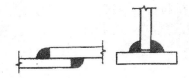
图1-104 角焊缝

杆件与节点板的连接焊缝一般宜采用两面侧焊（图1-105a），也可用三面围焊；对角钢杆件还可采用L形围焊（图1-105b）。

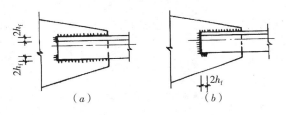

图1-105 杆件与节点板的焊缝连接
(a) 两面侧焊；(b) L形围焊

角焊缝的优点是焊件板边不必预先加工，也不需要校正缝距，施工方便。其缺点是应力集中现象比较严重；由于必须有一定的搭接长度，角焊缝连接在材料使用上不够经济。

3）螺栓连接构造

①普通螺栓连接。

螺栓连接施工简单，固定牢靠，无须专门设备，广泛用于临时固定构件及可拆卸结构的安装。按国际标准，螺栓统一用螺栓的性能等级来表示，如"4.6级"、"8.8级"、"10.9级"等。此处小数点前数字表示螺栓材料的最低抗拉强度f_u，例如"4"表示400N/mm^2，"8"表示800N/mm^{2}等；小数点及以后数字（.6、.8等）表示螺栓材料的屈强比，即屈服点与最低抗拉强度的比值。普通螺栓是属于4.6级的螺栓，用Q235钢制成。普通螺栓连接按受力性质可分为抗剪螺栓连接和受拉螺栓连接：

A. 抗剪螺栓连接。

抗剪螺栓连接是指在外力作用下，被连接构件的接触面产生相对剪切滑移的连接，如图1-106所示。

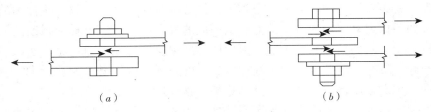

图1-106 抗剪螺栓连接
(a) 单剪；(b) 双剪

B. 受拉螺栓连接。

受拉螺栓连接是指外力作用下，被连接构件的接触面将互相脱开而使螺栓杆受拉的连接（图 1-107）。

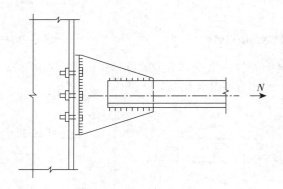

图 1-107　受拉螺栓连接

受拉螺栓连接是通过计算来保证其不发生破坏的。

②高强度螺栓连接的受力特点。

高强度螺栓是一种新的连接形式，它具有施工简单、受力性能好、可拆换、耐疲劳以及在动力荷载作用下不松动等优点，是很有发展前途的连接方法。

如图 1-108 所示，用特制的扳手上紧螺帽，使螺栓产生巨大而又受控制的预拉力 P，通过螺帽和垫板，对被连接件也产生同样大小的预压力 P。在预压力 P 作用下，沿被连接件表面就会产生较大的摩擦力，显然，只要 N 小于此摩擦力，构件便不会滑移，连接就不会受到破坏，这就是高强度螺栓连接的原理。

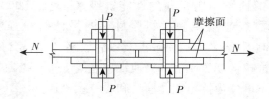

图 1-108　高强度螺栓连接

高强度螺栓连接是靠连接件接触面间的摩擦力来阻止其相互滑移的，为使接触面有足够的摩擦力，就必须提高构件的夹紧力和增大构件接触面的摩擦系数。构件间的夹紧力是靠对螺栓施加预拉力来实现的，但由低碳钢制成的普通螺栓，因受材料强度的限制，所能施加的预拉力是有限的，它所产生的摩擦力比普通螺栓的抗剪能力还小，所以如要靠螺栓预拉力所引起的摩擦力来传力，则螺栓材料的强度必须比构件材料的强度大得多才行，亦即螺栓必须采用高强度钢制造，这也就是称为高强度螺栓连接的原因。

高强度螺栓实际上有摩擦型和承压型之分。摩擦型高强度螺栓承受剪力的准则是设计荷载引起的剪力不超过摩擦力，以上所述就是指这一种；而承压型高强度螺栓则是以杆身不被剪坏或板件不被压坏为设计准则，其受力特点及计算方法等与普通螺栓基本相同，但由于螺栓采用了高强度钢材，所以具有较高的承载能力。

5. 地基与基础

建筑物修建在地表，上部结构的荷载最终都会传到地表的土层或岩层上，这部分起支撑作用的土体或岩体就是地基。将向地基传递荷载的下部承重结构称为基础。

经过人工处理的地基称为人工地基；不需处理的地基称为天然地基。

基础底面距地面的深度称为基础的埋置深度。根据埋置深度，基础可以分为浅基础和深基础。埋置深度在5m以内且能用一般方法施工的基础称为浅基础。埋置深度超过5m的基础称为深基础，该类基础施工难度大、成本高，一般用于高层建筑或工程性质较差的地基。

（1）无筋扩展基础

无筋扩展基础是指由砖、毛石、混凝土或毛石混凝土、灰土和三合土等脆性材料组成的墙下条形基础或柱下独立基础，如图1-109所示。这些材料有较好的抗压性能，抗拉、抗剪强度均很低。无筋扩展基础适用于6层和6层以下（三合土基础不宜超过4层）的民用建筑和轻型厂房。

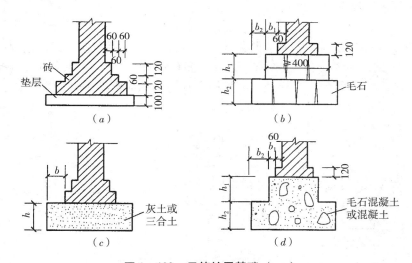

图1-109 无筋扩展基础（mm）
（a）砖基础；（b）毛石基础；（c）灰土基础；（d）毛石混凝土基础、混凝土基础

（2）扩展基础

扩展基础是指柱下钢筋混凝土独立基础和墙下钢筋混凝土条形基础，如图1-110所示。扩展基础抗弯和抗剪性能良好，适用于"宽基浅埋"或有地下水时，也称柔性基础，能充分发挥钢筋的抗弯性能及混凝土抗压性能，适用范围广。

扩展基础应满足以下构造要求：

①锥形基础的边缘高度不宜小于200mm；阶梯形基础的每阶高度宜为300~500mm。

②垫层的厚度不宜小于70mm；垫层混凝土强度等级应为C10。

③扩展基础底板受力钢筋的最小直径不宜小于10mm；间距不宜大于200mm，也不宜小于100mm。墙下钢筋混凝土条形基础纵向分布钢筋的直径不应小于8mm；间距不

大于300mm；每延米分布钢筋的面积不应小于受力钢筋面积的10%。当有垫层时钢筋混凝土的保护层厚度不小于40mm，垫层厚度不小于70mm；无垫层时保护层厚度不小于70mm。

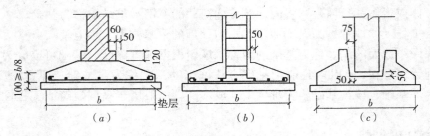

图1-110　扩展基础（mm）
(a) 钢筋混凝土条形基础；(b) 现浇独立基础；(c) 预制杯形基础

④钢筋混凝土强度等级不应小于C20。

⑤当柱下钢筋混凝土独立基础的边长和墙下钢筋混凝土条形基础的宽度大于或等于2.5m时，底板受力钢筋的长度可取边长或宽度的0.9倍，并宜交错布置，如图1-111 (a) 所示。

⑥钢筋混凝土条形基础底板在T形及十字形交接处，底板横向受力钢筋仅沿一个主要受力方向通长布置，另一个方向的横向受力钢筋可布置到主要受力方向底板宽度的1/4处，如图1-111 (b) 所示。在拐角处底板横向受力钢筋应沿两个方向布置，如图1-111 (c) 所示。

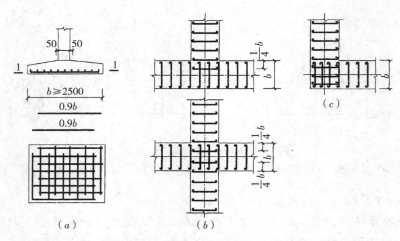

图1-111　扩展基础底板受力钢筋布置示意图（mm）

(3) 柱下条形基础

当上部结构荷载较大、地基土的承载力较低时，采用无筋扩展基础或扩展基础往往不能满足地基强度和变形的要求。为增加基础刚度，防止由于过大的不均匀沉降引起的上部结构的开裂和损坏，常采用柱下条形基础。根据刚度的需要，柱下条形基础可沿纵向设置，也可沿纵横向设置，如图1-112所示。如果柱网下的地基土较软弱，土的压缩性或柱荷载的分布沿两个柱列方向都很不均匀,一方面需要进一步扩大基础底面积,另一方面又要求基础具有较大刚度以调整地基不均匀沉降,则可采用交梁基础。该基础形式多用于框架结构。

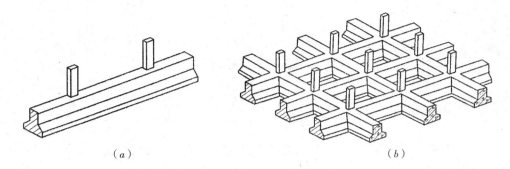

图 1-112 柱下条形基础
(a) 柱下单向条形基础;(b) 柱下纵横向条形基础

交梁基础的构造要求:

①柱下条形基础梁的高度宜为柱距的 1/4~1/8。翼板厚度不应小于 200mm。当翼板厚度大于 250mm 时,宜采用变厚度翼板,其坡度宜小于或等于 1:3。

②桩下条形基础的两端宜向外伸出,其长度宜为第一跨度的 0.25 倍;使基底反力分布比较均匀、基础内力分布比较合理。

③基础垫层和钢筋保护层厚度、底板钢筋的部分构造要求可参考扩展基础的规定。

(4) 高层建筑筏板基础

当地基特别软弱,上部荷载很大,用交梁基础将导致基础宽度较大而又相互接近,或有地下室时,可将基础底板连成一片而成为筏板基础。

筏板基础可分为墙下筏板基础和柱下筏板基础,如图 1-113 所示。柱下筏板基础常有平板式和梁板式两种。平板式筏板基础是在地基上做一块钢筋混凝土底板,柱子通过柱脚支承在底板上;梁板式筏板基础分为下梁板式和上梁板式,下梁板式基础底板上面平整,可作建筑物底层地面。

筏板基础,特别是梁板式筏板基础整体刚度较大,能很好地调整不均匀沉降,常用于高层建筑中。

筏板基础的混凝土强度等级不应低于 C30。当有地下室时应采用防水混凝土,防水混凝土的抗渗等级应根据地下水的最大水头与防渗混凝土厚度的比值,按现行《地下工程防水技术规范》选用。

采用筏板基础的地下室应沿四周布置钢筋混凝土外墙,外墙厚度不应小于 250mm,内墙厚度不应小于 200mm。墙体内应设置双面钢筋,竖向、水平钢筋的直径不应小于 12mm,间距不应大于 300mm。

筏板最小厚度不小于 400mm;对 12 层以上建筑的梁板式筏板基础,其底板厚度与最大双向板格的短边净跨之比不小于 1/14。

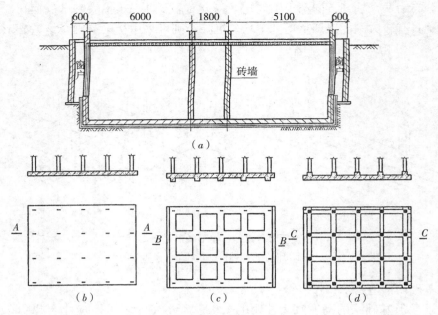

图 1-113 筏板基础 (mm)

(5) 高层建筑箱形基础

箱形基础是由底板、顶板、钢筋混凝土纵横隔墙构成的整体现浇钢筋混凝土结构, 如图 1-114 所示。箱形基础具有较大的基础底面、较深的埋置深度和中空的结构形式, 上部结构的部分荷载可用开挖卸去的土的重量得以补偿。与一般的实体基础比较, 它能显著地提高地基的稳定性, 降低基础沉降量。

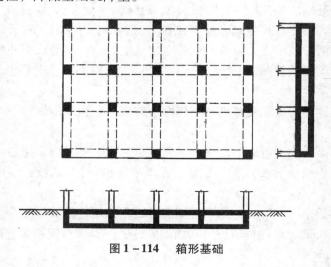

图 1-114 箱形基础

箱形基础比筏板基础具有更大的空间刚度, 以抵抗地基或荷载分布不均匀引起的差异沉降。此外, 箱形基础还具有良好的抗震性能, 广泛应用于高层建筑中。

箱形基础的混凝土强度等级不应低于 C30。

箱形基础外墙宜沿建筑物周边布置，内墙沿上部结构的柱网或剪力墙位置纵横均匀布置，墙体水平截面总面积不宜小于箱形基础外墙外包尺寸的水平投影面积的1/10。对基础平面长宽比大于4的箱形基础，其纵墙水平截面面积不应小于箱基外墙外包尺寸水平投影面积的1/18。

(6) 桩基础

当地基土上部为软弱土，且荷载很大，采用浅基础已不能满足地基强度和变形的要求，可利用地基下部比较坚硬的土层作为基础的持力层设计成深基础。桩基础是最常见的深基础。

桩基础是由桩和承台两部分组成，如图1-115所示。桩在平面上可以排成一排或几排，所有桩的顶部由承台连成一个整体并传递荷载。桩基础的作用是将承台以上上部结构传来的外力通过承台，由桩传到较深的地基持力层中，承台将各桩连成一个整体共同承受荷载。

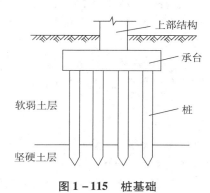

图1-115 桩基础

由于桩基础的桩尖通常都进入到了比较坚硬的土层或岩层，因此，桩基础具有较高的承载力和稳定性，具有良好的抗震性能，是减少建筑物沉降与不均匀沉降的良好措施。桩基础还具有很强的灵活性，对结构体系、范围及荷载变化等有较强的适应能力。

1) 桩的分类

①按施工方式分类：按施工方法的不同可分为预制桩和灌注桩两大类。

②按桩身材料分类：可分为混凝土桩、钢桩、组合桩三大类。

A. 混凝土桩又可分为混凝土预制和混凝土灌注桩（简称灌注桩）两类。

B. 钢桩常见的是型钢和钢管两类。

C. 组合桩即采用两种材料组合而成的桩。例如，钢管桩内填充混凝土，或上部为钢管桩、下部为混凝土桩。

③按桩的使用功能分类：主要分为竖向抗压桩、水平受荷桩、竖向抗拔桩和复合受荷桩四类。

A. 竖向抗压桩。主要承受竖直向下荷载的桩。

B. 水平受荷桩。主要承受水平荷载的桩。

C. 竖向抗拔桩。主要承受拉拔荷载的桩。

D. 复合受荷桩。承受竖向和水平荷载均较大的桩。

④按桩的承载性状分类：可分为摩擦桩、端承摩擦桩、端承桩和摩擦端承桩。

A. 摩擦桩：在极限承载力状态下，桩顶荷载由桩侧阻力承受。

B. 端承摩擦桩：在极限承载力状态下，桩顶荷载主要由桩侧阻力承受，部分桩顶荷载由桩端阻力承受。

C. 端承桩：在极限承载力状态下，桩顶荷载由桩端阻力承受。

D. 摩擦端承桩：在极限承载力状态下，桩顶荷载主要由桩端阻力承受，部分桩顶荷载由桩侧阻力承受。

⑤按桩径的大小分类：可分为小桩、中等直径桩和大直径桩。

A. 小桩：直径小于或等于250mm。

B. 中等直径桩：直径介于250~800mm。

C. 大直径桩：直径大于或等于800mm。

2) 桩基的构造规定

①摩擦型桩的中心距不宜小于桩身直径的3倍；扩底灌注桩的中心距不宜小于扩底直径的1.5倍，当扩底直径大于2m时，桩端净距不宜小于1m。在确定桩距时还应考虑施工工艺中的挤土效应对相邻桩的影响。

②扩底灌注桩的扩底直径不宜大于桩身直径的3倍。

③预制桩的混凝土强度等级不应低于C30；灌注桩不应低于C20；预应力桩不应低于C40。

④打入式预制桩的最小配筋率不宜小于0.8%；静压预制桩的最小配筋率不宜小于0.6%；灌注桩的最小配筋率不宜小于0.2%~0.65%（小直径取大值）。

⑤桩顶嵌入承台的长度不宜小于50mm。桩顶主筋应伸入承台内，其锚固长度对HPB235级钢筋不宜小于30倍主筋直径。对HRB335、HRB400级钢筋不宜小于35倍主筋直径。

3) 承台构造

承台有多种形式，如柱下独立桩基承台、箱形承台、筏形承台、柱下梁式承台和墙下条形承台等。承台的作用是将桩连成一个整体，并把建筑物的荷载传到桩上，因而承台要有足够的强度和刚度。以下主要介绍板式承台的构造要求。

①承台的宽度不应小于500mm。边桩中心至承台边缘的距离不宜小于桩的直径或边长，且桩的外边缘至承台边缘的距离不小于150mm。对条形承台梁，桩的外边缘至承台梁边缘的距离不小于75mm。

②承台厚度不应小于300mm。

③承台的配筋，对于矩形承台其钢筋应按双向均匀边长配筋，钢筋直径不宜小于10mm，间距不宜大于200mm（图1-116a）；对于三桩承台，钢筋应按三向板带均匀配置，且最里面的三根钢筋围成的三角形应在柱截面范围内（图1-116b）。承台梁的主筋除满足计算要求外尚应符合混凝土规范中关于最小配筋率的规定，主筋直径不宜小于12mm，架立筋不宜小于10mm，箍筋直径不宜小于6mm（图1-116c）。

④承台混凝土的强度等级不宜低于C20。纵向钢筋的混凝土保护层厚度不应小于70mm，当有混凝土垫层时，不应小于40mm。

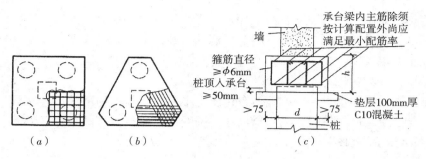

图1-116 承台配筋示意
(a) 矩形承台配筋;(b) 三桩承台配筋;(c) 承台梁

4) 承台之间的连接

单桩承台宜在两个相互垂直方向上设置连系梁;两桩承台宜在其短向设置连系梁;有抗震要求的柱下独立承台宜在两个主轴方向设置连系梁。连系梁顶面宜与承台位于同一标高。

连系梁的宽度不应小于250mm,梁的高度可取承台中心距的1/15~1/10。连系梁内上下纵向钢筋直径不应小于12mm且不应少于2根,并按受拉要求锚入承台。

6. 结构施工图的内容及识图方法

建筑施工图是在满足建筑物的使用功能、美观、防火等要求的基础上,表明房屋的外形、内部平面布置、细部构造和内部装修等内容。为了建筑物的安全,还应按建筑各方面的要求进行力学与结构计算,决定建筑承重构件(如基础、梁、板、柱等)的布置、形状、尺寸和详细设计的构造要求,并将其结果绘制成图样,用以指导施工,这样的图样称为结构施工图。

(1) 结构施工图的组成

结构施工图一般包括:结构设计图纸目录、结构设计总说明、结构平面图和构件详图。

1) 结构设计图纸目录和设计总说明

结构图纸目录可以使我们了解图纸的总张数和每张图纸的内容,核对图纸的完整性,查找所需要的图纸。结构设计总说明的主要内容包括以下方面:

①设计的主要依据(如设计规范、勘察报告等)。
②结构安全等级和设计使用年限、混凝土结构所处的环境类别。
③建筑抗震设防类别、建设场地抗震设防烈度、场地类别、设计基本地震加速度值、所属的设计地震分组以及混凝土结构的抗震等级。
④基本风压值和地面粗糙度类别。
⑤人防工程抗力等级。
⑥活荷载取值,尤其是荷载规范中没有明确规定或与规范取值不同的活荷载标准值及其作用范围。
⑦设计±0.000标高所对应的绝对标高值。
⑧所选用结构材料的品种、规格、型号、性能、强度等级,水箱、地下室、屋面等有抗渗要求的混凝土的抗渗等级。

⑨结构构造做法（如混凝土保护层厚度、受力钢筋锚固搭接长度等）。

⑩地基基础的设计类型与设计等级，对地基基础施工、验收要求以及对不良地基的处理措施与技术要求。

2）结构平面布置图

结构布置图是房屋承重结构的整体布置图，主要表示结构构件的位置、数量、型号及相互关系，与建筑平面图一样，属于全局性的图纸，通常包含基础布置平面图、楼层结构平面图、屋顶结构平面图、柱网平面图。

3）结构构件详图

构件详图是表示单个构件形状、尺寸、材料、构造及工艺的图样，属于局部性的图纸。其主要内容有：基础详图，梁、板、柱等构件详图；楼梯结构详图；其他构件详图。

(2) 结构施工图的有关规定

房屋结构中的构件繁多，布置复杂，绘制的图纸除应遵守《房屋建筑制图统一标准》（GB/T 50001—2001）中的基本规定外，还必须遵守《建筑结构制图标准》（GB/T 50105—2001）。现将有关规定介绍如下：

1）构件代号

在结构施工图中，为了方便阅读，简化标注，规范规定：构件的名称应用代号来表示，代号后应用阿拉伯数字标注该构件的型号或编号，也可为构件的顺序号。构件的顺序号采用不带角标的阿拉伯数字连续编排。当采用标准、通用图集中的构件时，应用该图集中的规定代号或型号注写。表示方法用构件名称的汉语拼音字母中的第一个字母表示。常用的结构构件代号见表 1-15。

2）常用钢筋符号

常用结构构件代号　　　　　　　　　表 1-15

序号	名称	代号	序号	名称	代号	序号	名称	代号
1	板	B	15	吊车梁	DL	29	基础	J
2	屋面板	WB	16	圈梁	QL	30	设备基础	SJ
3	空心板	KB	17	过梁	GL	31	桩	ZH
4	槽形板	CB	18	连系梁	LL	32	柱间支撑	ZC
5	折板	ZB	19	基础梁	JL	33	水平支撑	SC
6	密肋板	MB	20	楼梯梁	TL	34	垂直支撑	CC
7	楼梯板	TB	21	檩条	LT	35	梯	T
8	盖板或沟盖板	GB	22	屋架	WJ	36	雨篷	YP
9	挡雨板或檐口板	YB	23	托架	TJ	37	阳台	YT
10	吊车安全走道板	DB	24	天窗架	CJ	38	梁垫	LD
11	墙板	QB	25	框架	KJ	39	预埋件	M
12	天沟板	TGB	26	刚架	GJ	40	天窗端壁	TD
13	梁	L	27	支架	ZJ	41	钢筋网	W
14	屋面梁	WL	28	柱	Z	42	钢筋骨架	G

注：预应力钢筋混凝土构件代号，应在构件代号前加注"Y-"，例如 Y-KB 表示预应力混凝土空心板。

钢筋按其强度和品种分成不同等级。普通钢筋一般采用热轧钢筋,符号见表1-16。

常用钢筋符号 表1-16

种类	强度等级	符号	强度标准值 f_{yk}/(N/mm²)
热轧钢筋	HPB235（Q235）	Ⅰ	φ	235
	HRB335（20MnSi）	Ⅱ	Φ	335
	HRB400（20MnSiV、20MnSiNb、20MnTi）	Ⅲ	Φ	400
	RRB400（K20MnSi）	Ⅲ	Φ^R	400

3) 钢筋的名称、作用和标注方法

配置在钢筋混凝土结构构件中的钢筋,一般按其作用分为以下几类。

①受力钢筋:它是承受构件内拉、压应力的受力钢筋,其配置通过受力计算确定,且应满足构造要求。梁、柱的受力筋亦称纵向受力筋,应标注数量、品种和直径,如4Φ18,表示配置4根HRB335级钢筋,直径为18mm。板的受力筋,应标注品种、直径和间距,如φ10@150,表示配置HPB235级钢筋,直径10mm,间距150mm(@是相等中心距符号)。

②架立筋:架立筋一般设置在梁的受压区,与纵向受力钢筋平行,用于固定梁内钢筋的位置,并与受力筋形成钢筋骨架。架立筋是按构造配置的,其标注方法同梁内受力筋。

③箍筋:箍筋的作用是承受梁、柱中的剪力、扭矩和固定纵向受力钢筋的位置等。标注时应说明箍筋的级别、直径、间距,如φ8@100。构件配筋图中箍筋的长度尺寸,应指箍筋的里皮尺寸。弯起钢筋的高度尺寸应指钢筋的外皮尺寸。

④分布筋:它用于单向板、剪力墙中。

单向板中的分布筋与受力筋垂直。其作用是将承受的荷载均匀地传递给受力筋,并固定受力筋的位置以及抵抗热胀冷缩所引起的温度变形。标注方法同板中受力筋。

剪力墙中布置的水平和竖向分布筋,除上述作用外,还可参与承受外荷载,其标注方法同板中受力筋。

⑤构造筋:因构造要求及施工安装需要而配置的钢筋,如腰筋、吊筋、拉结筋等。

各种钢筋的形式及在梁、板、柱中的位置及其形状,如图1-117所示。

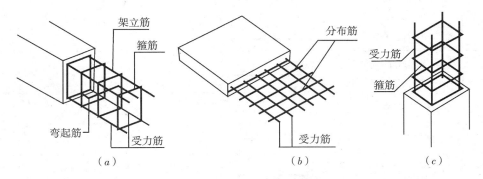

图1-117 钢筋混凝土梁板柱配筋示意图
(a) 梁; (b) 板; (c) 柱

4）钢筋的弯钩

为了增强钢筋与混凝土的粘结力，表面光圆的钢筋两端需要做弯钩。弯钩的形式如图 1-118 所示。

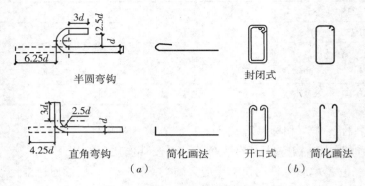

图 1-118　钢筋的弯钩形式
（a）受力筋的弯钩；（b）箍筋的弯钩

5）钢筋的常用表示方法

参见表 1-17 和表 1-18。

一般钢筋的表示方法　　　　表 1-17

序号	名称	图例	说明
1	钢筋横断面	·	
2	无弯钩的钢筋端部		下图表示长、短钢筋投影重叠时，短钢筋的端部用45°斜划线表示
3	带半圆形弯钩的钢筋端部		
4	带直钩的钢筋端部		
5	带丝扣的钢筋端部		
6	无弯钩的钢筋搭接		
7	带半圆形钩的钢筋搭接		
8	带直钩的钢筋搭接		
9	花篮螺栓钢筋接头		
10	机械连接的钢筋接头		用文字说明机械连接的方式（冷挤压、锥螺纹等）

钢筋在结构构件中的画法 表1-18

序号	说明	图例
1	在结构平面图中配置双层钢筋时,底层钢筋的弯钩应向上或向左,顶层钢筋的弯钩则向下或向右	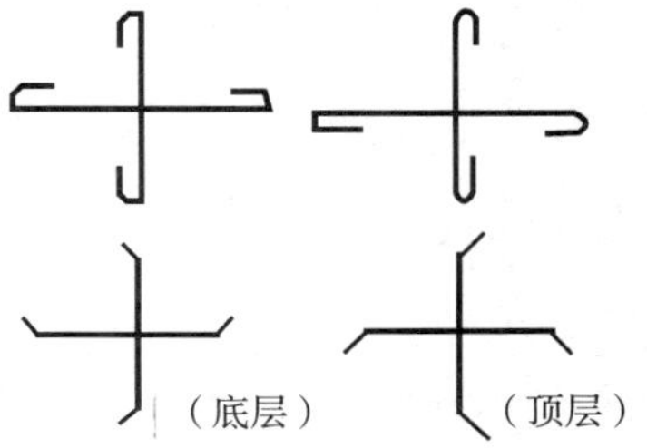 (底层)　(顶层)
2	钢筋混凝土墙体配双层钢筋时,在配筋立面图中,远面钢筋的弯钩应向上或向左,而近面钢筋的弯钩向下或向右(JM 近面;YM 远面)	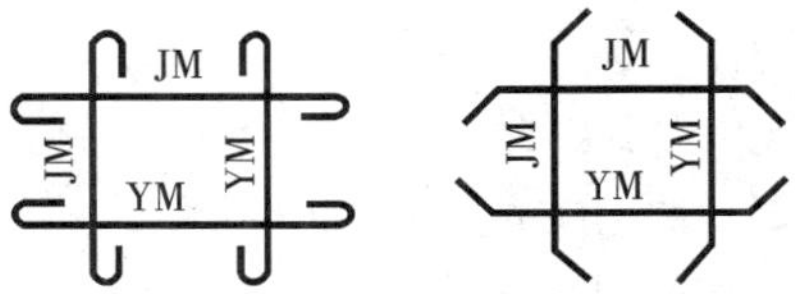
3	若在断面图中不能表达清楚的钢筋布置,应在断面图外增加钢筋大样图(钢筋混凝土墙、楼梯等)	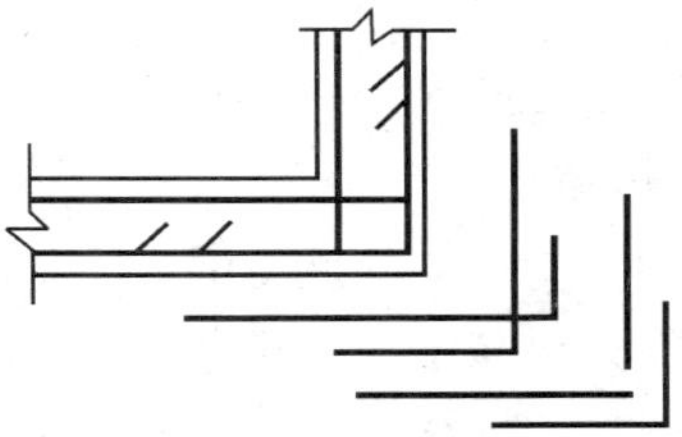
4	图中表示的箍筋、环筋等若布置复杂时,可加画钢筋大样图(如钢筋混凝土墙、楼梯等)	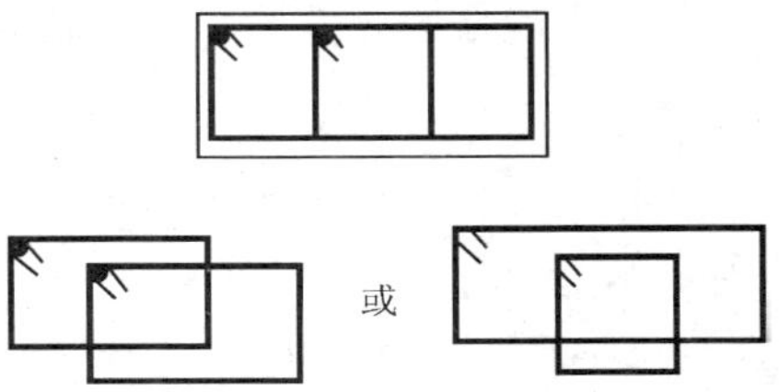 或
5	每组相同的钢筋、箍筋或环筋,可用一根粗实线表示,同时用两端带斜短划线的横穿细线标识其余钢筋及起止范围	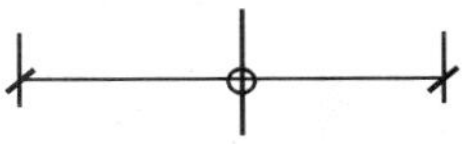

6)钢筋的保护层

为了防止构件中的钢筋被锈蚀,加强钢筋与混凝土的粘结力,构件中的钢筋不允许外露,构件表面到钢筋外缘必须有一定厚度的混凝土,这层混凝土被称为钢筋的保护层。保护层的厚度因构件不同而异,根据钢筋混凝土结构设计规范规定,一般情况下,梁和柱的保护层厚为25~30mm,板的保护层厚为10~15mm。

7)预埋件、预留孔洞的表示方法

在混凝土构件上设置预埋件时,可在平面图或立面图上表示。引出线指向预埋件,并标注预埋件的代号(图1-119)。

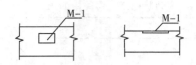

图1-119 预埋件的表示方法

在混凝土构件的正、反面同一位置均设置相同的预埋件时,引出线为一条实线和一条虚线并指向预埋件,同时在引出横线上标注预埋件的数量及代号。

在混凝土构件的正、反面同一位置设置编号不同的预埋件时,引出线为一条实线和一条虚线并指向预埋件。引出横线上标注正面预埋件代号,引出横线下标注反面预埋件代号。

在构件上设置预留孔、洞或预埋套管时,可在平面或断面图中表示。引出线指向预留(埋)位置,引出横线上方标注预留孔、洞的尺寸,预埋套管的外径。横线下方标注孔、洞(套管)的中心标高或底标高。

(3) 钢筋混凝土构件详图的图示方法

钢筋混凝土构件图是加工制作钢筋、浇筑混凝土的依据,其内容包括模板图、配筋图、钢筋表和文字说明四部分。

1) 模板图

模板图是为浇筑构件的混凝土而绘制的,主要表达构件的外形尺寸、预埋件的位置、预留孔洞的大小和位置。对于外形简单的构件,一般不必单独绘制模板图,只需在配筋图中把构件的尺寸标注清楚即可。对于外形较复杂或预埋件较多的构件,一般要单独画出模板图。图示方法就是按构件的外形绘制的视图。如图1-120所示。

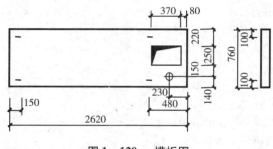

图1-120 模板图

2) 配筋图

配筋图就是钢筋混凝土构件(结构)中的钢筋配置图,主要表示构件内部所配置钢筋的形状、大小、数量、级别和排放位置。

①板。

钢筋在平面图中的配置应按图1-121所示的方法表示,板下看不见的墙线画成虚线。当钢筋标注的位置不够时,可采用引出线标注。

当构件布置较简单时,结构平面布置图可与板配筋平面图合并绘制。

②梁。

如图1-122所示,是用传统表达方法画出的一根两跨钢筋混凝土连续梁的配筋图

（为简化起见，图中只画出立面图和断面图，省略了钢筋详图）。从该图可以了解该梁的支承情况、跨度、断面尺寸，以及钢筋的配置情况。

传统的钢筋混凝土结构施工图表示法，即单件正投影表示法表达钢筋混凝土结构，含有大量的重复内容，为提高设计效率，使施工看图方便，便于施工质量检查，现在结构施工图中较多采用平面整体表示法。

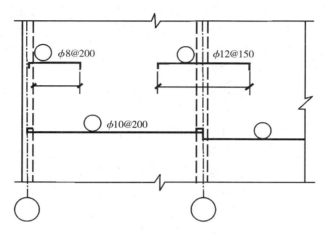

图 1-121 楼板配筋结构平面图

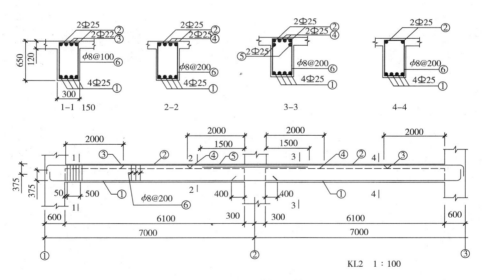

图 1-122 两跨连续梁配筋详图

平面注写方式是在梁平面布置图上，分别在不同编号的梁中各选择一根，在其上注写截面尺寸和配筋的具体数值。按照《混凝土结构施工图平面整体表示方法制图规则和构造详图》（03G101—1）进行绘制和识读。下面以该梁为例，简单介绍"平法"中平面注写方式的表达方法。

如图 1-123 所示，梁的平面注写包括集中标注和原位标注两部分。集中标注表达梁的通用数值,如图中引出线上所注写的三排数字。从第一排数字可知该梁为框架梁(KL),编号为2,共有2跨,梁的断面尺寸是300mm×650mm;第二排尺寸表示箍筋、上部贯通筋和架力筋的情况,箍筋为直径 φ8 的 HPB235 级钢筋,加密区(靠近支座处)间距为100mm,非加密区间距为200mm,均为2肢箍筋,梁的上部配有两根贯通筋,直径为 Φ25 的 HRB335 级钢筋,如有架力筋,需注写在括号内,如2Φ25+(2Φ20);第三排数字为选注内容,表示梁顶面标高相对于楼层结构标高的高差值,需写在括号内。

当梁集中标注中的某项数值不适用于该梁的某部位时,则将正确数值在该部位原位标注,施工时原位数值优先。图中左边和右边支座上,注有2Φ25+2Φ22,表示该处除放置集中标注中注明的2Φ25上部贯通筋外,还在上部放置了2φ22的端支座钢筋。而中间支座上部6Φ25 4/2,表示除了2根Φ25贯通筋外,还放置了4根Φ25的中间支座钢筋,并且分两排配置,上排为4根,下排2根。通常梁上、下皮钢筋多于一排时,各排钢筋根数从上往下用"/"分开,如图中4/2,同排钢筋为两种时,用"+"相连,如2Φ25+2Φ22。从图中还可看出,两跨的梁底部都各配有纵筋4Φ25,注意这4Φ25并非贯通筋。图1-123中并无标注各类钢筋的长度及伸入支座长度等尺寸,这些尺寸都由施工单位的技术人员查阅相关图集中的标准构造详图,对照确定。

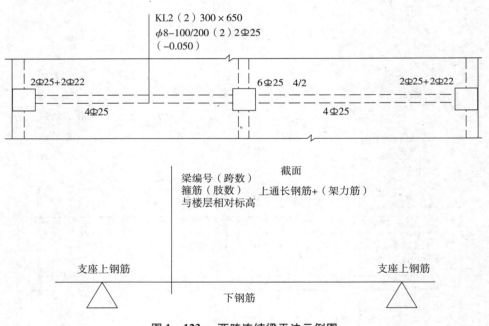

图1-123 两跨连续梁平法示例图

(4) 结构布置平面图

结构平面图是表示建筑物各构件平面布置的图样,分为基础平面图、楼层结构布置平面图、屋面结构布置平面图。这里仅介绍民用建筑的楼层结构布置平面图。

楼层结构平面图是假想将房屋沿楼板面水平剖开后所得的水平剖面图,用来表示房屋中每一层楼面板及板下的梁、墙、柱等承重构件的布置情况,或现浇楼板的构造和配筋。

楼层结构布置平面图的阅读方法。

1）看图名、轴线、比例
2）看预制楼板的平面布置及其标注
3）看现浇楼板的布置

现浇楼板在结构平面图中的表示方法有两种：一种是直接在现浇板的位置处绘出配筋图，并进行钢筋标注；另一种是在现浇板范围内画一对角线，并注写板的编号，该板配筋另有详图。

4）看楼板与墙体（或梁）的构造关系

在结构平面图中，配置在板下的圈梁、过梁、梁等钢筋混凝土构件轮廓线可用中虚线表示，也可用单线（粗虚线）表示，并应在构件旁侧标注其编号和代号。

(5) 基础图

基础图表示房屋地面以下基础部分的平面布置和详细构造的图样。它是进行施工放线、基槽开挖和砌筑的主要依据，也是施工组织和预算的主要依据。基础图通常包括基础平面图和基础详图。

1）基础平面图

基础平面图中，只反映基础墙、柱以及它们基础底面的轮廓线，基础的细部轮廓线可省略不画。这些细部的形状，将具体反映在基础详图中。基础墙和柱是剖到的轮廓线，应画成粗实线，未被剖到的基础底部用细实线表示。基础内留有孔、洞的位置用虚线表示。由于基础平面图常采用1:100的比例绘制，故材料图例的表示方法与建筑平面图相同，即剖到的基础墙可不画砖墙图例（也可在透明描图纸的背面涂成红色）、钢筋混凝土柱涂成黑色。

当房屋底层平面中开有较大门洞时，为了防止在地基反力作用下导致门洞处室内地面的开裂，通常在门洞处的条形基础中设置基础梁，并用粗点画线表示基础梁的中心位置。

图1-124为某学生宿舍的基础平面布置图。在基础平面布置中主要有下列内容：
①反映基础的定位轴线及编号，且与建筑平面图相一致。
②定位轴线的尺寸，基础的形状尺寸和定位尺寸。
③基础墙、柱、垫层的边线以及与轴线间的关系。
④基础墙身预留洞的位置及尺寸。
⑤基础断面图的剖切位置线及其编号。

2）基础详图

基础断面图表示基础的截面形状、细部尺寸、材料、构造及基底标高等内容。一般情况下，对于构造尺寸不同的基础应分别画出其详图，但是当基本构造形式相同，只是部分尺寸不同时，可以用一个详图来表示，但应注出不同的尺寸或列出表格说明。对于条形基础只需画出基础断面图，而独立基础除了画出基础断面图外，有时还要画出基础的平面图或立面图。

①基础详图的内容：
A. 表明基础的详细尺寸，如基础墙的厚度、基础底面宽度和它们与轴线的位置关系。
B. 表明室内外、基底、管沟底的标高，基础的埋置深度。
C. 表明防潮层的位置和勒脚、管沟的做法。
D. 表明基础墙、基础、垫层的材料强度等级，配筋的规格及其布置。

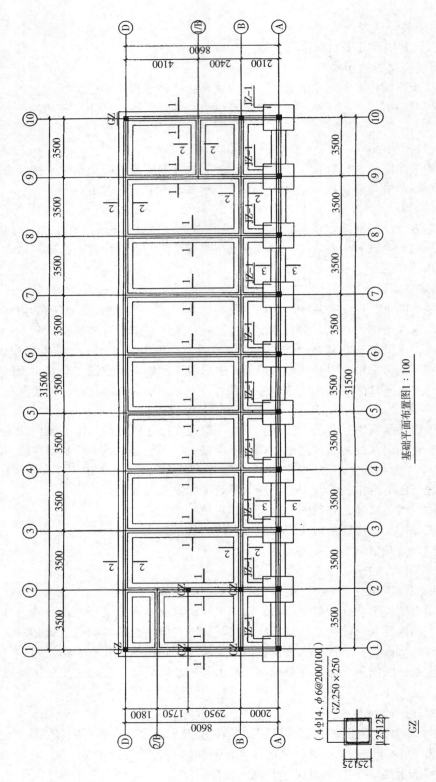

图1-124 基础平面布置图

E. 用文字说明图样不能表达的内容，如地基承载力、材料强度等级及施工要求等。

②基础详图的识读：

A. 看图名、比例。基础详图的图名常用1-1、2-2……断面或用基础代号表示。基础详图比例常用1:20。根据基础详图的图名编号或剖切位置编号，以此去查阅基础平面图，两图应对照阅读，明确基础所在的位置。

B. 看基础详图中的室内外标高和基底标高，可算出基础的高度和埋置深度。

C. 看基础的详细尺寸。

D. 看基础墙、基础、垫层的材料强度等级，配筋的规格及其布置。

图1-125为墙下条形基础详图，1-1、2-2断面采用一张图来表达，其中括号内的尺寸为2-2断面基础的尺寸。从图中可知，垫层用C10素混凝土，墙上有一断面为250mm×300mm的钢筋混凝土圈梁，以加强房屋的整体性。

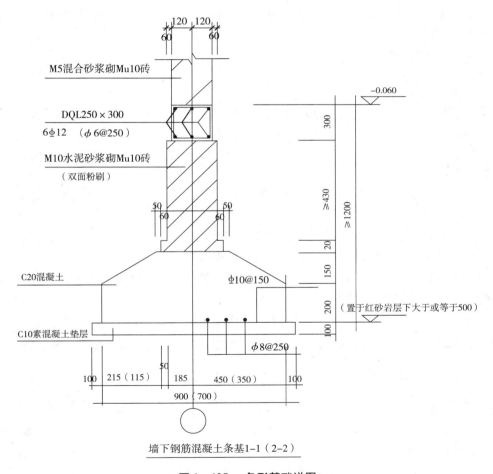

图1-125 条形基础详图

（三）设备施工图的内容及识图方法

1. 给水排水施工图的内容及识图方法

给水排水工程是现代城市建设的重要基础设施，包括给水工程、排水工程和室内给水排水工程（又称为建筑给水排水工程）三方面。

绘制给水排水施工图应遵守《给水排水制图标准》（GB/T 50106—2001），还应遵守《房屋建筑制图统一标准》（GB/T 50001—2001）中的各项基本规定。现以建筑给水排水工程为例，来介绍其施工图的内容和识读方法。

建筑给水排水施工图是指房屋内部的卫生设备或生产用水装置的施工图，它主要反映了这些用水器具的安装位置及其管道布置情况，同时也是基本建设概预算中施工图预算和组织施工的主要依据图纸。一般由平面布置图、系统轴测图、施工详图、设计说明及主要设备材料表组成。

（1）给水排水平面图

1）内容

①各用水设备的类型及平面位置。

②各干管、立管、支管的平面位置，立管编号和管道的敷设方式。

③管道附件，如阀门、消火栓、清扫口的位置。

④给水引入管和污水排出管的平面位置、编号以及与室外给水排水管网的联系。

2）特点

①室内给水排水平面图一般采用与建筑平面图相同的比例，常用1:100，必要时也可采用1:50或1:200。

②管道与卫生器具相同的楼层可以只用一张给水排水平面图来表达，但首层必须单独绘制。当屋顶设水箱和管道时，应绘制屋顶给水排水平面图。

③给水排水工程图中，各种卫生器具、管件、附件等，均应按照国家标准中规定的图例绘制。其中常用的图例见表1-19和表1-20。

常用室内给水器材图例 表1-19

序号	名称	图例	序号	名称	图例
1	管道	——J—— / ——P——	6	水表	⊘
2	多孔管	↑ ↑ ↑ ↑	7	泵	⊠ ⬡
3	截止阀	●—⋈	8	止回阀	—▷|— ▶
4	闸阀	⋈	9	龙头	┘
5	水表井	▶	10	室内消火栓（单口）	●

续表

序号	名称	图例	序号	名称	图例
11	室内消火栓（双口）		13	自动记压表	
12	淋浴喷头		14		

室内排水器材及卫生设备图例　　　　　　　　　表1-20

序号	名称	图例	序号	名称	图例
1	S/P存水弯		9	浴盆	
2	检查口		10	化验盆洗涤盆	
3	清扫口		11	污水池	
4	通气帽、铅丝球		12	挂式小便斗	
5	排水漏斗		13	蹲式大便器	
6	圆形地漏		14	坐式大便器	
7	方形地漏		15	小便槽	
8	洗脸盆		16	矩形化粪池	

④当建筑物的给水引入管或排水排出管数量多于一根时，宜按系统编号。标注方法如图1-126所示。建筑物内穿过楼层的立管，其数量多于一根时，应用阿拉伯数字编号，表示形式为"管道类别和立管代号—编号"。标注方法如图1-127所示。

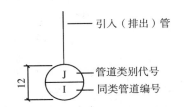

图1-126 管道系统编号标注方法

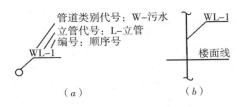

图1-127 立管编号标注方法
(a) 平面图标注法；(b) 系统图或剖面图标注法

(2) 给水排水轴测图

室内给水系统图是表明室内管网、用水设备的空间关系及与房屋相对位置、尺寸等情况的图样。具有较好的立体感，能较好地反映给水系统的全貌，是对给水平面图的重要补充。

1）内容

①给水引入管、污水排出管、干管、立管、支管的空间位置和走向。

②各种配件如阀门、水表、水龙头、地漏、清扫口等在管路上的位置和连接情况。

③各段管道的管径和标高等。

2）特点

①轴测类型。系统图一般采用45°三等正面斜等轴测绘制。

②绘图比例一般与平面图一致。

③轴测图一般应按给水、排水、热水供应、消防等各系统单独绘制。

④在系统图中，各段管道均注有管径，图中未注管径的管段，可在施工说明中集中写明。凡有坡度的横管都应注出坡度，坡度符号的箭头是指向下坡方向。在系统图中所注标高均为相对标高。

⑤给水施工详图是详细表明给水施工图中某一部分管道、设备、器材的安装大样图。目前国家及各省市均有相关的安装手册或标准图，施工时应参见有关内容。

(3) 室内给水排水施工图的识读

1）熟悉图纸目录，了解设计说明，明确设计要求

2）将给水、排水的平面图和系统图对照识读

给水系统可从引入管起沿水流方向，经干管、立管、横管、支管到用水设备，将平面图和系统图一一对应阅读。弄清管道的走向、分支位置，各管段的管径、标高，管道上的阀门、水表、升压设备及配水龙头的位置和类型。

排水系统可从卫生器具开始，沿水流方向，经支管、横管、立管、干管到排出管依次识读。弄清管道的走向，管道汇合位置，各管道的管径、坡度、坡向、检查口、清扫口、地漏的位置，通风帽形式等。

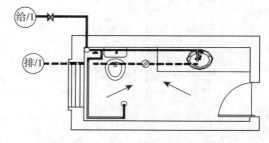

图1-128 卫生间给水排水平面图

3）结合平面图、系统图及设计说明看详图

图1-128、图1-129为别墅卫生间给水排水施工图。

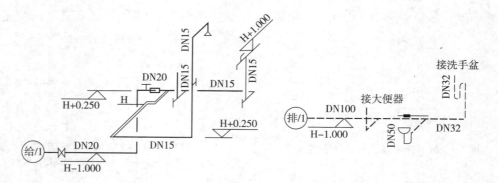

图1-129 卫生间给水排水系统轴测图

2. 建筑电气施工图的内容及识图方法

在现代房屋建筑内常需要安装各种电气设备，如家用电器、照明灯具、电视电话、网络接口、电源插座、控制装置、动力设备等，将这些电气设施的布局位置、安装方式、连接关系和配电情况表示在图纸上，就是建筑电气施工图。

绘制建筑电气施工图中遵守《房屋建筑制图统一标准》（GB/T 50001—2001）中的有关规定。

(1) 电气施工图的组成和内容

室内电气照明施工图是以建筑施工图为基础（建筑平面图用细线绘制），并结合电气接线原理而绘制的，主要表明建筑物室内相应配套电气照明设施的技术要求，一般由下列内容组成。

1）图纸目录及设计说明

目录表明电气照明施工图的编制顺序及每张图的图名，便于查阅。

设计说明包括建筑概况、工程设计范围、工程类别、供电方式、电压等级、主要线路敷设方式、工程主要技术数据、施工和验收要求及有关事项。

2）电气系统图

电气系统图也称原理图或流程图，其内容包括：整个配电系统的联结方式，从主干线至各分支回路的路数，主要变、配电设备的名称、型号、规格及数量，主干线路及主要分支线路的敷设方式、型号、规格。

3）电气平面图

电气平面图包括变、配电平面图、动力平面图、照明平面图、弱电平面图、室外工程平面图及防雷平面图等。在图纸上主要表明电源进户线的位置、规格、穿线管径；配电盘（箱）的位置；配电线路的敷设方式；配电线的规格、根数、穿线管径；各种电器的位置；各支线的编号要求；防雷、接地的安装方式以及在平面图上的位置等。

4）电气安装大样图

电气安装大样图是表明电气工程中某一部位的具体安装节点详图或安装要求的图样，通常参见现有的安装手册，除特殊情况外，图纸中一般不予画出。

(2) 室内电气照明施工图的识读

建筑电气施工图的专业性较强，要看懂图不仅需要投影知识，还应具备一定的电气专业基础知识，如电工原理、接线方法、设备安装等，还要熟悉各种常用的电气图形符号、文字代号和规定画法。读图时，首先要阅读电气设计和施工说明，从中可以了解到有关的资料，如供电方式、照明标准、电力负荷、设备和导线的规格等情况。

电气设施的安装和线路的敷设与房屋的关系十分密切，所以还应该通过查阅建筑施工图，来搞清楚房屋内部的功能布局、结构形式、构造和装修等土建方面的基本情况。

(3) 常用图形符号及标注方式

1）导线的表示法

电气图中导线用线条表示，方法如图 1-130（a）所示。导线的单线表示法可使电气图更简洁，故最常用，如图 1-130（b）、（c）所示，单线图中当导线为两根时通常可省略不注。

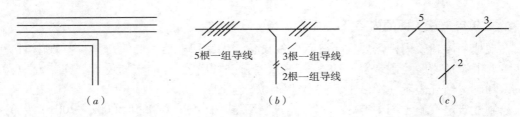

图 1-130　导线的表示方法

(a) 每根线表示一根导线；(b) 斜短线表示一组导线的数量；(c) 数字表示一组导线数量

2）电气图形符号和文字符号

电气图中包含有大量的电气图形符号，各种元器件、装置、设备等都是用规定的图形符号表示的。电气图中还常用文字代号注明元器件、装置、设备的名称、性能、状态、位置和安装方式等。电气文字代号分基本代号、辅助代号、数字代号、附加代号四部分。基本代号用拉丁字母（单字母或双字母）表示名称，如"G"表示电源，"GB"表示蓄电池。辅助符号也是用拉丁字母表示，如"AUT"表示自动，"PE"表示保护接地。具体规定可参见《建筑电气工程设计常用图形和文字符号》（图集号为00DX001）。

3）线路、照明灯具的标注方法

常用导线、照明灯具的型号、敷设方式、敷设部位和代号见表 1-21。

电气照明施工图中文字标志的含义　　表 1-21

Ⅰ. 电力或照明配电设备	代　号	Ⅱ. 线路的标注	代　号
a——设备编号 b——型号 c——设备容量（kW） d——导线型号 e——导线根数 f——导线截面积（mm²） g——导线敷设方式	$a\dfrac{b}{c}$ 或 $a-b-c$ $a\dfrac{b-c}{d(e\times f)-g}$	a——线路编号或线路用途的代号 b——导线型号 c——导线根数 d——导线截面面积 e——敷线方式符号及穿管管径 f——线路敷设部位代号	$a-b\ (c\times d)\ e-f$ 如 N3 - BV（4×6）- SC25 - WC，表示第 N3 回路的导线为铜芯聚氯乙烯绝缘线，四根，每根截面面积为 6mm²，穿直径为 25mm² 的电线管沿墙暗敷设
Ⅲ. 照明灯具的标注	代　号	Ⅳ. 照明灯具安装方式	代　号
a——灯具数 b——型号 c——每盏灯具的灯泡数 d——灯泡容量（W） e——安装高度（m） f——安装方式	$a-b\dfrac{c\times d}{e}f$ 1. 2-BKB140 $\dfrac{3\times 40}{2.10}$B，表示二盏花篮壁灯，型号为BKBl40，每盏三只灯泡，灯泡容量为 40W，安装高度为 2.10m，壁装式 2. 为简明图中标注，通常灯具型号可不注，而在施工说明中写出	线吊式 链吊式 管吊式 吸顶式 壁装式 嵌入式	X L G D B R
Ⅴ. 线路敷设方式	代　号	Ⅵ. 线路敷设部位	代　号
明敷	E	沿梁下弦	B
暗敷	C	沿墙	W
用钢索敷设	M	沿地板	F

续表

Ⅴ.线路敷设方式	代　号	Ⅵ.线路敷设部位	代　号
用瓷瓶敷设	K	沿柱	C
塑料线卡敷设	PL	沿顶棚	CE
穿焊接钢管敷设	SC	Ⅶ.导线型号	代号
穿电线管敷设	T	铝芯塑料护套线	BLVV
穿硬塑料管敷设	PVC	铜芯塑料护套线	BVV
金属线槽敷设	MR	铝芯聚氯乙烯绝缘线	BLV
塑料线槽	PR	铜芯塑料绝缘线	BV
塑料管	P	铝芯橡皮绝缘电缆	XLV

二、工程材料基础知识

（一）混凝土组成材料及其特性

混凝土是指由胶凝材料（胶结料，主要指水泥）和粗、细骨料及其他材料，按适当比例配制，经凝结、硬化而成的具有所需形体、强度和耐久性等性能要求的人造石材。

1. 水泥

（1）水泥品种

配制混凝土用的水泥品种，应当根据工程性质与特点、工程所处环境及施工条件等，并依据各种水泥的特性，正确、合理地选择。目前，建设工程中最常用的还是通用水泥，通用水泥特性见表2-1；根据通用水泥的特性，可参考《混凝土结构工程施工质量验收规范》（GB 50204—2002）推荐选用，详见表2-2。

通用水泥的特性　　　　　　　　　　表2-1

品种	硅酸盐水泥（P·Ⅰ，P·Ⅱ）	普通水泥（P·O）	矿渣水泥（P·S）	火山灰水泥（P·P）	粉煤灰水泥（P·F）	复合水泥（P·C）
主要特性	1. 凝结硬化速度快，早期强度高 2. 水化热大 3. 抗冻性好 4. 干缩性小 5. 耐腐蚀性差 6. 耐热性差 7. 耐磨性好	1. 凝结硬化速度较快，早期强度较高 2. 水化热较大 3. 抗冻性较好 4. 干缩性较小 5. 耐腐蚀性较差 6. 耐热性较差 7. 耐磨性较好	1. 凝结硬化速度慢 2. 早期强度低，后期强度增长较快 3. 水化热低 4. 耐热性好 5. 泌水性大 6. 干缩性大 7. 抗冻性差 8. 耐腐蚀性好 9. 碱度较低，抗碳化性能差	1. 凝结硬化速度慢 2. 早期强度低，后期强度增长较快 3. 水化热较低 4. 耐热性较好 5. 耐腐蚀性好 6. 干缩性较大 7. 在潮湿或与水接触环境中，抗渗性好 8. 干燥环境中易"起粉" 9. 碱度较低，抗碳化性能差	1. 凝结硬化速度慢 2. 早期强度低，后期强度增长较快 3. 水化热较低 4. 耐热性较好 5. 耐腐蚀性好 6. 干缩性较小 7. 抗裂性好 8. 同配合比时，和易性较好 9. 碱度较低，抗碳化性能差	与所掺两种或两种以上混合材料的种类和掺量有关，其特性基本与矿渣水泥、火山灰水泥、粉煤灰水泥的特性相似

通用水泥的选用　　　　　　　　　　表2-2

	混凝土工程特点及所处环境条件	优先选用	可以使用	不宜使用
普通混凝土	在一般气候和环境中的混凝土工程	普通水泥	矿渣水泥、火山灰水泥、粉煤灰水泥、复合水泥	
	在干燥环境中的混凝土工程	普通水泥	矿渣水泥	火山灰水泥、粉煤灰水泥

续表

混凝土工程特点及所处环境条件		优先选用	可以使用	不宜使用
普通混凝土	在高潮湿环境或长期处于水中的混凝土工程	矿渣水泥、火山灰水泥、粉煤灰水泥、复合水泥	普通水泥	硅酸盐水泥
	厚大体积的混凝土工程	矿渣水泥、火山灰水泥、粉煤灰水泥、复合水泥		硅酸盐水泥
有特殊要求的混凝土	要求快硬高强（>C40）的混凝土工程	硅酸盐水泥	普通水泥	矿渣水泥、火山灰水泥、粉煤灰水泥、复合水泥
	严寒地区的露天混凝土工程，寒冷地区处于地下水位升降范围的混凝土工程	普通水泥	矿渣水泥（强度等级>32.5）	火山灰水泥、粉煤灰水泥、复合水泥
	有抗渗要求的混凝土工程	普通水泥、火山灰水泥		矿渣水泥
	有耐磨性要求的混凝土工程	硅酸盐水泥、普通水泥	矿渣水泥（强度等级>32.5）	火山灰水泥、粉煤灰水泥
	受侵蚀介质作用的混凝土工程	矿渣水泥、火山灰水泥、粉煤灰水泥、复合水泥		硅酸盐水泥

（2）水泥强度等级

水泥强度等级，应当与混凝土的设计强度等级相适应。原则上是配制高强度等级的混凝土选用高强度等级的水泥，低强度等级的混凝土选用低强度等级水泥。若用低强度等级水泥配制高强度等级混凝土，为满足强度要求必然使水泥用量过多，这不仅不经济，而且会使混凝土收缩加大和水化热增大；若用高强度等级水泥配制低强度等级的混凝土，从强度考虑，少量水泥就能满足要求，但这又对混凝土拌合物的和易性和混凝土的耐久性带来不利的影响，否则又不经济。

2. 细骨料（砂）

（1）有害物质含量

砂中不应混有云母、轻物质、有机物、硫化物及硫酸盐、氯盐等，否则会对混凝土的强度及耐久性产生不利的影响。其含量应符合表2-3的规定。

砂中有害物质含量　　　　　　　　　　　　表2-3

项　目	指标		
	Ⅰ类	Ⅱ类	Ⅲ类
云母（按质量百分比计）（%），<	1.0	2.0	2.0
轻物质（按质量百分比计）（%），<	1.0	1.0	1.0
有机物（比色法）	合格	合格	合格
硫化物及硫酸盐（按SO_3质量计）（%），<	0.5	0.5	0.5
氯化物（以氯离子质量计），（%）	0.01	0.02	0.06

(2) 泥、泥块及石粉含量

天然砂中含泥量，是指粒径小于 0.075mm 的颗粒含量；泥块含量，则指砂中粒径大于 1.18mm，经水浸洗、手捏后小于 0.6mm 的颗粒含量；石粉含量，是指人工砂中粒径小于 0.075mm 的颗粒含量。

天然砂中的泥附着在砂粒表面，妨碍水泥与砂的粘结，增大混凝土用水量，降低混凝土的强度和耐久性，且增大混凝土的收缩；而泥块若存在于混凝土中，也将严重影响其强度和耐久性。所以，必须严格控制其含量。

人工砂在生产过程中，会产生一定量的石粉，这是人工砂与天然砂最明显的区别之一。它的粒径虽小于 0.075mm，但与天然砂中的泥和泥块成分不同。石粉粒径分布不同，在使用中所起的作用也不同。天然砂的含泥量和泥块含量及人工砂的石粉含量和泥块含量应分别符合表 2-4 和表 2-5 的规定。

天然砂含泥量和泥块含量 表 2-4

项 目	指标		
	Ⅰ类	Ⅱ类	Ⅲ类
含泥量（按质量百分比计），（%）	<1.0	<3.0	<5.0
泥块含量（按质量百分比计），（%）	0	<1.0	<2.0

人工砂石粉含量和泥块含量 表 2-5

项 目		指标		
		Ⅰ类	Ⅱ类	Ⅲ类
亚甲蓝试验	MB 值<1.40 或合格	石粉含量（按质量百分比计），（%）	<3.0	<5.0	<7.0
		泥块含量（按质量百分比计），（%）	0	<1.0	<2.0
	MB 值≥1.40 或不合格	石粉含量（按质量百分比计），（%）	<1.0	<3.0	<5.0
		泥块含量（按质量百分比计），（%）	0	<1.0	<2.0

注：根据使用地区和用途，在试验验证的基础上，可由供需双方协商确定，用于 C30 的混凝土和建筑砂浆。

(3) 砂的颗粒级配

砂的颗粒级配，是指大小不同粒径的砂颗粒相互搭配的情况。要减小砂粒间的空隙，就必须有大小不同的颗粒合理搭配。

砂的粗细程度是指不同粒径的砂粒，混合在一起后的总体砂的粗细程度。按粗细程度不同，砂子分为粗、中、细砂。一般用粗砂配制混凝土比用细砂所用水泥量要省。

在拌制混凝土时，砂的粗细和颗粒级配应同时考虑。当砂中含有较多的粗颗粒，并以适量的中颗粒及少量的细颗粒填充其空隙，则该种颗粒级配的砂，不仅水泥用量少，而且还可以提高混凝土的密实性与强度，是建设工程应当选用的细骨料。

砂的颗粒级配和粗细程度，常用筛分析的方法进行测定。在实际工程中，若砂的级配不合适，可采用人工掺配的方法来改善。即将粗、细砂按适当的比例进行掺合使用；或将砂过筛，筛除过粗或过细颗粒。

(4) 砂的坚固性

砂的坚固性是指砂在自然风化和其他外界物理、化学因素作用下，抵抗破裂的能力。按标准规定，天然砂坚固性用硫酸钠溶液检验，砂样经5次循环后，其质量损失应符合表2-6的规定。人工砂采用压碎指标法进行试验，压碎指标值应符合表2-7的规定。

砂的坚固性指标　　　　　　　　　　　表2-6

项目	指标		
	Ⅰ类	Ⅱ类	Ⅲ类
质量损失（%），<	8	8	10

砂的压碎指标　　　　　　　　　　　表2-7

项目	指标		
	Ⅰ类	Ⅱ类	Ⅲ类
单级最大压碎指标（%），<	20	25	30

(5) 砂的表观密度、堆积密度、空隙率

砂的表观密度、堆积密度、空隙率应符合如下规定：表观密度大于2500kg/m³；松散堆积密度大于1350kg/m³；空隙率小于47%。

(6) 碱骨料反应

当骨料中含有活性的氧化硅（活性氧化硅的矿物形式有蛋白石、玉髓和鳞石英等，含有活性氧化硅的岩石有流纹岩、安山岩和凝灰岩等）时，如果混凝土中所用的水泥含碱度较大，就可能发生碱骨料反应。一般当水泥含碱量大于0.6%（折算成氧化钠含量）时，就需检查骨料中活性氧化硅的含量，以避免发生碱骨料反应。

3. 粗骨料（卵石、碎石）

(1) 有害物质的含量

卵石和碎石中不应混有草根、树叶、树枝、煤块和炉渣等杂物，其有害物质含量应符合表2-8的规定。

卵石、碎石中有害物质的含量　　　　　　　　　　　表2-8

项目	指标		
	Ⅰ类	Ⅱ类	Ⅲ类
有机物（比色法检验）	合格	合格	合格
硫化物及硫酸盐（按SO_3质量计），% <	0.5	1.0	1.0

(2) 泥和泥块含量

卵石、碎石的泥含量是指粒径小于0.075mm的颗粒含量；泥块含量是指卵石、碎石中粒径大于4.75mm经水浸洗、手捏后小于2.36mm的颗粒含量。

泥和泥块含量过多会降低骨料与水泥的粘结力，影响混凝土的强度和耐久性。因此，卵石、碎石中泥和泥块含量应符合表2-9的规定。

卵石、碎石中泥和泥块含量　　　　　　　表 2-9

项目	指标		
	Ⅰ类	Ⅱ类	Ⅲ类
泥含量（按质量计）（%）<	0.5	1.0	1.5
泥块含量（按质量计）（%）<	0	0.5	0.7

(3) 针、片状颗粒含量

凡颗粒长度尺寸大于该类颗粒平均粒径（平均粒径是指该粒级上、下限粒径的平均值）2.4 倍者，称为针状颗粒；厚度小于平均粒径 0.4 倍者，称为片状颗粒。粗骨料中的针、片状颗粒在施工时，会增大骨料的空隙率，影响混凝土拌合物的和易性，并且在受力时容易折断，对混凝土的强度和耐久性均极为不利，所以，这些颗粒的含量应严格控制。粗骨料中针、片状颗粒的含量应符合表 2-10 的要求。

粗骨料针、片状颗粒含量　　　　　　　表 2-10

项目	指标		
	Ⅰ类	Ⅱ类	Ⅲ类
针、片状颗粒（按质量计）（%）<	5	15	25

(4) 粗骨料的颗粒级配

粗骨料对级配的要求与细骨料的级配原理相同。当粗颗粒具有良好的颗粒级配时，不仅可以减小空隙率、增大密实性、提高强度，还可以保证混凝土的和易性并节约水泥。特别是配制高强度混凝土或高性能混凝土时，粗骨料级配显得尤为重要。

粗骨料的级配也是通过筛分析试验来确定，其方孔标准筛为孔径 2.36mm、4.75mm、9.50mm、16.0mm、19.0mm、26.5mm、31.5mm、37.5mm、53.0mm、63.0mm、75.0mm 及 90.0mm 共十二个筛档。其分计筛余百分率及累计筛余百分率的计算与细骨料相同。依据现行国家标准，普通混凝土用卵石及碎石的颗粒级配应符合表 2-11 的规定。

碎石和卵石的颗粒级配（mm）　　　　　　　表 2-11

公称料径	累计筛余 方孔筛										
	2.36	4.75	9.50	16.0	19.0	26.5	31.5	37.5	53	63	75	90
连续粒级	5~10	95~100	80~100	0~15	0							
	5~16	95~100	85~100	30~60	0~10	0						
	5~20	95~100	90~100	40~80	—	0~10	0					
	5~25	95~100	90~100	—	30~70	—	0~5	0				
	5~31.5	95~100	90~100	70~90	—	15~45	—	0~5	0			
	5~40	—	95~100	70~90	—	30~65	—	—	0~5	0		

续表

累计筛余 方孔筛 公称料径		2.36	4.75	9.50	16.0	19.0	26.5	31.5	37.5	53	63	75	90
单粒粒级	10~20		95~100	85~100		0~15	0						
	16~31.5		95~100		85~100			0~10	0				
	20~40			95~100		80~100			0~10	0			
	31.5~63				95~100			75~100		45~75	0~10	0	
	40~80					95~100			70~100		30~60	0~100	0

(5) 粗骨料的最大粒径

粗骨料公称粒径的上限为该粒级的最大粒径。为了节省水泥，粗骨料的最大粒径在条件允许时，尽量选较大值，但还要受到结构截面尺寸、钢筋疏密和施工方法等因素的限制。混凝土用的粗骨料，其最大粒径不得超过结构截面最小尺寸的1/4，且不得大于钢筋间最小净距的3/4，对于混凝土实心板，骨料的最大粒径不宜超过板厚的1/2，且不得超过50mm。对泵送混凝土，碎石最大粒径与输送管内径之比，宜小于等于1:2，卵石宜小于等于1:2.5。

(6) 坚固性

坚固性是卵石、碎石在自然风化和其他外界物理、化学因素作用下抵抗破裂的能力。骨料由于干湿循环或冻融交替等作用引起体积变化会导致混凝土破坏。具有某种特征孔隙结构的岩石会表现出不良的体积稳定性。骨料越密实、强度越高、吸水率越小时，其坚固性越好；而结构越疏松、矿物成分越复杂、构造越不均匀，其坚固性越差。

(7) 强度

为保证混凝土的强度要求，粗骨料必须具有足够的强度。碎石和卵石的强度，采用岩石立方体强度和压碎指标两种方法检验。

岩石立方体强度检验，是将碎石的母岩制成直径与高均为5cm的圆柱体试件或边长为50mm的立方体，在水中浸泡48h后的饱和状态下，测定其极限抗压强度值。根据标准规定，火成岩的强度值应不小于80MPa；变质岩应不小于60MPa；水成岩应不小于30MPa。岩石立方体强度一般用于采石场石子强度的测定或仲裁试验。

压碎指标检验，是将一定质量气干状态下粒径为9.0~9.5mm的石子装入标准筒压模内，放在压力机上均匀加荷至200kN，保持一定时间，卸荷后称取试样质量 G_1，然后用孔径为2.36mm的筛网，筛除被压碎的颗粒，称出剩余在筛上的试样质量 G_2，按下式计算压碎指标 Q_c：

$$Q_c = \frac{G_1 - G_2}{G_1} \times 100\% \tag{2-1}$$

压碎指标值越小，表示石子抵抗受压破坏的能力越强，工程上常采用压碎指标进行现场质量控制。根据标准，压碎指标值应符合表2-12的规定。

石子的压碎指标（%）　　　　　表2-12

项目	指标		
	Ⅰ类	Ⅱ类	Ⅲ类
卵石压碎指标，<	10	20	30
碎石压碎指标，<	12	16	16

（8）表观密度、堆积密度、空隙率

粗骨料的表观密度、堆积密度、空隙率应符合如下规定：表观密度大于2500kg/m³；松散堆积密度大于1350kg/m³；空隙率小于47%。

（9）碱骨料反应

经碱骨料反应试验后，由卵石、碎石制备的试件无裂缝、酥裂、胶体外溢等现象，在规定的试验龄期的膨胀率应小于0.10%。

（10）骨料的含水状态

骨料的含水状态可分为干燥状态、气干状态、饱和面干状态和湿润状态四种。

干燥状态的骨料含水率等于或接近于零；气干状态的骨料含水率与大气温湿度相平衡，但未达到饱和状态；饱和面干状态的骨料，其内部孔隙含水达到饱和，而其表面干燥；湿润状态的骨料，不仅内部孔隙含水达到饱和，而且表面还附着一部分自由水。计算普通混凝土配合比时，一般以干燥状态的骨料为基准，而一些大型水利工程，常以饱和面干状态的骨料为基准。

4. 混凝土拌合及养护用水

混凝土拌合用水及养护用水应符合《混凝土用水标准》（JGJ63—2006）的规定。对混凝土用水的质量要求是：不影响混凝土的凝结和硬化；无损于混凝土强度发展及耐久性；不加快钢筋锈蚀；不引起预应力钢筋脆断；不污染混凝土表面。凡符合国家标准的生活饮用淡水，均可拌制和养护各种混凝土。

混凝土生产厂及商品混凝土厂设备的洗刷水，也可作为拌合混凝土的部分用水，但应注意洗刷水中所含的水泥和外加剂对所拌制混凝土的影响，且拌合水中氯化物、硫化物及硫酸盐的含量应满足表2-13的要求。工业废水经检验合格后，也可用于拌制混凝土，否则必须予以处理，合格后方能使用。

混凝土拌合及养护用水中物质的含量限制　　　　　表2-13

项目	预应力混凝土	钢筋混凝土	素混凝土
pH 值 >	4	4	4
不溶物（mg/L）<	2000	2000	5000
可溶物（mg/L）<	2000	5000	10000
氯化物（以 Cl^- 计）（mg/L）<	500①	1200	3500
硫酸盐（以 SO_4^{2-} 计）（mg/L）<	600	2700	2700
硫化物（以 S^{2-} 计）（mg/L）<	100	—	—

注：使用钢丝或经热处理钢筋的预应力混凝土，氯化物含量不得超过350mg/L。

对水质有怀疑时，应将待检验水与蒸馏水分别做水泥凝结时间和砂浆或混凝土强度对比试验。对比试验测得的水泥初凝时间差和终凝时间差，均不得超过30min，且其初凝及终凝时间应符合国家水泥标准的规定。用待检验水配制的水泥砂浆或混凝土的28d抗压强度不得低于用蒸馏水配制的对比砂浆或混凝土强度的90%。

（二）砌筑材料的品种与特性

砌筑材料包括砌筑砂浆和墙体材料两大类。

砌筑砂浆是指由胶凝材料、细骨料和水，有时也加入掺加料混合而成的建筑材料，在建设工程中主要起粘结、衬垫和传递荷载等作用。因为砌筑砂浆中无粗骨料，所以建筑砂浆又可称为无粗骨料的混凝土。按所用胶凝型材料可分为水泥砂浆、石灰砂浆、水玻璃砂浆、水泥石灰混合砂浆等。

墙体材料是指在房屋建筑中主要起围护和结构作用的材料。该类材料的品种很多，归纳起来主要有砌墙砖、砌块和板材等三大类。

1. 砌筑砂浆

（1）砌筑砂浆的组成材料及技术要求

砌筑砂浆的主要组成材料包括：胶凝材料、细骨料、掺加料和水等。

1）水泥。

常用水泥品种有普通水泥、矿渣水泥、火山灰水泥、粉煤灰水泥和砌筑水泥等。水泥品种应根据使用部位的耐久性要求来选择，具体参考表2-1和表2-2选用。对水泥强度等级的要求：水泥砂浆中选择水泥，其强度等级不宜超过32.5；水泥混合砂浆中选择水泥，其强度等级不宜超过42.5。

2）掺加料。

掺加料是为了改善建筑砂浆的和易性而加入到砂浆中的无机材料。常用掺加料有石灰膏、磨细生石灰粉、黏土膏、粉煤灰、沸石粉等无机材料，或松香皂、微沫剂等有机材料。生石灰粉、石灰膏和黏土膏必须配制成稠度为（120±5）mm的膏状体，并过3mm×3mm的滤网。生石灰粉的熟化时间不得小于2d，石灰膏的熟化时间不得少于7d。严禁使用已经干燥脱水的石灰膏。消石灰粉不得直接用于砌筑砂浆中。

3）砂。

砂的技术指标应符合《建筑用砂》（GB/T 14684—2001）的规定，具体参见混凝土细骨料部分的技术要求。砌筑砂浆宜采用中砂，并且应过筛，砂中不得含有杂质，含泥量不应超过5%。最大粒径不得大于砂浆厚度的1/4（2.5mm）；毛石砌体宜用粗砂，最大粒径应不得大于砂浆厚度的1/4～1/5。

4）拌合及养护用水。

应符合《混凝土用水标准》中规定，选用不含有害杂质的洁净淡水或饮用水。

（2）砌筑砂浆的技术性质

砌筑砂浆的技术性质包括新拌砂浆的和易性、硬化后砂浆的强度和粘结力。

1）和易性。

砌筑砂浆的和易性是指新拌砂浆在使用中易于施工操作，又能满足工程质量要求的性能，包括流动性和保水性两方面的含义。和易性好的砂浆，在运输和操作时，不会出现分层、泌水等不良现象，容易在粗糙的底面上铺成均匀的薄层，方便施工，提高工效，并能使灰缝饱满密实，将砌筑材料很好地粘结成整体。

①流动性。

砂浆的流动性又称砂浆稠度，是指新拌砂浆在自重或外力作用下能够产生流动的性能，用沉入度表示。沉入度用砂浆稠度仪测定，是指以标准试锥在砂浆内自由沉入10s时沉入的深度，以mm为单位。沉入度的大小，根据砌体的种类、施工条件和气候条件，从表2-14中选择。

砌筑砂浆的稠度选择表　　　　　　　　　　表2-14

砌体种类	砂浆稠度（mm）
烧结普通砖砌体	70~90
轻骨料混凝土小型砌块砌体	60~90
烧结多孔砖、空心砖砌体	60~80
烧结普通砖平拱式过梁 空斗墙、筒拱 普通混凝土小型空心砌体 加气混凝土砌块砌体	50~70
石砌体	30~50

②保水性。

砂浆的保水性是指砂浆保持水分不易析出的性能，用分层度表示，以毫米为单位，用分层度测定仪测定。砂浆的分层度越大，保水性越差，且容易产生分层离析。根据《砌筑砂浆配合比设计规程》（JGJ 98—2000）规定：砌筑砂浆的分层度不宜大于30mm，也不宜小于10mm。

2）砂浆硬化后的技术性质。

①强度。

砂浆强度是按标准方法制作的，以边长为70.7mm×70.7mm×70.7mm的立方体试件，按标准养护至28d，测得的抗压强度值确定。砌筑砂浆按抗压强度划分为M30、M25、M20、M15、M10、M7.5、M5.0七个强度等级。例如，M15表示28d抗压强度值不低于15MPa。

影响砂浆的抗压强度的因素很多，其中最主要的影响因素是水泥。用于粘结吸水性较大的底面材料（如砖、砌块等）的砂浆，其强度主要取决于水泥的强度和用量；用于粘结吸水性较小、密实的底面材料（如石材等）的砂浆，其强度取决于水泥强度和水灰比。此外，砂的质量、混合材料的品种及用量、养护条件（温度和湿度）都会影响砂浆的强度和强度的增长。

②粘结力。

砌筑砂浆必须具有足够粘结力，才能将砌筑材料粘结成一个整体。粘结力的大小，会影响砌体的强度、稳定性、耐久性和抗震性能。一般来说，砂浆的粘结力与其抗压强度成正比，抗压强度越大，粘结力越大；另外，砂浆的粘结力还与基层材料的清洁程度、含水状态、表面状态、养护条件等有关。粗糙的、洁净的、润湿的表面与良好养护的砂浆，其粘结力强。

(3) 砌筑砂浆的检验方法

1）拌合物取样和制备

①取样：在施工现场取样要遵守相关施工验收规范的规定，在使用地点的砂浆槽、运送车或出料口至少三处取样，数量为试样用量的 1~2 倍。试样应尽快取样，取样前要人工略加翻拌均匀。

②试样制备：试验室内，制备试样有人工拌料和机械搅拌两种方法。

A. 人工拌合。按设计配合比称取各项材料，先将水泥和砂倒在钢板上，干拌均匀并堆成堆，中间挖一凹坑，将掺加料提前用水稀释成膏状，加入坑中，充分拌合，逐渐加水至符合稠度要求为止。拌合时间一般为 5min。

B. 机械搅拌。先在搅拌机内壁粘附一层同配合比的砂浆层，以保证正式搅拌时配料准确。称好各种材料，一次加入搅拌机中，开动搅拌机，将水逐渐加入，搅拌 3min，砂浆量应不少于搅拌机容量的 20%。将砂浆倒在钢板上，人工略加翻拌，立即取样。

2）砂浆稠度试验

①主要仪器：砂浆稠度测定仪、钢制捣棒（$\phi 10 \times 350$mm，一端成弹头型）、秒表等。

②试验步骤：将拌好的砂浆试样，一次倒入砂浆标准锥筒内，装至距筒口 10mm 为止。用捣棒均匀插捣 25 次，并在平台上振动 5~6 次，使表面平整，移至稠度仪底座上。使圆锥体锥尖与砂浆表面接触，旋紧制动螺旋，调整标尺至零点，然后突然放松紧固螺钉并计时，使锥体凭自重沉入砂浆中，经 10s 后，读出标尺上圆锥体的下沉深度，以毫米为单位，即为砂浆沉入度值。筒内试样只能用一次。

②结果评定：以两次测定结果的算术平均值作为砂浆沉入度测定结果，两次之差不得大于 20mm，否则重新取样测定。

3）砂浆分层度试验

①试验仪器：砂浆分层度测定仪、砂浆稠度测定仪、木锤。

②试验步骤：将拌好的稠度（沉入度值为 K_1）合格的砂浆，一次装入分层度筒内，用木锤在筒周围大致相等的四处，轻敲 1~2 次，并随时添加至筒满，然后用抹刀刮平；静置 30min 后，松开连接螺栓，去掉上层 200mm 的砂浆，将余下 100mm 的砂浆倒出并拌匀，测定沉入度值（K_2）；取前后两次沉入度之差（$K_1 - K_2$），即为砂浆的分层度（mm）。

③评定结果：取两次测定的砂浆分层度值的算术平均值为砂浆的分层度测定值。两次之差不得超过 20mm，否则重新试验。

4）砂浆的抗压强度试验

①试验仪器：砂浆试模（70.7mm×70.7mm×70.7mm），捣棒（$\phi 10 \times 350$mm，一端成弹头型）、垫板、压力试验机（示值误差不大于 ±2%）。

②试验步骤：

A. 试件制作：

对于砌筑吸水基底（砖或砌块等）的砂浆，用无底试模，试模内壁应均匀涂刷机油少许，放在预先铺有吸水性较好的湿纸的普通黏土砖上，砖的含水率 ≤2%，其吸水率≥10%；将砂浆试样一次装满试模，用捣棒均匀插捣25次，然后，用抹刀在试模四侧内壁插捣两次，砂浆应高出试模顶面6~8mm，静停15~30mm，待砂浆表面出现麻斑时，刮去多余砂浆。

对于砌筑不吸水基底（石材等）的砂浆用有底试模，试模内壁先均匀刷机油少许，将砂浆分两层加入，每层厚度约40mm并插捣12次，同样用抹刀沿试模四侧内壁插捣两次，砂浆应高出试模顶面6~8mm，静置15~30min，刮去多余砂浆。

B. 试件养护：

装模成型后，在（20±5）℃的环境中静停24 h，即可编号脱模，按下列规定条件养护。

自然养护：混合砂浆在相对湿度为60%~80%，放在室内正温条件下养护；水泥砂浆在正温条件的湿砂堆中养护。

标准养护：混合砂浆应在温度（20±3）℃、相对湿度60%~80%的条件下养护；水泥砂浆在相对湿度大于等于90%、温度（20±3）℃的条件下养护。

养护时，试件间隔不小于10mm，养护期间作好温度记录，有争议时，以标准养护为准。

C. 抗压强度试验：

将养护至28d的试件取出，擦干表面水分和砂粒，在压力试验机上试压。加荷方向应垂直于成型面，以0.3MPa/s的加荷速度均匀加荷，直至试件破坏为止，记录破坏荷载 F。

③结果计算与评定：砂浆立方体抗压强度按下式计算：

$$f_{m,cu} = \frac{F}{A} \tag{2-2}$$

式中 $f_{m,cu}$——砂浆立方体抗压强度测定值，精确至0.1MPa；

F——砂浆试件破坏荷载，N；

A——受压面积，mm^2，取 $A = 5000mm^2$。

每组试件为6个，取6个试件测定值的算术平均值作为该组试件的抗压强度值，计算精确至0.1MPa。

若其中最大值或最小值与平均值的差超过20%时，以中间4个测值的算术平均值作为该组试件的抗压强度值。

在施工现场，除上述试验外，尚应对砌筑砂浆的原材料、计量、配合比、施工质量及养护条件等进行必要的检测。

2. 墙体材料

墙体在房屋建筑中具有承重、围护和分隔的作用。它对建筑物的质量、造价、自重、施工进度以及建筑能耗等都起着重要的作用。因此，用于墙体建造的墙体材料也是建设工程中十分重要的材料之一。目前用于建设工程中的墙体材料品种较多，总体上可分为砌墙砖、砌块、板材等三大类。

(1) 砌墙砖

砌墙砖是指以工业废料及其他地方资源为主要原料，由不同工艺制成，在建筑中用来砌筑墙体的一类材料。按其生产工艺分为烧结砖和非烧结砖；按其孔隙大小及构造分为实心砖、多孔砖和空心砖，其中孔洞数量多、孔径小的称为多孔砖，而孔洞数量少、孔径尺寸大的称为空心砖。

1）烧结普通砖。

经配料、制坯、干燥、焙烧而制成的孔洞率小于15%的砖。烧结普通砖的技术性能有：

①规格尺寸：

烧结普通砖为直角六面体，外形尺寸为240mm×115mm×53mm；通常将240mm×115mm的面称为大面；240mm×53mm的面称为条面；115mm×53mm的面称为顶面。以4个砖长、8个砖宽、16个砖厚，再加上10mm的灰缝厚度，长度均为1m的$1m^3$砖砌体的理论需砖量为521块。

②外观质量和尺寸偏差：

烧结普通砖的外观质量应符合表2-15的规定；尺寸偏差应符合表2-16的规定。

烧结普通砖的外观质量要求　　　　　　　　　　　　　表2-15

项目		优等品	一等品	合格品
两条面高度差（mm）≤		2	3	5
弯曲（mm）≤		2	3	5
杂质凸出高度（mm）≤		2	3	5
缺棱掉角的三个破坏尺寸（mm）不得同时大于		15	20	30
裂纹长度（mm）≤	A	70	70	110
	B	100	100	150
完整面不少于		一条面、一顶面	一条面、一顶面	—
泛霜		无泛霜	不允许有中等泛霜	不允许有严重泛霜
石灰爆裂		不允许出现最大破坏尺寸大于2mm的爆裂区	不允许出现最大破坏尺寸大于10mm的爆裂区，最大破坏尺寸为2～10mm的区域不得多于15处	最大破坏尺寸为2～15mm的爆裂区不得多于5处，其中大于10mm的不得多于7处；不得有最大破坏尺寸大于15mm的爆裂区
其他			不允许出现欠火砖、酥砖和螺纹砖	

注：A为大面上宽度方向及其延伸至条面上的裂纹长度；
　　B为大面上长度方向延伸至顶面上的裂纹长度或条、顶面上水平裂纹的长度。

烧结普通砖的尺寸偏差要求　　　　　　　　　　　　　表2-16

标准尺寸（mm）	优等品		一等品		合格品	
	平均偏差（mm）	级差（mm）≤	平均偏差（mm）	级差（mm）≤	平均偏差（mm）	级差（mm）≤
240	±2.0	8	±2.5	8	±3.0	8
115	±1.5	6	±2.0	6	±2.5	7
53	±1.5	4	±1.6	5	±2.0	6

③强度等级：

烧结普通砖按抗压强度划分为MU30、MU25、MU20、MU15、MU10五个强度等级。

在评定或划分强度等级时，若强度变异系数 $\delta \leqslant 0.21$ 时，采用平均值——标准值法；若强度变异系数 $\delta > 0.21$ 时，则采用平均值——最小值法。各个强度等级的抗压强度值应符合表 2-17 的规定。

烧结普通砖强度等级　　　　　　表 2-17

强度等级	抗压强度平均值 $f \geqslant$（MPa）	变异系数（$\delta \leqslant 0.21$）强度标准值 $f_k \geqslant$（MPa）	变异系数（$\delta > 0.21$）单块最小抗压强度值 $f_{min} \geqslant$（MPa）
MU30	30.0	22.0	22.5
MU25	25.0	18.0	22.0
MU20	20.0	14.0	16.0
MU15	15.0	10.0	12.0
MU10	10.0	6.5	7.5

④抗风化性能：

抗风化性能是指在干湿变化、温度变化、冻融变化等物理因素作用下，材料不破坏并能长期保持原有性能的能力，它是评定材料耐久性的重要指标。我国地域辽阔，不同地区的风化作用差别较大。

按《烧结普通砖》（GB 5101—2003）的规定，东三省、内蒙古、新疆等严重风化地区的砖必须做冻融试验，其他非严重风化地区的砖的抗风化性能如果符合表 2-18 规定时，可不做冻融试验，否则必须做冻融试验；强度和抗风化性能合格的砖，按尺寸偏差、外观质量、泛霜和石灰爆裂划分为优等品（A）、一等品（B）、合格品（C）。

烧结普通砖的抗风化性能　　　　　　表 2-18

项目	严重风化地区 5h 沸煮吸水率（%）≤		饱和系数≤		非严重风化地区 5h 沸煮吸水率（%）≤		饱和系数≤	
	平均值	单块最大值	平均值	单块最大值	平均值	单块最大值	平均值	单块最大值
黏土砖	21	23	0.85	0.87	23	25	0.88	0.90
粉煤灰砖	23	25			30	32		
页岩砖	16	18	0.74	0.77	18	20	0.78	0.80
煤矸石砖	19	21			21	23		

⑤泛霜：

泛霜（也称起霜、盐析、盐霜等），是指在砂浆或烧结砖中存在的一些可溶性的盐类（如硫酸钠等），当砂浆和砌体在干燥时，这些盐分的结晶析出于砌体表面的一种现象。这些结晶一般呈粉末、絮团或絮片状，不仅有损于建筑物的外观，而且会影响抹面砂浆的粘结力，特别是膨胀性的盐分，还会引起砌体表面的开裂、酥松，甚至剥落。应符合表 2-15 规定。

⑥石灰爆裂：

石灰爆裂是指烧结砖的原料砂质黏土中含有的石灰石，焙烧时将被烧成生石灰块，在使用过程中一旦吸水，即生成熟石灰，而产生体积膨胀，导致砌体胀裂的一种现象。这一现象所产生的内应力,将严重影响砌墙砖和砌体的强度,甚至破坏。应符合表2-15规定。

⑦烧结普通砖的应用:

烧结普通砖具有一定的强度,耐久性好,价格低,生产工艺简单,原材料丰富,可用于砌筑墙体、基础、柱、拱、烟囱、铺砌地面。优等品用于墙体装饰和清水墙,一等品和合格品可用于混水墙,中等泛霜的砖不得用于潮湿部位。

烧结砖的缺点是制砖需大量的取土,毁坏了耕地,加之自重大、生产能耗高,不利于节能和环境保护的要求。所以,我国正在限制使用烧结砖,而大力推广墙体的改革,以免烧砖、多孔砖及轻质条板等取代烧结砖。

2)烧结多孔砖。

经焙烧制成的孔洞率大于15%,而且孔洞数量多、尺寸小,主要用于承重墙体和非承重墙体的砌墙砖。烧结多孔砖的技术性能有:

①形状尺寸:

烧结多孔砖为直角六面体;长、宽、厚应符合下列尺寸要求:290mm、240mm、180mm;190mm、175mm、140mm、115mm;90mm。圆孔洞的直径不应大于22mm,非圆孔内切圆的直径小于15mm,手抓孔尺寸为(30~40)~(75~85)mm。

②外观质量和尺寸偏差:

外观质量应符合表2-19,尺寸偏差和孔洞率及孔洞排列应符合《烧结多孔砖》(GB 13544—2000)的规定。

烧结多孔砖的外观质量要求   表2-19

标准尺寸（mm）	优等品		一等品		合格品	
	级差（mm）	平均偏差（mm）≤	级差（mm）	平均偏差（mm）≤	级差（mm）	平均偏差（mm）≤
290、240	±2.0	8	±2.5	7	±3.0	8
190、180、175、140、115	±1.5	5	±2.0	6	±2.5	7
90	±1.5	4	±1.7	5	±2.0	6
孔型	矩形孔或矩形条孔				矩形孔或其他孔	
孔洞率	大于或等于25%					
孔洞排列	交错排列				—	

注:所有孔宽应相等,孔长≤50mm,孔洞排列上下左右应对称,分布均匀;手抓孔长度方向必须平行于条面;矩形孔的孔长应等于3倍的孔宽;不允许出现欠火砖、酥砖和螺纹砖。

③强度等级:

按抗压强度划分为MU30、MU25、MU20、MU15、MU10五个强度等级,各个强度等级的抗压强度应符合表2-17的要求。

④抗风化性能、泛霜和石灰爆裂:

抗风化性能、泛霜和石灰爆裂的要求同烧结普通砖。强度和抗风化性能合格的砖,按尺寸偏差、外观质量、孔型及孔洞排列、泛霜和石灰爆裂分为优等品(A)、一等品(B)、合格品三个质量等级。

⑤烧结多孔砖的应用：

烧结多孔砖可以代替烧结普通砖，但不宜用于建筑物的基础，可用于砖混结构中的承重墙体。其中优等品可以用于墙体装饰和清水墙砌筑，一等品和合格品可用于混水墙，中等泛霜的砖不得用于潮湿部位。

3) 烧结空心砖。

经焙烧制成的空洞率≥35%，而且孔洞数量少、尺寸大，用于非承重墙和填充墙体的烧结砖。烧结空心砖的长、宽、厚应符合以下系列：290mm、190（140）mm、90mm；240mm、180（175）mm；115mm。根据表观密度不同划分为800、900、1000、1100四个密度级别，各级别的密度等级对应的5块砖表观密度平均值分别为小于800 kg/m^3、801～900 kg/m^3、901～1100 kg/m^3；按抗压强度分为MU5.0、MU3.0、MU2.0三个强度等级，各强度等级的强度值应符合表2-20的规定，低于MU2.0的砖为不合格品；每个密度等级根据孔洞及其排数、尺寸偏差、外观质量、强度等级和物理性能分为优等品（A）、一等品（B）、合格品（C）三个质量等级。

空心砖的强度等级　　　　　　　　表2-20

质量等级	强度等级	大面抗压强度		条面抗压强度	
		平均值（MPa）≥	极值（MPa）≥	平均值（MPa）≥	极值（MPa）≥
优等品	MU5.0	5.0	3.7	2.4	2.3
一等品	MU3.0	3.0	2.2	2.2	1.4
合格品	MU2.0	2.0	1.4	1.6	0.9

烧结空心砖的孔数少、孔径大，具有良好的保温、隔热功能，可用于多层建筑的隔断墙和填充墙。采用多孔砖和空心砖，可以节约燃料10%～20%，节约黏土25%以上，减轻墙体自重，提高工效40%，降低造价20%，改善墙体的热工性能，是当前墙体改革的重要途径。

4) 混凝土多孔砖。

是指以水泥、砂、石为主要原料，经加水搅拌、成型、养护制成的孔洞率不小于30%且有多排小孔的混凝土砖。混凝土多孔砖的技术性能有：

①形状尺寸：

混凝土多孔砖的外型为直角六面体，其主规格尺寸为240mm×115mm×90mm；配砖规格尺寸有半砖（120mm×115mm×90mm）、七分头（180mm×115mm×90mm）、混凝土实心砖（240mm×115mm×53mm）等。

②尺寸偏差及壁厚：

混凝土多孔砖的尺寸偏差应符合表2-21的规定。

混凝土多孔砖尺寸允许偏差（mm）　　　　表2-21

项目名称	一等品	合格品
长度	±1.0	±2.0
宽度	±1.0	±2.0
高度	±1.0	±3.0

混凝土多孔砖的最小外壁厚不应小于15mm，最小肋厚不应小于10mm。

③混凝土多孔砖的孔洞及其结构应符合表2-22的规定。

混凝土多孔砖的孔洞及其结构　　　　　表2-22

产品等级	孔型	孔洞率	孔洞排列
一等品	矩形孔或其他孔型	≥30%	多排、有序交错排列
合格品	矩形孔或其他孔型		条面方向至少2排以上

注：1. 矩形条孔的孔长与宽之比不小于3；
　　2. 矩形孔或矩形条孔的4个角应为圆角，其半径大于8mm；
　　3. 铺浆面应为半盲孔，其内切圆直径不大于8mm。

④强度等级：

混凝土多孔砖按抗压强度划分为MU30、MU25、MU20、MU15、MU10五个强度等级。其强度等级的评定按现行国家标准《混凝土小型空心砌块试验方法》（GB/T 4111—1997）的评定方法进行。

砌筑砂浆的强度等级应为M15、M10、M7.5和M5。在检验砌筑砂浆强度等级时，应采用混凝土多孔砖侧面为砂浆强度试块底膜。

⑤其他技术性能：

混凝土多孔砖的线干燥收缩率不应大于0.45mm/m；

混凝土多孔砖的抗冻性应符合《混凝土多孔砖》（JC 943—2004）的规定；

用于外墙的混凝土多孔砖，其抗渗性应满足3块中，任一块水面下降高度不大于10mm；

混凝土多孔砖的相对含水率应符合表2-23规定；

混凝土多孔砖的相对含水率（W）　　　　　表2-23

线干燥收缩率（mm/m）	相对含水率（%）		
	潮湿	中等	干燥
<0.3	≤45	≤40	≤35
0.3~0.45	≤40	≤35	≤30

注：1. 相对含水率为混凝土多孔砖含水率与吸水率之比；
　　2. 使用地区的湿度条件：
　　　潮湿——是指年平均相对湿度大于75%；
　　　中等——是指年平均相对湿度50%~75%；
　　　干燥——是指年平均相对湿度小于50%。

⑥尺寸偏差、孔洞及结构、壁厚、肋厚的试验方法按现行国家标准《砌墙砖试验方法》（GB/T 2542—2003）进行，线干燥收缩率及相对含水率的试验方法按现行国家标准《混凝土小型空心砌块试验方法》（GB/T 4111—1997）进行。

⑦混凝土多孔砖的应用：

混凝土多孔砖是一种新型的墙体材料，它的推广应用将有助于减少烧结普通砖和烧结多孔砖的生产和使用，有助于节约能源，保护土地资源。除清水墙外，混凝土多孔砖与烧结普通砖和烧结多孔砖的应用范围基本相同。

5）蒸压灰砂砖。

蒸压灰砂砖是以石灰、砂子（也可以掺入颜料和外加剂）为原料，经制坯、压制成型、蒸压养护而成的实心砖。根据颜色可分为彩色（Co）和本色（N）蒸压灰砂砖。

《蒸压灰砂砖》（GB 11945—1999）规定：蒸压灰砂砖的外形、公称尺寸与烧结普通砖相同；按抗压强度和抗折强度划分为MU25、MU20、MU15、MU10四个强度等级，各等级强度值应符合表2－24的要求。

蒸压灰砂砖的强度等级　　　　　　　表2－24

强度等级	强度指标			
	抗压强度（MPa）		抗折强度（MPa）	
	平均值≥	单砖强度值≥	平均值≥	单砖强度值≥
MU25	25.0	20.0	5.0	4.0
MU20	20.0	16.0	4.0	3.2
MU15	15.0	12.0	3.3	2.6
MU10	10.0	8.0	2.5	2.0

根据外观质量、尺寸偏差、强度和抗冻性分为优等品（A）、一等品（B）、合格品（C）三个质量等级。各质量等级的抗冻性要求应符合表2－25的规定。彩色砖的颜色要基本一致。尺寸偏差、外观质量应符合表2－26的规定。

蒸压灰砂砖的抗冻性　　　　　　　表2－25

强度等级	抗冻性指标	
	5块冻后抗压强度平均值（MPa）≥	单块砖干质量损失（%）≤
MU25	20.0	2.0
MU20	16.0	
MU15	12.0	
MU10	8.0	

蒸压灰砂砖尺寸偏差和外观质量　　　　　　　表2－26

	项　目	优等品	一等品	合格品
尺寸偏差（mm）	长度	±2	±2	±3
	宽度	±2		
	厚度	±1		
缺棱掉角	个数，（个）≤	1	1	2
	最大尺寸，（mm）≤	10	15	20
	最小尺寸，（mm）≤	5	10	10
	对应高度差，（mm）≤	1	2	3
裂纹 ≤	条面	1	1	2
	大面上宽度方向及其延伸到条面的长度	20	50	70
	大面上长度方向及其延伸到顶面的长度或条、顶面水平裂纹的长度（mm）≤	30	70	100

强度等级为 MU25、MU20、MU15 的蒸压灰砂砖可用于基础和其他建筑；强度等级为 MU10 的蒸压灰砂砖可用于防潮层以上的建筑，但不得用于长期受热 20℃ 以上、受急冷、急热和有酸性介质侵蚀的建筑部位，也不适用于有流水冲刷的部位。

6）蒸压粉煤灰砖。

蒸压粉煤灰砖是指以粉煤灰、石灰和水泥为主要原料，掺加适量石膏、外加剂和骨料，经高压或常压蒸汽养护而成的实心或多孔粉煤灰砖。砖的外形、公称尺寸同烧结普通砖或烧结多孔砖。

《粉煤灰砖》（JC 239—2001）中规定：粉煤灰砖有彩色（Co）、本色（N）两种；按抗压强度和抗折强度划分为 MU30、MU25、MU20、MU15、MU10 五个强度等级；按外观质量、尺寸偏差、强度和干燥收缩值分为优等品（A）、一等品（B）、合格品（C），优等品强度等级应不低于 MU15；干燥收缩率为：优等品和一等品应不大于 0.65mm/m，合格品不大于 0.75mm/m；碳化系数不低于 0.8，色差不显著。

蒸压粉煤灰砖可用于工业及民用建筑的墙体和基础，但用于基础和易受冻融和干湿交替作用的部位时，强度等级必须为 MU15 以上。该砖不得用于长期受热 20℃ 以上，受急冷、急热或有酸性介质侵蚀的建筑部位。

（2）砌块

砌块是指用于墙体砌筑，形体大于砌墙砖的人造墙体材料，多为直角六面体。砌块主规格尺寸中的长度、宽度和高度，至少有一项应大于：365mm、240mm、115mm，但高度不大于长度或宽度的 6 倍，长度不超过高度的 3 倍。

砌块按用途可分为承重砌块和非承重砌块；按有无孔洞可分为实心砌块和空心砌块；按产品规格又可分为大型（主规格高度＞980mm）、中型（主规格高度为 380～980mm）和小型（主规格高度为 115～380mm）砌块。

1）蒸压加气混凝土砌块。

蒸压加气混凝土砌块，是以钙质材料（水泥、石灰等）和硅质材料（砂、火山灰、矿渣或粉煤灰等）加入铝粉（作加气剂），经蒸压养护而成的多孔轻质块体材料，简称加气混凝土砌块。蒸压加气混凝土砌块的技术性能有：

①规格尺寸：

按《蒸压加气混凝土砌块》（GB/T 11968—2006）规定：砌块长度为 600mm；宽度有 100mm、125mm、150mm、200mm、250mm、300mm 或 120mm、180mm、240mm；高度为 200mm、250mm、300mm 等多种规格。

②强度等级：

蒸压加气混凝土砌块按抗压强度可分为 A1.0、A2.0、A2.5、A3.5、A5.0、A7.5、A10 七个强度等级，各强度等级的立方体抗压强度不得小于表 2-27 的规定。

加气混凝土砌块的各等级的抗压强度　　　　　表 2-27

强度等级	立方体抗压强度（MPa）	
	平均值 ≥	单块最小值 ≥
A1.0	1.0	0.8
A2.0	2.0	1.6

续表

强度等级	立方体抗压强度（MPa）	
	平均值 ≥	单块最小值 ≥
A2.5	2.5	2.0
A3.5	3.5	2.8
A5.0	5.0	4.0
A7.5	7.5	6.0
A10	10.0	8.0

注：蒸压加气混凝土砌块的抗压强度是以边长为100mm的立方体试块测定的。

③密度等级：

蒸压加气混凝土砌块按干表观密度可分为 B03、B04、B05、B06、B07、B08 六个等级。各密度等级应符合表 2-28 的规定。

蒸压加气混凝土砌块的密度等级　　　　表 2-28

密度等级		B03	B04	B05	B06	B07	B08
干表观密度（kg/m³）	优等品 ≤	300	400	500	600	700	800
	一等品 ≤	330	430	530	630	730	830
	合格品 ≤	350	450	550	650	750	850

④尺寸偏差和外观质量：

蒸压加气混凝土砌块的尺寸偏差和外观要求应符合表 2-29 的规定。

⑤质量等级、干燥收缩、抗冻性和导热系数：

加气混凝土砌块的尺寸偏差和外观要求　　　　表 2-29

项　目		技术指标		
		优等品	一等品	合格品
尺寸允许偏差（mm）	长度	±3	±4	±5
	宽度	±2	±3	±3, -4
	高度	±2	±3	±3, -4
缺棱掉角	个数（个） ≤	0	1	2
	最大尺寸（mm） ≤	0	70	70
	最小尺寸（mm） ≤	0	30	30
裂纹	条数 ≤	0	1	2
	任一面上裂纹长度不得大于裂纹方向尺寸的	0	1/3	1/2
	贯穿一棱两面的裂纹长度不得大于裂纹所在面的裂纹方向总和的	0	1/3	1/3
	平面弯曲（mm） ≤	0	3	5
	表面疏松、层裂、油污	不允许		
	爆裂、粘膜和损坏深度（mm） ≤	10	20	30

按尺寸偏差、外观质量、干表观密度及抗压强度划分为优等品（A）、一等品（B）、合格品（C）等三个质量等级。各质量等级干表观密度和相应的抗压强度应符合表2-30的规定；砌块的干燥收缩、抗冻性、导热系数应符合表2-31的规定。

蒸压加气混凝土砌块的质量等级　　　　　　　　　　表2-30

表观密度等级		B03	B04	B05	B06	B07	B08
强度等级	优等品	A1.0	A2.0	A3.5	A5.0	A7.5	A10
	一等品			A3.5	A5.0	A7.5	A10
	合格品			A2.5	A3.5	A5.0	A15

蒸压加气混凝土砌块的干燥收缩、抗冻性和导热系数　　　　表2-31

表观密度等级			B03	B04	B05	B06	B07	B08
干燥收缩值	标准法≤	mm/m	\multicolumn{6}{c}{0.50}
	快速法≤		\multicolumn{6}{c}{0.80}
抗冻性	质量损失（%）≤		\multicolumn{6}{c}{5.0}
	冻后强度（MPa）≥		0.8	1.6	2.0	2.8	4.0	5.0
导热系数（干燥状态）〔W/(m·K)〕			0.10	0.12	0.14	0.16	—	—

注：1. 规定采用标准法、快速法测定砌块干燥收缩值，若测定结果发生矛盾不能判定时，则以标准法测定的结果为准；
　　2. 用于墙体的砌块，允许不测导热系数。

⑥蒸压加气混凝土砌块的应用：

蒸压加气混凝土砌块常具有表观密度小、保温隔热性好、隔声性好、易加工、抗震性好及施工方便等特点，适用于低层建筑的承重墙，多层和高层建筑的隔离墙、填充墙及工业建筑物的维护墙体。作为保温材料也可用于复合墙板和屋面中。在无可靠的防护措施时，不得用在处于水中或高湿度或有侵蚀介质作用的环境中，也不得用于建筑结构的基础和长期处于80℃的建筑工程。

2）混凝土小型空心砌块。

混凝土小型空心砌块是以水泥为胶结材料，砂、碎石或卵石、煤矸石、炉渣为骨料，经加水搅拌、振动加压或冲压成型、养护而成的小型砌块。主要技术性能有：

①规格尺寸：

根据《普通混凝土小型空心砌块》（GB 8239—1997）规定：主规格尺寸为：390mm×190mm×190mm，最小外壁厚不小于30mm，最小肋厚不小于25mm。

②尺寸偏差及外观质量：

混凝土小型空心砌块的尺寸偏差及外观质量应符合表2-32的规定。

普通混凝土小型砌块的尺寸偏差、外观质量　　　　　　表2-32

项　　目		优等品	一等品	合格品
尺寸允许偏差（mm）	长度	±2	±3	±3
	宽度	±2	±3	±3
	高度	±2	±3	+3，-4

续表

	项 目			优等品	一等品	合格品
外观质量		弯曲（mm） ≤		2	2	3
	缺棱掉角	个数 ≤		0	2	2
		三个方向投影尺寸最小值（mm） ≤		0	20	30
	裂纹延伸的投影尺寸累计（mm）			0	20	30

按尺寸偏差、外观质量，划分为优等品（A）、一等品（B）、合格品（C）。

③强度等级：

混凝土小型空心砌块按抗压强度分为 MU3.5、MU5.0、MU7.5、MU10.0、MU15.0、MU20.0 六个强度等级，每个强度等级的抗压强度值应符合表 2-33 的规定；空心率应不小于砌块毛体积的 25%。

普通混凝土小型空心砌块的各等级的抗压强度　　　　　表 2-33

强度等级		MU3.5	MU5.0	MU7.5	MU10	MU15	MU20
砌块抗压强度（MPa）	平均值≥	3.5	5.0	7.5	10.0	15.0	20.0
	单块最小值≥	2.8	4.0	6.0	8.0	12.0	16.0

④其他技术性能：

混凝土小型空心砌块的相对含水率应符合表 2-34 的规定；用于清水墙的砌块，其抗渗性、抗冻性应符合有关标准的规定。各性能指标的测试按《混凝土小型空心砌块试验方法》（GB/T 4111—1997）规定进行。

混凝土小型空心砌块的相对含水率　　　　　表 2-34

使用地区	潮湿	中等	干燥
相对含水率（%）	≤45	≤40	≤35

注：使用地区的湿度条件：
潮湿——是指年平均相对湿度大于 75%；
中等——是指年平均相对湿度 50%~75%；
干燥——是指年平均相对湿度小于 50%。

⑤混凝土小型空心砌块的应用：

混凝土小型空心砌块是用于地震烈度为 8 度和 8 度以下地区的一般工业与民用建筑工程的墙体。对用于承重墙和外墙的砌块，要求其干缩率小于 0.5mm/m，非承重或内墙用的砌块，其干燥收缩率应小于 0.6mm/m。砌块运输及堆放应有防雨措施。装卸时，严禁碰撞、抛扔，应轻码轻放，不许翻斗倾倒。砌块应按规格、等级分批分别堆放，不得混杂。

采用轻骨料的称为轻骨料混凝土小型空心砌块，其性能应符合《轻集料混凝土小型空心砌块》（GB 15229—2002）中的规定。用于采暖地区的一般环境时，抗冻等级应达到 F15 以上；干湿交替环境时，抗冻等级应达到 F25 以上。冻融试验后，质量损失不得大于 2%，强度损失不得大于 25%。

3）蒸养粉煤灰砌块。

蒸养粉煤灰砌块（简称粉煤灰砌块）是以粉煤灰、石灰、石膏和骨料为原料，经加水搅拌、振动成型、蒸汽养护而制成的一种密实砌块。

①粉煤灰砌块的主要技术性能：

根据《粉煤灰砌块》（JC 238—1991）规定砌块的主规格尺寸为880mm×380mm×240mm和880mm×430mm×240mm。端面应设灌浆槽，坐浆面应设抗剪槽。按立方体抗压强度分为MU10、MU13两个等级；按外观质量、尺寸偏差分为一等品（B）、合格品（C）；各等级的抗压强度、碳化后强度、抗冻性能和密度、干缩性能应符合表2-35的要求。

粉煤灰砌块的立方体抗压强度、碳化后强度、抗冻性能和密度、干缩性能　　表2-35

项　目		MU10	MU13
立方体抗压强度（MPa）	三块平均值≥	10.0	13.0
	单块最小值≥	8.0	10.5
碳化后强度（MPa）≥		6.0	7.5
干缩值（mm/m）≤	一等品	0.75	
	合格品	0.90	
干表观密度		不超过设计值的10%	
抗冻性		冻融循环后无明显疏松、剥落、裂缝，强度损失不大于20%	

②粉煤灰砌块的应用：

粉煤灰砌块属硅酸盐制品，主要用于工业与民用建筑的墙体和基础，但不适用于有酸性介质侵蚀、密封性要求高、受较大振动的建筑物以及受高温和受潮湿的承重墙。粉煤灰小型空心砌块是一种新型材料，其性能应符合《粉煤灰小型空心砌块》（JC/T 862—2000）的规定，适用于非承重墙和填充墙。

（3）轻质隔墙条板

轻质隔墙条板是指用胶凝性材料、轻质骨料及其他材料，经装料振动或挤压成型，并经养护而制成的一种墙体材料。

目前可用于墙体的轻质隔墙条板品种较多，各种墙板都各具特色。一般的形式可分为薄板、条板、轻质复合板等。每类板中又有许多品种，如薄板类有石膏板、纤维水泥板、蒸压硅酸钙板、水泥刨花板、水泥木屑板等；条板类有石膏空心板、加气混凝土空心条板、玻璃纤维增强水泥空心条板、预应力混凝土空心墙板等；轻质复合板类有钢丝网架水泥加锌板以及其他芯板等。

轻质隔墙条板按用途分为分室隔断用条板和分户隔断用条板；按所用胶凝性材料不同分为石膏、水泥等类别。

轻质隔墙条板的技术性质一般包括：外观质量、尺寸偏差、面密度、抗折性能、阻燃性和干燥收缩等技术指标。

不同类别的轻质隔墙条板的技术性能差异较大，并具有不同的特点，见表2-36。

各种轻质隔墙条板的特点比较　　　　　表2-36

墙板类别	胶凝材料	墙板名称	优点	缺点
普通建筑石膏类	普通建筑石膏	普通石膏珍珠岩空心隔墙条板、石膏纤维空心隔墙条板	1. 质轻、保温、隔热、防火性好 2. 可加工性好 3. 使用性能好	1. 强度较低 2. 耐水性较差
	普通建筑石膏、耐水粉	耐水增强石膏隔墙条板、耐水石膏陶粒混凝土实心隔墙条板	1. 质轻、保温、防水性能好 2. 可加工性好 3. 使用性能好 4. 强度较高 5. 耐水性较好	1. 成本较高 2. 实心板稍重
水泥类	普通水泥	无砂陶粒混凝土实心隔墙条板	1. 耐水性好 2. 隔声性好	1. 双面抹灰量大 2. 生产效率低 3. 可加工性差
	硫铝酸盐或铁铝酸盐水泥	GRC珍珠岩空心隔墙条板	1. 强度调节幅度大 2. 耐水性好	1. 原材料质量要求较高 2. 成本较高
	菱镁水泥	菱苦土珍珠岩空心隔墙条板		1. 耐水性差 2. 长期使用变形较大

（三）常用建筑钢材的品种与特性

建筑钢材是指使用于工程建设中的各种钢材的总称，包括钢结构用各种型材（如圆钢、角钢、槽钢、工字钢、钢管、板材等）和钢筋混凝土结构中的各种钢筋、钢丝、钢绞线等。由于钢材是在严格的工艺条件下生产的材料，它具有材质均匀、性能可靠、强度高、具有一定的塑性，并具有承受冲击和振动荷载作用的能力，可焊接、铆接或螺栓连接，便于装配等优点；其缺点是：易锈蚀、耐火性差、维修费用大。钢材的这些特性决定了它是工程建设所需要的重要材料之一。

由各种型钢组成的钢结构安全性大，自重较轻，适用于大跨度和高层结构。用钢筋制作的钢筋混凝土结构尽管存在着自重大等缺点，但用钢量大为减少，同时克服了钢材因锈蚀而维修费用高的缺点，因而在建设工程中被广泛采用。

1. 钢材的分类

（1）按化学成分分类

按化学成分分为碳素钢和合金钢。

1）碳素钢：碳素钢（也称非合金钢）按含碳量的多少，又分为低碳钢（含碳量<0.25%）、中碳钢（含碳量在0.25%～0.60%）和高碳钢（含碳量>0.60%）。

2）合金钢：合金钢是为了改善钢材的某些性能，加入适量的合金元素而制成的钢。按合金元素的含量，分为低合金钢（合金元素总量<5%）、中合金钢（合金元素总量在5%～10%）和高合金钢（合金元素总量>10%）。

(2) 按脱氧方法分类

按脱氧方法不同钢材又分为沸腾钢、镇静钢、半镇静钢和特殊镇静钢。

1）沸腾钢：仅用弱脱氧剂锰铁进行脱氧，脱氧不充分，铸锭后在钢液冷却时，有大量的一氧化碳气体逸出，引起钢液表面剧烈沸腾，故称沸腾钢。沸腾钢的质量较差，但成本低。

2）镇静钢：同时用一定数量的硅铁、锰铁和铝锭等脱氧剂进行彻底脱氧，铸锭后在钢液冷却时，表面非常平静，故称镇静钢。镇静钢的质量好，但成本高。

3）半镇静钢：其脱氧方法及质量介于沸腾钢与镇静钢之间的钢。

4）特殊镇静钢：为满足特殊的需要，采用特效的脱氧剂而制得的高质量钢材。

(3) 按质量等级分类

按质量等级将钢材分为普通碳素钢（硫含量≤0.055%～0.065%，磷含量≤0.045%～0.085%）、优质碳素钢（硫含量≤0.03%～0.045%，磷含量≤0.035%～0.04%）和高级优质钢（硫含量≤0.02%～0.03%，磷含量≤0.027%～0.035%）。

(4) 按用途分类

按用途分为结构钢、工具钢和特殊钢。其中结构钢包括建筑工程用结构钢和机械制造用结构钢。

2. 建筑钢材的标准与选用

(1) 钢结构用型钢

目前国内建筑工程钢结构用型钢主要是碳素结构钢和低合金高强度结构钢。

1）碳素结构钢：

碳素结构钢包括一般结构钢和工程用型钢、钢板、钢带等。

①主要技术性能：

碳素结构钢的技术性能包括化学成分、力学性能、工艺性能、冶炼方法、交货状态及表面质量等内容。各牌号钢的化学成分应符合表2-37的规定。各牌号钢的力学性能、工艺性能应符合表2-38和表2-39规定。

碳素结构钢的化学成分　　　　表2-37

牌号	质量等级	化学成分（%）					脱氧方法
		C	Mn	Si	S	P	
					≤		
Q195	—	0.06~0.12	0.25~0.50	0.30	0.050	0.045	F、b、Z
Q215	A	0.09~0.15	0.25~0.55	0.30	0.050	0.045	F、b、Z
	B				0.045		
Q235	A	0.14~0.22	0.30~0.65①	0.30	0.050	0.045	F、b、Z
	B	0.12~0.20	0.30~0.70②		0.045		
	C	≤0.18	0.35~0.80		0.040	0.040	Z
	D	≤0.17			0.035	0.035	YZ

续表

牌号	质量等级	化学成分（%）					脱氧方法
		C	Mn	Si	S	P	
					≤		
Q255	A	0.18~0.28	0.40~0.70	0.30	0.050	0.045	Z
	B				0.045		
Q275	—	0.28~0.38	0.50~0.80	0.35	0.050	0.045	Z

注：①、②Q235A、Q235B级沸腾钢锭含量上限为0.60%。

碳素结构钢的力学性能　　　　　　　表2-38

牌号	质量等级	拉伸试验												冲击试验	
		屈服点 σ_s (MPa)					抗拉强度 σ_b (MPa)	伸长率 δ_5 (%)						温度 (℃)	V型冲击功（纵向）(J)
		钢材厚度（直径）(mm)													
		≤16	>16~40	>40~60	>60~100	>100~150	>150		≤16	>16~40	>40~60	>60~100	>100~150	>150		
		≥							≥							≥
Q195	—	(195)	(185)	—	—	—	—	315~390	33	32	—	—	—	—	—	—
Q215	A	215	205	195	185	175	165	335~410	31	30	29	28	27	26	—	—
	B														20	27
Q235	A	235	225	215	205	195	185	375~460	26	25	24	23	22	21	—	—
	B														20	27
	C														0	
	D														-20	
Q255	A	255	245	235	225	215	205	415~510	24	23	22	21	20	19	—	—
	B														20	27
Q275	—	275	265	255	245	235	225	490~610	20	19	18	17	16	15	—	—

碳素结构钢的冷弯性能　　　　　　　表2-39

牌号	试样方向	冷弯试验 B=2a 180°		
		钢材厚度（直径）(mm)		
		60	>60~100	>100~200
		弯心直径 d		
Q195	纵向	0	—	—
	横向	0.5a		
Q215	纵向	0.5a	1.5a	2a
	横向	a	2a	2.5a
Q235	纵向	a	2a	2.5a
	横向	1.5a	2.5a	3a
Q255	—	2a	3a	3.5a
Q275	—	3a	4a	4.5a

注：B为试样宽度，a为钢材厚度（直径）。

②碳素结构钢的性能特点和选用：

碳素结构钢牌号数值越大，含碳量越高，其强度、硬度也就越高，但塑性、韧性和可加工性降低。一般碳素结构钢以热轧状态交货，表面质量也应符合有关规定。

建筑中主要应用的碳素钢是 Q235，其含碳量为 0.14% ~ 0.22%，属低碳钢。它具有较高的强度，良好的塑性、韧性及可加工性，能满足一般钢结构和钢筋混凝土用钢的要求，且成本较低。用 Q235 可热轧成各种型材、钢板、管材和钢筋等。

Q195、Q215 号碳素结构钢，强度较低，塑性和韧性较好，易于冷加工，常用于钢钉、铆钉、螺栓及钢丝等制作。Q215 号钢经冷加工后，可取代 Q235 号钢使用。

Q255、Q275 号钢，强度较高，但塑性、韧性及可焊性较差，常用于机械零件和工具的制作。工程中不宜用于焊接和冷弯加工，可用于轧制带肋钢筋、制作螺栓配件等。

2) 低合金高强度结构钢。

低合金高强度结构钢是在碳素结构钢的基础上，添加少量的一种或几种合金元素而制成的一种钢材。

①主要技术性能：

低合金高强度结构钢的化学成分、力学性能见表 2-40 和表 2-41。

低合金高强度结构钢的化学成分　　　　　　　　　表 2-40

牌号	质量等级	化 学 成 分 （%）									
		C ≤	Mn	Si	P ≤	S ≤	V	Nb	Ti	Al ≥	C- ≤	Ni ≤
Q295	A	0.16	0.80~1.50	0.55	0.045	0.045	0.02~0.15	0.015~0.060	0.02~0.20	—		
	B	0.16	0.80~1.50	0.55	0.040	0.040	0.02~0.15	0.015~0.060	0.02~0.20	—		
Q245	A	0.20	1.00~1.60	0.55	0.045	0.045	0.02~0.15	0.015~0.060	0.02~0.20	—		
	B	0.20	1.00~1.60	0.55	0.040	0.040	0.02~0.15	0.015~0.060	0.02~0.20	—		
	C	0.20	1.00~1.60	0.55	0.035	0.035	0.02~0.15	0.015~0.060	0.02~0.20	0.015		
	D	0.18	1.00~1.60	0.55	0.030	0.030	0.02~0.15	0.015~0.060	0.02~0.20	0.015		
	E	0.18	1.00~1.60	0.55	0.025	0.025	0.02~0.15	0.015~0.060	0.02~0.20	0.015		
Q390	A	0.20	1.00~1.60	0.55	0.045	0.045	0.02~0.20	0.015~0.060	0.02~0.02	—	0.30	0.70
	B	0.20	1.00~1.60	0.55	0.040	0.040	0.02~0.20	0.015~0.060	0.02~0.20	—	0.30	0.70
	C	0.20	1.00~1.60	0.55	0.035	0.035	0.02~0.20	0.015~0.060	0.02~0.20	0.015	0.30	0.70
	D	0.20	1.00~1.60	0.55	0.030	0.030	0.02~0.20	0.015~0.060	0.02~0.20	0.015	0.30	0.70
	E	0.20	1.00~1.60	0.55	0.025	0.025	0.02~0.20	0.015~0.060	0.02~0.20	0.015	0.30	0.70
Q420	A	0.20	1.00~1.70	0.55	0.045	0.045	0.02~0.20	0.015~0.060	0.02~0.02	—	0.40	0.70
	B	0.20	1.00~1.70	0.55	0.040	0.040	0.02~0.20	0.015~0.060	0.02~0.20	—	0.40	0.70
	C	0.20	1.00~1.70	0.55	0.035	0.035	0.02~0.20	0.015~0.060	0.02~0.20	0.015	0.40	0.70
	D	0.20	1.00~1.70	0.55	0.030	0.030	0.02~0.20	0.015~0.060	0.02~0.20	0.015	0.40	0.70
	E	0.20	1.00~1.70	0.55	0.025	0.025	0.02~0.20	0.015~0.060	0.02~0.20	0.015	0.40	0.70
Q460	C	0.20	1.00~1.70	0.55	0.035	0.035	0.02~0.20	0.015~0.060	0.02~0.20	0.015	0.70	0.70
	D	0.20	1.00~1.70	0.55	0.030	0.030	0.02~0.20	0.015~0.060	0.02~0.20	0.015	0.70	0.70
	E	0.20	1.00~1.70	0.55	0.025	0.025	0.02~0.20	0.015~0.060	0.02~0.20	0.015	0.70	0.70

注：表中的 Al 为全铝含量。如化验酸溶铝时，其含量应不小于 0.010%。

低合金高强度结构钢的力学性能及工艺性能　　　表2-41

牌号	质量等级	屈服点 σ_s (MPa) 厚度（直径，边长）(mm) ≥				抗拉强度 σ_b (MPa)	伸长率 δ_5 %	V型冲击试验 (A_{kv}，纵向)(J) ≥				180°弯曲试验 d-弯心直径 a-试件厚度（直径）钢材厚度（直径）(mm)	
		≤15	>16~35	>35~50	>50~100			+20℃	0℃	-20℃	-40℃	≤16	>16~100
Q295	A	295	275	255	235	390~570	23					$d=2a$	$d=3a$
	B	295	275	255	235	390~570	23	34				$d=2a$	$d=3a$
Q345	A	345	325	295	275	470~630	21					$d=2a$	$d=3a$
	B	345	325	295	275	470~630	21	34				$d=2a$	$d=3a$
	C	345	325	295	275	470~630	22		34			$d=2a$	$d=3a$
	D	345	3235	295	275	470~630	22			34		$d=2a$	$d=3a$
	E	345	325	295	275	470~630	22				37	$d=2a$	$d=3a$
Q390	A	390	370	350	330	490~650	19					$d=2a$	$d=3a$
	B	390	370	350	330	490~650	19	34				$d=2a$	$d=3a$
	C	390	370	350	330	490~650	20		34			$d=2a$	$d=3a$
	D	390	370	350	330	490~650	20			34		$d=2a$	$d=3a$
	E	390	370	350	330	490~650	20				27	$d=2a$	$d=3a$
Q420	A	420	400	380	360	520~680	18					$d=2a$	$d=3a$
	B	420	400	380	360	520~680	18	34				$d=2a$	$d=3a$
	C	420	400	380	360	520~680	19		34			$d=2a$	$d=3a$
	D	420	400	380	360	520~680	19			34		$d=2a$	$d=3a$
	E	420	400	380	360	520~680	19				27	$d=a$	
Q460	C	460	440	420	400	550~720	17		34			$d=2a$	$d=3a$
	D	460	440	420	400	550~720	17			34		$d=2a$	$d=3a$
	E	460	440	420	400	550~720	17				27	$d=2a$	$d=3a$

②低合金高强度结构钢的性能特点及应用：

由于在低合金高强度结构钢中加入了合金元素，所以其屈服强度、抗拉极限强度、耐磨性、耐蚀性及耐低温等性能都优于碳素结构钢。它是一种综合性较为理想的建筑结构用钢，尤其是对于大跨度、大柱网、承受动荷载和冲击荷载的结构更为适用。

3）钢结构用型钢。

钢结构构件可由各种型钢或钢板组成。型钢有热轧和冷轧两种；钢板也有热轧（厚度为0.35~200mm）和冷轧（厚度0.2~5mm）两种。各构件之间可按适当的方法进行连接，连接的方法有焊接连结、螺栓连结和铆接连结，还可由附连结钢板进行连结。

①热轧型钢。

常用的热轧型钢有角钢(等边和不等边)、工字钢、槽钢、T型钢、H型钢、Z型钢等。热轧型钢的标记方式为在一组符号中需标出型钢名称、横断面主要尺寸、型钢标准号及钢号与钢种标准。

钢结构用的钢种和钢号,主要根据结构与构件的重要性、荷载性质、连接方法、工作条件等因素予以综合选择。对于承受动荷载的结构、焊接的结构及结构中的关键构件,应选用质量较好的钢材。

我国建筑工程用热轧型钢主要采用碳素结构钢Q235—A。它强度适中,塑性和可焊性较好,而且冶炼容易,成本较低,适合建筑工程使用。在钢结构设计规范中推荐使用的低合金钢,主要有两种:Q345及Q390。可用于大跨度、承受动荷载的钢结构。

②冷弯薄壁型钢。

通常是用2~6mm薄钢板冷弯或模压而成,有角钢、槽钢等开口薄壁型钢及方形、矩形等空心薄壁型钢。可用于轻型钢结构。其标示方法与热轧型钢相同。

③钢板和压型钢板。

用光面轧辊轧制而成的扁平钢材,以平板状态供货的称钢板,以卷状供货称钢带。按轧制温度不同,又可分为热轧和冷轧两种。建筑用钢板及钢带的钢种主要是碳素结构钢,一些重型结构、大跨度桥梁、高压容器等也可采用低合金钢钢板。

按厚度来分,热轧钢板分为厚板(厚度大于4mm)和薄板(厚度为0.35~4mm)两种;冷轧钢板只有薄板(厚度为0.2~4mm)一种。厚板可用于焊接结构;薄板可用作屋面或墙面等围护结构,也作为涂层钢板的原料,如制作压型钢板等;钢板可用来弯曲型钢。薄钢板经冷压或冷轧成波形、双曲形、V形等形状,称为压型钢板。制作压型钢板的板材采用有机涂层薄钢板(或称彩色钢板)、镀锌薄钢板、防腐薄钢板或其他薄钢板。

压型钢板具有单位质量轻、强度高、抗震性能好、施工快、外形美观等特点。主要用于围护结构、楼板、屋面等。

④钢管。

钢管按制造方法分无缝钢管和焊接钢管。无缝钢管主要作输送水、蒸汽、煤气的管道、建筑构件、机械零件和高压管道等。焊接钢管用于输送水、煤气及采暖系统的管道,也可用作建筑构件,如扶手、栏杆、施工脚手架等。按表面处理情况分镀锌和不镀锌两种。按管壁厚度可分为普通钢管和加厚钢管。

(2) 钢筋混凝土结构用钢材

钢筋混凝土结构用钢材主要有各种钢筋和钢丝,主要品种有热轧钢筋、冷加工钢筋、热处理钢筋、预应力钢筋混凝土用钢丝和钢绞线等。按直条或盘条供货。

1) 热轧钢筋。

热轧钢筋主要有用Q235轧制的光圆钢筋和用合金钢轧制的带肋钢筋两类。

①热轧钢筋的标准与性能。

热轧光圆钢筋的强度等级为HPB235,热轧带肋钢筋强度等级由HRB和钢材的屈服点最小值表示,包括HRB335、HRB400、HRB500。其中H表示热轧,R表示带肋,B表示钢筋,后面的数字表示屈服点最小值(表2-42)。

热轧钢筋力学性能、工艺性能　　　　表2-42

外形	强度等级	钢种	公称直径（mm）	屈服强度（MPa）	抗拉强度（MPa）	伸长率δ_5（%）	冷弯试验 角度	冷弯试验 弯心直径
光圆	HPB235	低碳钢	8~20	235	370	26	180°	$d=a$
月牙肋	HRB335	低碳钢 合金钢	6~25	335	490	16	180°	$d=3a$
月牙肋	HRB335	低碳钢 合金钢	28~50	335	490	16	180°	$d=4a$
月牙肋	HRB400	低碳钢 合金钢	6~25	400	570	14	180°	$d=4a$
月牙肋	HRB400	低碳钢 合金钢	28~50	400	570	14	180°	$d=5a$
等高肋	HRB500	中碳钢 合金钢	6~25	500	630	12	180°	$d=6a$
等高肋	HRB500	中碳钢 合金钢	28~50	500	630	12	180°	$d=7a$

② 应用。

热轧钢筋随强度等级的提高，屈服强度和抗拉极限强度增大，塑性和韧性下降。普通混凝土非预应力钢筋可根据使用条件选用HPB235钢筋或HRB335、HRB400钢筋；预应力钢筋应优先选用HRB400钢筋，也可以选用HRB335钢筋。热轧钢筋除HPB235是光圆钢筋外，HRB335和HRB400为月牙肋钢筋，HRB500为等高肋钢筋，其粗糙表面可提高混凝土与钢筋之间的握裹力。

2）冷拉热轧钢筋。

将热轧钢筋在常温下拉伸至超过屈服点的某一应力，然后卸荷，即制成了冷拉钢筋。经冷拉后，可使钢筋的屈服强度提高17%~27%，但钢筋的塑性下降，材料变脆。屈服阶段变短，若经时效后强度再次略有提高。冷拉既可以节约钢材，又可以提高钢筋强度，并增加了品种规格，加工设备简单，易于操作，是钢筋冷加工的常用方法之一。冷拉钢筋技术性质应符合表2-43的规定。

冷拉热轧钢筋的性质　　　　表2-43

强度等级	直径（mm）	屈服强度σ_s（MPa）	抗拉强度σ_b（MPa）	伸长率δ_5（%）	冷弯性能 弯曲角度	冷弯性能 弯曲直径
		不小于	不小于	不小于		
HPB235	≤12	280	370	11	180°	$3d$
HRB335	≤25	450	490	10	90°	$3d$
HRB335	28~40	430	490	10	90°	$4d$
HRB400	8~40	500	570	8	90°	$5d$
HRB500	10~28	700	835	6	90°	$5d$

注：1. d 为钢筋直径，mm；
2. 表中冷拉钢筋的屈服强度值，系现行国家标准《混凝土结构设计规范》（GB 50010—2002）中冷拉钢筋的强度标准值；
3. 钢筋直径大于25mm的冷拉HRB400级钢筋，冷拉弯曲直径应增加$1d$。

3）冷轧带肋钢筋。

冷轧带肋钢筋是用低碳钢热轧圆盘条经冷轧后，在其表面带有沿长度方向均匀分布的二面或三面横肋的钢筋。冷轧带肋钢筋代号用CRB表示，并按抗拉强度等级划分为五个牌号，分别为 CRB550、CRB650、CRB800、CRB970、CRB1170。CRB550 钢筋的公称直径范围为 4~12mm，CRB650 及以上牌号钢筋的公称直径为 4mm、5mm、6mm。钢筋的力学性能、工艺性能应符合表 2-44 和表 2-45 的规定。

冷轧带肋钢筋的力学性能和工艺性能 表 2-44

牌号	抗拉强度 σ_b (MPa) ≥	伸长率 (%) ≥ δ_{10}	伸长率 (%) ≥ δ_{100}	弯曲试验 (180°)	反复弯曲次数 ≥	松弛率（初始应力，σ_{con}） (1000h,%)	松弛率 (10h,%)
CRB550	550	8.0	—	$d=3a$	—	—	—
CRB650	650	—	4.0	—	3	8	5
CRB800	800	—	4.0	—	3	8	5
CRB970	970	—	4.0	—	3	8	5
CRB1170	1170	—	4.0	—	3	8	5

注：表中 d 为弯心直径，a 为钢筋公称直径。

反复弯曲试验的弯曲半径（mm） 表 2-45

公称直径	4	5	6
弯曲半径	10	15	15

冷轧带肋钢筋克服了冷拉、冷拔钢筋握裹力低的缺点，同时具有和冷拉、冷拔相近的强度。CRB550 为普通钢筋混凝土用钢筋，其他牌号为预应力混凝土用钢筋。

4）热处理钢筋。

热处理钢筋是将热轧的带肋钢筋（中碳或低合金钢）经淬火和高温回火调质处理而成的。其特点是塑性降低不大，但强度提高很多，综合性能比较理想。特别适用于预应力混凝土构件的配筋，但其耐腐蚀性下降、缺陷敏感性增强，使用时应防止锈蚀及刻痕等。热处理钢筋的力学性能应符合表 2-46 的规定。

热处理钢筋的力学性能 表 2-46

公称直径 (mm)	牌号	屈服点 (MPa) ≥	抗拉强度 (MPa) ≥	伸长率 δ_{10} (%) ≥
6	40Si$_2$Mn			
8.2	48Si$_2$Mn	1325	1470	6
10	45Si$_2$Cr			

3. 钢材的验收与保管

（1）钢板、型钢和钢管的验收

1）包装及标志。

钢板、型钢和钢管出厂时，均按标准规定进行包装，并按要求作好标志。因此要首先检验包装是否完好，标志是否与供货的内容相符。

钢板的包装应整齐，捆扎结实。标志应牢固，字迹清晰不褪色。厚度≤4mm 的热轧或冷轧薄钢板，要用薄钢板封闭包装，镀层钢板还应内铺防潮纸或塑料薄膜。箱要用钢带捆牢，箱下要有托架和垫木。箱内最上面一张钢板上喷上或粘贴标志，箱外横侧喷上或粘贴标志。

薄钢板的标志，应有供方名称（或厂标）、钢号、炉罐号、批号、尺寸、级别和质量。厚钢板应逐张做上供方名称（或厂标）、钢号、炉罐（批）号、尺寸等印记。由钢锭直接轧成的厚钢板，印记应作在相当于钢锭尾部的一端。

尺寸小于等于30mm的圆钢、方钢、钢筋、六角钢、八角钢和其他小型型钢，必须成捆交货。每捆型钢必须用钢带、盘条或钢丝均匀捆扎结实，并一端平齐。根据需方要求，并在合同上注明，特殊用途的上述型钢，可先捆扎小捆，将数小捆再捆扎成大捆。特殊用途的中型型钢，也应成捆交货。

成捆交货的型钢，每捆的质量、捆扎道数、同捆长度差，应符合规定。型钢的标志可采用打钢印、喷印、盖印、挂标牌、粘贴标签和放置卡片等方式。标志应字迹清楚，牢固可靠。成捆（盘）的型钢，每捆至少挂两个标牌，标牌上应有供方名称（或厂标）、钢号、炉罐（批）号、规格（或型号）等标记。每根型钢做有标志时，可不挂标牌。

钢管一般采用捆扎成捆交货，每捆应是同一批号，捆的质量最大为5t。成捆钢管的一端需放置整齐，短尺钢管应单独包装。每根车丝钢管的一端，应拧有管接头。钢管及其接头的螺纹和加工表面，必须涂以防锈油或其他防锈剂。在管端和内接头上，应拧上护丝环。壁厚不大于1.5mm的无缝钢管、壁厚不大于1mm的焊接钢管，应用内垫油纸等防潮材料的木箱或铁箱包装。

根据需方要求或相应标准规定，有的钢管采用涂油捆扎或涂油装箱。钢管标志的规定，对于直径大于等于36mm的钢管及截面周长大于等于150mm的异型钢管，应在每根钢管的一端有喷印、滚印、盖印、钢印或粘贴印记。印记应清晰明显，不易脱落。印记应有钢号、产品规格、产品标准号和供方印记。直径小于36mm的钢管及截面周长小于150mm的异型钢管，可不打印记。

除喷印的钢管外，在每根钢管上，按钢号标准中涂色规定，用有色铅油涂在一端。成捆包装的钢管，每捆上应挂有2个以上标牌，经喷印的可挂1个。标牌上标明供方商标或印记、钢号、炉罐号、批号、合同号、产品规格、产品标准号、质量、根数、制造日期和技术监督部门印记。

装箱的钢管和管接头，在箱内的每捆上，需挂上或粘贴一个标牌，在箱外端面也应挂上或粘贴1个标牌。

2）质量证明书。

每批交货的钢板、型钢和钢管，都必须有证明该批产品符合标准要求及订货合同的质量证明书。证明书必须字迹清楚，有技术监督部门盖章。质量证明书中，除注明供、需方名称、合同号及发货日期外，还必须写明标准编号、钢号、炉罐号、批号，交货状态、质量和件数，以及产品品种、尺寸、级别、标准规定的各项试验结果（包括参考性指标）。因此，钢材的检验工作，核对产品质量证明书，成为重要的内容。所验收的钢材，必须标志、证明书和实物完全一致，并与订货合同的内容相符。质量证明书是使用钢材的凭证，应长期保留，连同复检结果，作为工程验收的技术资料。

核对质量证明书，必须对该种钢材的有关标准很熟悉，对其技术要求和指标都掌握，否则难以发现漏项及结论不妥等错误。

3）规格、牌号和数量。

钢板、型钢和钢管的规格很多，多以规定的截面上的主要尺寸标明，如上所述。此外还有定尺长度，钢板还有宽度等。这些尺寸，都有允许的偏差，必须通过抽检进行校核，使钢材的规格与所购相符。

规格尺寸，是选用钢材的重要依据，但更为重要的是钢质。同一规格尺寸的钢材，所用的钢种往往不同，钢种决定了钢质，是用规定的牌号来表达的。因此，钢材的检验；要认真核对牌号，又称钢号。牌号要通过规定的标志识别，必要时应通过抽样试验进行判定。

检验钢材的数量，以校核发货总的质量与购入的是否相符。按合同约定，钢材可以按实际的质量交货，也可以按理论的质量交货，但后者必须保证在允许的偏差之内。所谓理论的质量，如不同厚度的钢板，每平方米为多少千克；不同规格的型材和管材，每米多少千克等均由标准作出规定。在现场，可按横截面面积乘 1m 的材长得体积，再乘以钢的密度 $7.85t/m^3$ 即可，但要注意单位的一致性。钢材的横截面面积，属简单截面的是容易计算的，属复杂截面的均给定公称面积及其算式。

4）抽样检验。

为了判定钢材是否达到各项技术要求，必须按规定抽样检验。抽样检验一般包括三个方面，即外观检验、力学性检验和化学性检验。这些检验的方法和器具，都由标准作出规定。

钢板和型钢，除针对自己的材种特点和定有若干外形指标外，力学性能和化学成分的要求，均按所用的钢种保证。如采用碳素结构钢、低合金结构钢或优质碳素结构钢制作的钢板或型材，就按这些钢种的技术要求，保证化学成分和力学性能。

低压流体输送用焊接钢管，除规定钢号和焊制方法外，还保证水压值和冷弯、压扁试验合格。结构用无缝钢管，除规定钢号的力学性能、化学成分外，还要保证压扁试验合格。

（2）钢筋的检验

钢筋的检验主要包括下列四个方面的内容。

1）尺寸、外形及单位长度的质量。

钢筋的尺寸主要是公称直径和定尺长度，都不得超出允许的偏差。热轧光圆钢筋的公称直径为 8～20mm 的范围，允许偏差为 ±0.4mm。热轧带肋钢筋的公称直径，是指与横截面面积相等的圆的直径，其范围是 8～50mm，通过对外形上各细部尺寸的允许偏差，进行控制。

钢筋按直条交货时，其通常长度为 3.5～12m，其中长度为 3.5～6m 之间的钢筋，不得超过每批总质量的 3%。钢筋按定尺或倍尺长度交货时，应在合同中注明。其长度允许偏差，不应大于 +50mm。

钢筋的外形有光圆和带肋两种，其中带肋钢筋又分为月牙肋和等高肋。光圆钢筋的不圆度不得大于 0.40mm；带肋钢筋的各细部尺寸，如内径、肋高、肋宽及肋的间距等，均按公称直径不同，提出不同的允许偏差。

钢筋每米长的质量称为公称质量。根据需方要求，钢筋按质量的偏差交货时，其实际的质量，与公称的质量允许偏差应符合有关规定。

光圆钢筋直径的测量和带肋钢筋内径的测量，均精确到0.1mm。

带肋钢筋肋高的测量，可采用测量同一截面两侧肋高平均值的方法，即测取钢筋的最大外径，减去该处内径，所得数值的一半为该处肋高，精确至0.05mm。带肋钢筋横肋间距，可采用测量平均肋距的方法进行测量，即测取钢筋一面上第1个与第11个横肋的中心距离，该数值除以10，即为横肋间距，精确到0.1mm。

测量钢筋质量偏差时，试样数量不少于10支，试样总长度不小于60m。长度应逐支测量，精确到10mm。试样总质量不大于100kg时，精确到0.5kg，试样总质量大于100kg时，精确到1kg。当供方能保证钢筋质量偏差符合规定时，试样的数量和长度可不受上述限制。

2）表面检查。

钢筋表面可逐根目测，不得有裂纹、结疤和折叠。钢筋表面凸块和其他缺陷的深度和高度，不得大于所在部位尺寸的允许偏差。带肋钢筋的凸块，不得超过横肋的高度。

钢筋每米弯曲度应不大于4mm，总弯曲度不大于钢筋总长度的0.4%。

带肋钢筋，应在其表面轧上钢筋级别标志，依次还可轧上厂名（或商标）和直径毫米数字。HRB500强度等级的钢筋，表面可不加标志。

除上述规定外，钢筋的包装、标志和质量证明书，应符合国家标准的有关规定。

3）化学成分、力学性能和工艺性能检验。

钢筋用钢的牌号及化学成分，应按《钢铁及合金化学分析方法》（GB/T 223.4—2008）进行检测，取样及化学成分的允许偏差，按《钢的成品化学成分允许偏差》（GB/T 222—2006）执行。钢筋的屈服点、拉伸强度和伸长率检测，按《金属材料室温拉伸试验方法》（GB 228—2002）的规定进行。但拉伸试件不允许进行车削加工，计算用截面面积，采用公称截面面积。

钢筋的冷弯试验，按《金属材料弯曲试验方法》（GB/T 232—1999）进行。但弯曲试件不允许进行车削加工。反向弯曲试验，按《钢筋混凝土用钢筋弯曲和反向弯曲试验方法》（YB/T 5126—2003）进行。经正向弯曲后的试样，应在100℃温度下保温不少于30min，经自然冷却后，再进行反向弯曲。

当供方能保证钢筋的反弯性能时，正弯后的试样，亦可在室温下直接进行反向弯曲。

4）验收批和复验的判定。

钢筋应按批进行检查和验收，每批重量不大于60t。每批应由同一牌号、同一炉罐号、同一规格、同一交货状态的钢筋组成。

公称容量不大于30t的冶炼炉冶炼的钢坯和连铸坯轧成的钢筋，允许由同一牌号、同一冶炼方法、同一浇铸方法的不同炉罐号组成混合批，但每批不应多于6个炉罐号。各炉罐号含碳量之差不得大于0.02%，含锰量之差不得大于0.15%。

钢筋的化学分析用试样，每批中1份，拉伸和冷弯试验的试件，自每批中任选两根钢筋，各截取两件。如检测后，有某一项试验结果不符合标准要求，则从同一批中再任取双倍试件进行复验。复验结果，即使有一项指标不合格，则整批不得交货。

(3) 钢材的保管

1）选择适宜的存放处所。应入库存放；对只忌雨淋，对风吹、日晒、潮湿不十分敏感的钢材，可入棚存放；消除影响的钢材，可在露天存放。存放处所，应尽量远离有害气体和粉尘的污染，避免受酸、碱、盐及其气体的侵蚀。

2）保持库房干燥通风。库棚内应采用水泥地面，正式库房还应作地面防潮处理。根据库房内、外的温度和湿度情况，进行通风、降潮。有条件的，应加吸潮剂。相对湿度小时，钢材的锈蚀速度甚微，但相对湿度大到某一限度时，会使锈蚀速度明显加大。

3）合理码垛。料垛应稳固，垛位的质量不应超过地面的承载力，垛底要垫高30～50cm。有条件的要采用料架。根据钢材的形状、大小和多少，确定平放、坡放、立放等不同方法。垛形应整齐，便于清点，防止不同品种的混放。

4）保持料场清洁。尘土、碎布、杂物都能吸收水分，应注意及时清除。杂草根部易存水，阻碍通风，夜间能排放 CO_2，必须彻底清除。

5）加强防护措施。有保管条件的，应以箱、架、垛为单位，进行密封保管。表面涂敷防护剂，是防止锈蚀的有效措施。油性防锈剂易粘土，且不是所有的钢材都能采用，应采用使用方便、效果较好的干性防锈涂料。

6）加强计划管理。制定合理的库存周期计划和储备定额，制定严格的库存锈蚀检查计划。

（四）沥青和沥青混合料的技术要求与应用

沥青是一种有机胶凝材料，具有防水、防潮、防腐等性能，广泛用于各种建设工程中。沥青常温下呈黑色至褐色的固体、半固体或黏稠液体。

沥青材料可分为地沥青和焦油沥青两大类。地沥青包括天然沥青和石油沥青；焦油沥青包括煤沥青、木沥青、泥炭沥青、页岩沥青等。工程中使用最多的是石油沥青和煤沥青，石油沥青的防水性能优于煤沥青，但煤沥青的防腐、粘结性能优于石油沥青。

1. 石油沥青

石油沥青是石油经蒸馏提炼出各种轻质油品（汽油、煤油及润滑油等）以后的残留物，经再加工得到的褐色或黑褐色的黏稠状液体或固体状物质，略有松香味，能溶于多种有机溶剂，如三氯甲烷、四氯化碳等。

（1）石油沥青的技术性质

1）黏滞性。

黏滞性是指沥青材料在外力作用下抵抗发生相对变形的能力。液态沥青的黏性用黏滞度表示；半固体和固体沥青的黏性用针入度表示。黏滞度是指液态沥青在一定温度（25℃或60℃）条件下，经规定直径（3.5mm或10mm）的孔，漏下50ml所需的秒数。黏滞度愈大，石油沥青的黏性愈大。

针入度是指在温度为25℃的条件下，以100g的标准针，经5s沉入沥青中的深度（以0.1mm为1度）。针入度越大，黏性越小、流动性越大。石油沥青的针入度大致在5～200度之间。

2）塑性。

塑性是指沥青在外力作用下产生变形而不破坏，当除去外力后仍能保持变形后形状不变的性能。一般用延伸度表示，简称延度。塑性表示沥青开裂后的自愈能力及受机械力作用后的变形而不破坏的能力。沥青之所以被称为柔性防水材料，很大程度上取决于这种性能。

在一定温度（25℃）和一定拉伸速度（50mm/min）下，将试件拉断时延伸的长度，用厘米表示，称为延度。延度越大，塑性越好。

3）温度稳定性。

温度稳定性是指石油沥青的黏滞性和塑性随温度升降而变化的性能。变化程度越大，沥青的温度稳定性愈差。温度稳定性用软化点来表示，即沥青材料由固态变为具有一定流动性的液态时的温度（单位℃）。石油沥青的软化点大致在 25~100℃ 之间。软化点高，沥青的耐热性好，但软化点过高，又不易加工和施工；软化点低的沥青，夏季高温时易产生流淌而变形。

4）大气稳定性。

大气稳定性是指石油沥青在阳光、雨、雪、氧气等综合因素的长期作用下，抵抗老化的性能。它决定了石油沥青的耐久性。大气稳定性常用沥青的蒸发损失和针入度比表示，即试样在 160℃ 温度加热蒸发 5h 后的质量损失和蒸发前后的针入度比两项指标来评定。蒸发损失愈小，针入度比愈大，石油沥青的大气稳定性愈好。

除上述四项主要技术指标外，还有闪点、燃点、溶解度等，都对沥青的性能有影响，如闪点和燃点直接影响沥青熬制温度的确定。

（2）石油沥青的标准

道路石油沥青、建筑石油沥青和普通石油沥青的牌号主要以针入度表示，相应的软化点、延度等技术指标见表 2-47。同品种的石油沥青，牌号愈大，则针入度愈大、塑性愈好、软化点越低、温度敏感性越大。

道路石油沥青和建筑石油沥青技术标准　　　　表 2-47

沥青的品种	道路石油沥青					建筑石油沥青			普通石油沥青			
技术指标	200号	180号	140号	100号	60号	45号	30号	10号	6号	5号	4号	3号
针入度（25℃，100g）（1/10mm）	200~300	160~200	120~160	80~100	50~80	40~60	25~40	10~25	30~50	20~40	20~40	25~45
软化点（℃）≥	30~45	35~45	38~48	42~52	45~55	—	70	95	95	100	90	85
延度（25℃）（cm）≥	20	100	100	100	100	—	3	1.5	—	—	—	—
溶解度（%）≥	99	99	99	99	99	99.5	99.5	99.5	92	95	98	98
蒸发损失（%）≤	1	1	1	1	1	1	1	1	1	1	1	1
蒸发后针入度比（%）≥	50	60	60	65	50	—	—	—	—	—	—	—
闪点（℃）≥	180	200	230	230	230	230	230	230	270	270	270	250

（3）石油沥青的应用

在选用石油沥青时，应根据当地的环境和气候特点、工程的类别及所处部位等因素确定牌号，也可选择两种牌号的沥青调配使用。

道路石油沥青黏性差，塑性好，容易浸透和乳化，但弹性、耐热性和温度稳定性较差，主要用于拌制各种沥青混凝土、沥青砂浆或用来修筑路面和各种防渗、防护工程，还可用来配制填缝材料、密封材料、胶粘剂和防水材料。

建筑石油沥青具有良好的防水性，针入度小、黏性大、耐热性及温度稳定性好，但延伸变形性能较差，主要用于屋面和各种防水工程，并用来制造防水卷材，配制沥青胶和沥青涂料。为避免夏季流淌，一般屋面用石油沥青的软化点应比当地屋面最高温度高20℃以上。但若软化点过高，冬季在低温条件下易脆硬，甚至开裂。

普通石油沥青性能较差，一般较少单独使用，可作为建筑石油沥青的掺配材料或经加工后使用。

2. 煤沥青

煤沥青是炼焦或生产煤气的副产品，烟煤干馏时所挥发的物质冷凝得到的黑色黏稠物质，称为煤焦油。煤焦油再经分馏加工提取出轻油、中油、重油、蒽油后的残渣即为煤沥青（俗称柏油）。按蒸馏程度不同，煤沥青分为低温沥青、中温沥青和高温沥青，建筑上多采用低温沥青。

与石油沥青相比，煤沥青的大气稳定性较差。与相同软化点的石油沥青相比，煤沥青的塑性较差，因此当使用在温度变化较大（如屋面、路面等）的环境时，温度稳定性、耐久性不如石油沥青。煤沥青中因含有蒽、酚，防腐性能较好，但有毒性，适用于地下防水或防腐工程中。

3. 改性沥青

在工程实际中，普通石油沥青的性能并不一定能够满足使用的要求，为此，对沥青进行氧化、催化、乳化或者掺入橡胶、树脂等物质，使得沥青的性能发生不同程度的改善，得到的产品称为改性沥青。改性沥青可分为橡胶改性沥青、树脂改性沥青、橡胶树脂改性沥青和矿物填充料改性沥青等品种。

（1）橡胶改性沥青

是指在沥青中掺入适量橡胶的改性沥青。常用的橡胶有天然橡胶、合成橡胶（丁基橡胶、氯丁橡胶、丁苯橡胶等）和再生橡胶。经改性后，具有一定橡胶的特性，其气密性、低温柔性、耐化学腐蚀性、耐光性、耐气候性、耐燃烧等性能均得到改善，可用于制作卷材、片材、密封材料或涂料。

（2）树脂改性沥青

是指在沥青中掺入适量合成树脂的改性沥青。常用的合成树脂有古马隆树脂、聚乙烯、酚醛树脂、无规聚丙烯（APP）等。用树脂改性沥青，可以提高沥青的耐寒性、耐热性、粘结性和不透水性。

（3）橡胶树脂改性沥青

同时加入橡胶和树脂，可使沥青同时具备橡胶和树脂的特性，性能更加优良。主要产品有片材、卷材、密封材料、防水涂料。

(4) 矿物填充料改性沥青

矿物填充料改性沥青是指为了提高沥青的粘结力和耐热性，减小沥青的温度敏感性，加入一定数量矿物填充料（滑石粉、石灰粉、云母粉、硅藻土）的沥青。

4. 沥青类防水卷材

沥青类防水卷材是在基胎（原纸或纤维织物等）浸涂沥青后，在表面撒布粉状或片状隔离材料制成的一种防水卷材。

（1）石油沥青纸胎防水卷材

石油沥青纸胎防水卷材是采用低软化点石油沥青浸渍原纸，用高软化点沥青涂盖油纸的两面，再撒以隔离材料而制成的一种纸胎油毡。

《石油沥青纸胎油毡》（GB 326—2007）规定：幅宽为 915mm、1000mm 两种，后者居多；按隔离材料分为粉毡、片毡；每卷油毡的总面积为（$20 \pm 0.3m^2$）；按 $1m^2$ 原纸的质量克数分为 200 号、350 号、500 号三种标号；按物理性能分为优等品、一等品和合格品。由于沥青材料的温度敏感性大、低温柔性差、易老化，因而使用年限较短，其中 200 号用于简易防水、临时性建筑防水、防潮及包装等，350 号、500 号油毡用于屋面和地下工程的多层防水，可用冷、热沥青胶粘结。

石油沥青油纸是采用低软化点石油沥青浸渍原纸，制成的一种无涂盖层的纸胎防水卷材。双卷包装，总面积为 $40 \pm 0.6m^2$，主要用于建筑防潮和包装。

（2）石油沥青玻璃布油毡（简称玻璃布油毡）

石油沥青玻璃布油毡是采用玻璃布为胎基涂盖石油沥青，并在两面撒铺粉状隔离材料而制成。根据行业标准《石油沥青玻璃布胎油毡》（JC/T 84—1996）规定，幅宽为 1000mm，分为一等品和合格品两个等级。每卷油毡的总面积为（$20 \pm 0.3m^2$）。

石油沥青玻璃布油毡具有拉力大及耐霉菌性好的特点，适用于要求强度高及耐霉菌性好的防水工程，柔韧性优于纸胎油毡，易于在复杂部位粘贴和密封。主要用于铺设地下防水、防潮层、金属管道的防腐保护层。

（3）石油沥青玻璃纤维油毡（简称玻纤油毡）

石油沥青玻璃纤维油毡是采用玻璃纤维薄毡为胎基，浸涂石油沥青，表面撒以矿物粉料或覆盖以聚乙烯薄膜等隔离材料制成的一种防水卷材。其指标应符合《石油沥青玻璃纤维胎防水卷材》（GB/T 14686—2008）的规定，幅宽 1000mm，玻纤油毡按上撒盖材料分为膜面、粉面和砂面三个品种；根据油毡每 $10m^2$ 质量（kg）分为 15 号、25 号、35 号三个标号；按物理性能分为优等品、一等品和合格品。

石油沥青玻璃纤维油毡具有柔性好（在 0~10℃ 弯曲无裂纹），耐化学微生物腐蚀，寿命长。15 号玻纤油毡用于一般工业与民用建筑的多层防水，并可用于包扎管道（热管道除外）、做防腐保护层。25 号、35 号玻纤油毡适用于屋面、地下、水利等工程多层防水，其中 35 号可采用热熔法施工。

（4）铝箔面油毡

铝箔面油毡是用玻纤毡为胎基，浸涂氧化沥青，表面用压纹铝箔贴面，底面撒以细颗粒矿物料或覆盖以 PE 膜制成的防水卷材。具有反射热和紫外线的功能及美观效果，能降低屋面及室内温度，阻隔蒸汽渗透，用于多层防水的面层和隔汽层。

(5) 高聚物改性沥青卷材

高聚物改性沥青卷材是以合成高分子聚合物改性沥青为涂盖层、纤维织物或纤维毡为基胎,粉状、粒状、片状或薄膜材料为防粘隔离层制成的防水卷材,具有高温不流淌、低温不脆裂、拉伸强度高、延伸率较大等优异性能。

常用品种有弹性体改性沥青防水卷材、塑性体改性沥青防水卷材等,高聚物改性沥青有SBS、APP、PVC和再生胶改性沥青等。

1) 弹性体改性沥青防水卷材。

弹性体改性沥青防水卷材是以苯乙烯—丁二烯—苯乙烯(SBS)热塑性弹性体作改性剂,以聚酯毡(PY)或玻纤毡(G)为胎基,两面覆盖以聚乙烯膜(PE)、细砂(S)或矿物粒(片)料(M)制成的卷材,简称SBS卷材,属弹性体卷材。

《弹性体改性沥青防水卷材》(GB 18242—2008)规定分为六个品种:聚酯毡—聚乙烯膜、玻纤毡—聚乙烯膜、聚酯毡—细砂、聚酯毡—矿物粒、玻纤毡—细砂、玻纤毡—矿物粒。卷材幅宽为1000mm,聚酯毡的厚度有3mm、4mm两种,玻纤毡的厚度有2mm、3mm、4mm三种。分为Ⅰ型、Ⅱ型,每卷面积为15m²、10m²、7.5m²三种。其物理性能应符合表2-48的规定。

SBS卷材属高性能的防水材料,保持了沥青防水的可靠性和橡胶的弹性,提高了柔韧性、延展性、耐寒性、粘附性、耐气候性,具有良好的耐高温和低温性,可形成高强度防水层,并耐穿刺、烙伤、撕裂和疲劳,出现裂缝能自我愈合,能在寒冷气候热熔搭接,密封可靠。

SBS卷材广泛应用于各种领域和类型的防水工程。最适用于以下工程:工业与民用建筑的常规及特殊屋面防水;工业与民用建筑的地下工程的防水、防潮及室内游泳池等的防水;各种水利设施及市政防水工程。

弹性体(SBS)改性沥青防水卷材物理力学性能 表2-48

序号	胎基 型号		PY Ⅰ	PY Ⅱ	G Ⅰ	G Ⅱ
1	可溶物含量(g/m²),≥	2mm	—	—	1300	1300
		3mm	2100	2100		
		4mm	2900	2900		
2	不透水性	压力(MPa),≥	0.3	0.3	0.2	0.3
		保持时间(min),≥	30	30	30	30
3	耐热度(℃)		90	105	90	105
			无滑动、流淌、滴落			
4	拉力(N/50mm),≥	纵向	450	800	350	500
		横向	450	800	250	300
5	最大拉力延伸率(%),≥	纵向	0	40	—	—
		横向	0	40	—	—

续表

序号	胎基 型号		PY I	PY II	G I	G II
6	低温柔度（℃）		−18	−25	−18	−25
			无裂纹			
7	撕裂强度（N），≥	纵向	250	350	250	350
		横向			170	200
8	人工气候加速老化	外观	I级			
			无滑动、流淌、滴落			
		拉力保持率（%），≥ 纵向	80			
		低温柔度	−10	−20	−10	−20
			无裂纹			

2）塑性体（APP）改性沥青防水卷材。

塑性体改性沥青防水卷材是指以聚酯毡或玻纤毡为胎基，无规聚丙烯（APP）或聚烯烃类聚合物作改性剂，两面覆以隔离材料所制成的防水卷材，简称APP防水卷材。卷材的品种、规格、外观要求同SBS卷材；其物理力学性能应符合《塑性体改性沥青防水卷材》（GB 18243—2008）的规定，见表2-49。

APP卷材具有良好的防水性能、耐高温性能和较好的柔韧性（耐−15℃不裂），能形成高强度、耐撕裂、耐穿刺的防水层，耐紫外线照射、耐久寿命长，热熔法粘结，可靠性强。广泛用于各种工业与民用建筑的屋面及地下防水、地铁、隧道桥和高架桥上沥青混凝土桥面的防水，尤其适用于较高温度环境的建筑防水，但必须用专用胶粘剂粘结。

塑性体（APP）改性沥青防水卷材物理力学性能　　　　　表2-49

序号	胎基 型号		PY I	PY II	G I	G II
1	可溶物含量（g/m²），≥	2mm	—		1300	
		3mm	2100			
		4mm	2900			
2	不透水性	压力（MPa），≥	0.3		0.2	0.3
		保持时间（min），≥	30			
3	耐热度（℃）		110	130	110	130
			无滑动、流淌、滴落			
4	拉力（N/50mm），≥	纵向	450	800	350	500
		横向			250	300
5	最大拉力延伸率（%），≥	纵向	25	40	—	
		横向				

续表

序号	胎基 型号			PY		G	
				I	II	I	II
6	低温柔度（℃）			−5	−15	−5	−15
				无裂纹			
7	撕裂强度（N），≥		纵向	250	350	250	350
			横向			170	200
8	人工气候加速老化	外观		I级			
				无滑动、流淌、滴落			
		拉力保持率（%），≥	纵向	80			
		低温柔度		3	−10	3	−10
				无裂纹			

3）冷自粘橡胶改性沥青卷材。

冷自粘橡胶改性沥青卷材是用SBS和SBR等弹性体及沥青材料为基料，并掺入增塑增黏材料和填充材料，采用聚乙烯膜或铝箔为表面材料或无表面覆盖层，底表面或上下表面覆涂硅隔离、防粘材料制成的可自行粘结的防水卷材。

《自粘橡胶沥青防水卷材》（JC 840—1999）规定：每卷面积有$20m^2$、$10m^2$、$5m^2$三种；宽度有920mm、1000mm两种，厚度有2.2mm、1.5mm、2.0mm三种。分为聚乙烯膜、铝箔、无膜三种。具有良好的柔韧性、延展性，适应基层变形能力强，施工时不需涂胶粘剂。采用聚乙烯膜为表面材料，适用于非外露的屋面防水；采用铝箔为覆面材料，适用于外露的防水工程。

4）高聚物改性沥青防水卷材的技术性质。

①外观要求。

高聚物改性沥青防水卷材应卷紧整齐，端面里进外出不得超过10mm；成卷卷材在规定温度下展开，在距卷芯1.0m长度外，不应有10mm以上的裂纹和粘结；胎基应浸透，不应有未被浸透的条纹；卷材表面应平整，不允许有空洞、缺边、裂口，矿物粒（片）应均匀并且紧密粘附于卷材表面；每卷接头不多于1个，较短一段不应少于2.5m，接头应剪切整齐，加长150mm，备作粘结。

②高聚物改性沥青防水卷材的卷重、面积、厚度。

SBS卷材、APP卷材的卷重、面积、厚度的规定见表2-50。

高聚物改性沥青防水卷材的卷重、面积、厚度　　表2-50

规格		2mm		3mm			4mm				
上表面材料		PE	S	PE	S	M	PE	S	M	PE	S	M
每卷面积（m^2）	公称面积	15		10			10			7.5		
	偏差	±0.15		±0.10			±0.10			±0.10		

续表

规格		2mm		3mm			4mm					
上表面材料		PE	S	PE	S	M	PE	S	M	PE	S	M
每卷最低重量（kg）		33.0	37.5	32.0	35.0	40.0	42.0	45.0	50.0	31.5	33.0	37.5
厚度（mm）	平均值≥	2.0		3.0		3.2	4.0		4.2	4.0		4.2
	最小单值	1.7		2.7		2.9	3.7		3.9	3.7		3.9

5）高聚物改性沥青防水卷材储存、运输与保管。

不同品种、等级、标号、规格的产品应有明显标记，不得混放；卷材应存放在远离火源、通风、干燥的室内，防止日晒、雨淋和受潮；卷材必须立放，高度不得超过两层，不得倾斜或横压，运输时平放不宜超过4层；应避免与化学介质及有机溶剂等有害物质接触。

5. 沥青类防水涂料

沥青类防水涂料是以沥青、合成高分子等为主体，在常温下呈无定型流态或半固态，经涂布能在基底表面形成坚韧的防水膜的一类防水材料的总称。主要品种有冷底子油、沥青胶、水性沥青基防水涂料。

(1) 冷底子油

冷底子油是将石油沥青（30号、10号或60号）加入汽油、柴油或用煤沥青（软化点为50~70℃）加入苯，溶和而成的沥青溶液。一般不单独使用，而作为在常温下打底材料与沥青胶配合使用。常用配合比为：①石油沥青：汽油＝30：70；②石油沥青：煤油或柴油＝40：60。一般现用现配，用密闭容器储存，以防溶剂挥发。

(2) 沥青胶

沥青胶是在沥青材料中加入填料改性，提高其耐热性和低温脆性而制成的。粉状填料有石灰石粉、白云石粉、滑石粉、膨润土等，纤维状填料有木纤维、石棉屑等。其主要技术指标有耐热性、柔韧性、粘结力，见表2-51；标号选择见表2-52。

石油沥青胶的技术指标　　　　表2-51

项目	标号					
	S-60	S-65	S-70	S-75	S-80	S-85
耐热性	用2mm厚沥青胶粘贴两张沥青油纸，在不低于下列温度/（℃）下，于45°的坡度上，停放5h，沥青胶结料不应流出，油纸不应滑动					
	60	65	70	75	80	85
粘结力	将两张用沥青胶粘贴在一起的油纸揭开时，若被撕开的面积超过粘贴面积的一半时，则认为不合格；否则认为合格					

续表

项目	标号					
	S-60	S-65	S-70	S-75	S-80	S-85
柔韧性	涂在沥青油纸上的厚沥青胶层,在(18±2)℃时围绕下列直径(mm)的圆棒以5s时间且匀速弯曲成半周,沥青胶结料不应有开裂					
	10	15	15	20	25	30

沥青胶标号选择　　　　表2-52

沥青胶类别	屋面坡度(%)	历年极端室外温度(℃)	沥青胶标号
石油沥青胶	1~3	<38	S-60
		38~41	S-65
		41~45	S-70
	3~15	<38	S-65
		38~41	S-70
		41~45	S-75
	15~25	<38	S-75
		38~41	S-80
		41~45	S-85

沥青与填充料应混合均匀,不得有粉团、草根、树叶、砂土等杂质。施工方法有冷用和热用两种。热用比冷用的防水效果好;冷用施工方便,避免烫伤,但耗费溶剂。主要用于沥青和改性沥青类卷材的粘结、沥青防水涂层和沥青砂浆层的底层。

(3) 水乳型沥青基防水涂料

水乳型沥青基防水涂料是指以乳化沥青为基料或在其中加入各种改性材料的防水材料。主要用于Ⅲ、Ⅳ级防水等级的屋面防水、厕浴间及厨房防水。我国的主要品种有AE—1、AE—2型两大类。AE—1型是以石油沥青为基料,用石棉纤维或其他矿物填充料改性的水性沥青厚质防水涂料,如水性沥青石棉防水涂料、水性沥青膨润土防水涂料;AE—2型是用化学乳化剂配成的乳化沥青,掺入氯丁胶乳或再生橡胶等橡胶改性的水性沥青薄质防水涂料。

(五) 建筑石材、木材的品种与特性

1. 天然石材的品种与应用

(1) 天然花岗石

花岗岩属火成岩中的深成岩,它是地壳深处的岩浆,在受上部覆盖压力的作用下,经缓慢冷却而形成的岩石。由于其结构密实、表观密度大,故抗压强度高、耐磨性好、耐久性好、耐风化性好、孔隙率小、吸水率小,并具有高抗酸腐蚀性,但耐火性差。

花岗石板材按表面加工的方式分为剁斧板、机刨板、粗磨板和磨光板等。

花岗石属高档建筑结构材料和装饰材料，多用于室外地面、台阶、基座、纪念碑、墓碑、铭牌、踏步、檐口等处。在现代大城市建筑中，镜面花岗石板多用于室内外墙面、地面、柱面、踏步等。

（2）天然大理石

天然大理石属变质岩，它是原有岩石在自然环境中，经变质后形成的一种含碳酸盐矿物的岩石。"大理石"是由于盛产在我国云南省大理县而得名的。大理石结构致密，抗压强度较高；硬度不大，易雕琢和磨光，装饰性好、吸水率小、耐磨性好、耐久性次于花岗石，抗风化性差。

天然大理石板材为高级饰面材料，适用于纪念性建筑、大型公共建筑（如宾馆、展览馆、商场、图书馆、机场、车站等）的室内墙面、柱面、地面、楼梯踏步等，有时也可作楼梯栏杆、服务台、门面、墙裙、窗台板、踢脚板等。天然大理石板材的光泽易被酸雨侵蚀，故不宜用作室外装饰。只有少数质地纯正的汉白玉、艾叶青可用于外墙饰面。

石材行业通常将具有与大理石相似性能的各种碳酸岩或镁质碳酸岩，以及有关的变质岩统称为大理石。

（3）石灰石

石灰石属沉积岩，它是因沉积物固结而形成，主要成分为 $CaCO_3$ 的岩石，俗称青石。石灰岩常因含有白云石、石英、蛋白石及黏土等，其化学成分、矿物成分、致密程度及物理性质差别较大。石灰石抗压强度较高，吸水率为 2%～10%，具有较好的耐水性和抗冻性。

我国石灰石储量丰富，便于开采，因具有一定的强度和耐久性，被广泛用于工程建设中。其块石可作为基础、墙身、台阶及路面等材料，其碎石是常用的混凝土骨料。

2. 木材的品种与应用

（1）木材的主要性质

1）密度与表观密度：

木材的密度平均约为 $2.55g/cm^3$，表观密度的大小与木材的种类及含水率有关，通常以含水率为 15% 时的表观密度表示，平均约为 $500kg/cm^3$。

2）吸水性和吸湿性：

所有木材都是吸水的。处于空气中的木材，随环境中的湿度和湿度的增、减，在不停地进行着吸水或失水，直到自身的含水率与环境中的湿度平衡为止，此时的含水率，称平衡含水率。平衡含水率不是恒定的，它会随环境的温、湿度变化而变化。平衡含水率约为 12%～18%（北方地区约为 12%，南方约为 18%）。

3）强度：

木材的强度通常有抗压强度、抗拉强度、抗弯强度和抗剪强度等，又按受力方向不同分为顺纹和横纹。所谓顺纹是指作用力方向与木材纤维方向平行；横纹是指作用力方向与木材纤维方向垂直。各种强度均以规定的小试件，测得静力极限强度值表示。由于木材的构造所致，不同方向的各项强度值相差悬殊。

（2）木材的等级及检验评定

按照国家标准，木材的等级是以木材缺陷的限度作指标，根据不同材种，分别提出限定的缺陷项目和限度的大小来划分。

木材的缺陷是指由于生理、病理和人为的因素，导致木材呈现出降低材质和使用效果的各种缺点。分为节子、变色、腐朽、虫害、裂纹、形状缺陷、构造缺陷，伤疤（损伤）、木材加工缺陷和变形等，共计十大类，每大类中又按针、阔叶树种，分列出许多细类。

1）杉原条等级及检验评定：

杉原条按各种缺陷的允许限度分为一等和二等。在评定杉原条等级时，有两种或几种缺陷的，以降等最低的一种缺陷为准。检量外夹皮长度，弯曲内曲水平长度、弯曲拱高，外伤及偏枯深度，均量至厘米（以 cm 表示），不足 1cm 的舍去。其他缺陷均量至毫米（以 mm 表示），不足 1mm 的舍去。但对虫眼直径和深度、外夹皮深度的计算起点尺寸，均量至毫米。

2）原木等级及检验评定：

直接用原木、特级原木和针、阔叶树加工用原木，均分别提出缺陷限度和分等的规定。

原木按其缺陷划分为一等、二等和三等三个等级。有两种或几种缺陷的，以降为最低的一种缺陷的等级为准。如缺陷超过针、阔叶树加工用原木三等材限度规定，或超过直接用原木限度规定的，统按等外原木处理。检测的缺陷内容包括：纵裂长度、外夹皮长度、弯曲水平长度、弯曲拱高、扭转纹倾斜高度、环裂半径、弧裂拱高、外伤深度、偏枯深度，这些缺陷均量至厘米（以下均以 cm 表示），不足 1cm 的舍去。

3）锯材等级及检验评定：

锯材分为特等锯材和普通锯材，普通锯材又分为一等、二等和三等三个等级；分别按针叶树材和阔叶树材提出对缺陷限度的规定。

锯材缺陷的检量，根据《原木缺陷》(GB/T 155—2006) 和《锯材缺陷》（GB/T 4823—95）的基本方法，以及 GB 4822·3—84 中的具体规定进行。评定锯材等级，在同一材面上有两种以上缺陷同时存在时，以降为最低的一种缺限的等级为准。锯材标准长度范围外的缺陷，除端面腐朽外，其他缺陷均不计；宽度、厚度上多余部分的缺陷，除钝棱外，其他缺陷均应计算。各项锯材标准中未列入的缺陷，均不予计算。凡检量纵裂长度、夹皮长度、弯曲高度、内曲面水平长度、斜纹倾斜高度、斜纹水平长度的尺寸时，均应量至厘米，不足 1cm 的舍去；检量其他缺陷尺寸时，均量至毫米，不足 1mm 的舍去。

三、施工技术知识

（一）土方工程施工工艺

土方工程包括土（或石）的开挖、运输、填筑、平整和压实等主要施工过程，以及排水、降水和土壁支撑等准备工作和辅助工作。

1. 土的工程分类与鉴别

（1）土的工程分类

在土方工程施工中，根据土开挖的难易程度（坚硬程度），将土分为松软土、普通土、坚土、砂砾坚土、软石、次坚石、坚石、特坚石共八类土。前四类属一般土，后四类属岩石，其分类方法如表 3-1。

土的工程分类　　　　　　　　　　　　表 3-1

土的分类	土的名称	坚实系数 f	密度（t/m^3）	开挖方法及工具
一类土（松软土）	砂土、粉土、冲积砂土层、疏松的种植土、淤泥（泥炭）	0.5~0.6	0.6~1.5	用锹、锄头挖掘，少许用脚蹬
二类土（普通土）	粉质黏土；潮湿的黄土；夹有碎石、卵石的砂；粉土混卵（碎）石；种植土、填土	0.6~0.8	1.1~1.6	用锹、锄头挖掘，少许用镐翻松
三类土（坚土）	软及中等密实黏土；重粉质黏土、砾石土；干黄土、含有碎石卵石的黄土、粉质黏土；压实的填土	0.8~1.0	1.75~1.9	主要用镐，少许用锹、锄头挖掘，部分用撬棍
四类土（砂砾坚土）	坚硬密实的黏性土或黄土；含碎石卵石的中等密实的黏性土或黄土；粗卵石；天然级配砂石；软泥灰岩	1.0~1.5	1.9	整个先用镐、撬棍，后用锹挖掘，部分用楔子及大锤
五类土（软石）	硬质黏土；中密的页岩、泥灰岩、白垩土；胶结不紧的砾岩；软石灰及贝壳石灰石	1.5~4.0	1.1~2.7	用镐或撬棍、大锤挖掘，部分使用爆破方法
六类土（次坚石）	泥岩、砂岩、砾岩；坚实的页岩、泥灰岩，密实的石灰岩；风化花岗岩、片麻岩及正长岩	4.0~10.0	2.2~2.9	用爆破方法开挖，部分用风镐
七类土（坚石）	大理石；辉绿岩；玢岩；粗、中粒花岗岩；坚实的白云岩、砂岩、砾岩、片麻岩、石灰岩；微风化安山岩；玄武岩	10.0~18.0	2.5~3.1	用爆破方法开挖
八类土（特坚石）	安山岩；玄武岩；花岗片麻岩；坚实的细粒花岗岩、闪长岩、石英岩、辉长岩、辉绿岩、玢岩、角闪岩	18.0以上	2.7~3.3	用爆破方法开挖

注：坚实系数 f 相当于普氏岩石强度系数。

（2）土的现场鉴别

1）碎石土现场鉴别方法

①卵（碎）石：一半以上的颗粒超过20mm，干燥时颗粒完全分散，湿润时用手拍击表面无变化，无粘着感觉。

②圆（角）砾：一半以上的颗粒超过2mm（小高粱粒大小），干燥时颗粒完全分散，湿润时用手拍击表面无变化，无粘着感觉。

2）砂土现场鉴别方法

①砾砂：约有1/4以上的颗粒超过2mm（小高粱粒大小），干燥时颗粒完全分散，湿润时用手拍击表面无变化，无粘着感觉。

②粗砂：约有一半的颗粒超过0.5mm（细小米粒大小），干燥时颗粒完全分散，但有个别胶结在一起，湿润时用手拍击表面无变化，无粘着感觉。

③中砂：约有一半的颗粒超过0.25mm，干燥时颗粒基本分散，局部胶结但一碰就散，湿润时用手拍击表面偶有水印，无粘着感觉。

④细砂：大部分颗粒与粗粒米粉近似，干燥时颗粒大部分分散，少量胶结，部分稍加碰撞即散，湿润时用手拍击表面有水印，偶有轻微粘着感觉。

⑤粉砂：大部分颗粒与细米粉近似，干燥时颗粒大部分分散，大部分胶结，稍有压力可分散，湿润时用手拍击表面有显著翻浆现象，有轻微粘着感觉。

3）黏性土的现场鉴别

①黏土：湿润时用刀切切面光滑，有粘刀阻力。湿土用手捻摸时有滑腻感，感觉不到有砂粒，水分较大，很粘手。干土土块坚硬，用锤才能打碎；湿土易粘着物体，干燥后不易剥去。湿土捻条塑性大，能搓成直径小于0.5mm的长条（长度不短于手掌），手持一端不易断裂。

②粉质黏土：湿润时用刀切切面平整、稍有光滑。湿土用手捻摸时稍有滑腻感，感觉到有少量砂粒，有黏滞感。干土土块用力可压碎；湿土易粘着物体，干燥后易剥去。湿土捻条有塑性，能搓成直径为2~3mm的土条。

4）粉土的现场鉴别

湿润时用刀切切面稍粗糙、不光滑。湿土用手捻摸时有轻微黏滞感，感觉到砂粒较多。干土土块用手捏或抛扔时易碎；湿土不易粘着物体，干燥后一碰即掉。湿土捻条塑性小，能搓成直径为2~3mm的短条。

5）人工填土的现场鉴别

无固定颜色，夹杂有砖瓦碎块、垃圾、炉灰等，夹杂物显露于外，构造无规律；浸入水中大部变为稀软淤泥，其余部分为砖瓦、炉灰，在水中单独出现；湿土搓条一般能搓成3mm土条，但易断，遇有杂质甚多时，就不能搓条，干燥后部分杂质脱落，故无定形，稍微施加压力即行破碎。

6）淤泥的现场鉴别

灰黑色有臭味，夹杂有草根等动植物遗体，夹杂物经仔细观察可以发觉，构造常呈层状；浸入水中外观无显著变化，在水中出现气泡；湿土搓条一般能搓成3mm土条（至少长30mm），容易断裂，干燥后体积显著收缩，强度不大，锤击时呈粉末状，用手指能捻碎。

7）黄土的现场鉴别

黄褐两色的混合色，有白色粉末出现在纹理之中，夹杂物常清晰可见，构造有肉眼可见的垂直大孔；浸入水中即行崩散而分成散的颗粒，在水面上出现很多白色液体；湿土搓条与正常粉质黏土类似，干燥后强度很高，用手指不易捻碎。

8）泥炭的现场鉴别

深灰或黑色，夹杂有半腐朽的动植物遗体，其含量超过60%，夹杂物有时可见，构造无规律；浸入水中极易崩碎变为稀软淤泥，其余部分为植物根、动物残体渣滓悬浮于水中；湿土搓条一般能搓成1~3mm土条，干燥后大量收缩，部分杂质脱落，故有时无定形。

2. 常见土方边坡与深基坑支护方法

开挖土方时，边坡土体的下滑力产生剪应力，此剪应力主要由土体的内摩阻力和内聚力平衡，一旦土体失去平衡，边坡就会塌方。为了防止塌方，保证施工安全，在基坑（槽）开挖深度超过一定限度时，土壁应放坡开挖，或者加临时支撑或支护以保证土壁的稳定。

（1）土方边坡及其稳定

1）边坡坡度

土方边坡用边坡坡度和边坡系数表示，两者互为倒数，工程中常以 $1:m$ 表示放坡。边坡坡度是以土方挖土深度 h 与边坡底宽 b 之比表示。即：

$$\text{土方边坡坡度} = \frac{h}{b} = 1:m \tag{3-1}$$

边坡系数是以土方边坡底宽 b 与挖土深度 h 之比表示，用 m 表示。即：

$$\text{土方边坡系数 } m = \frac{b}{h} \tag{3-2}$$

土方边坡的大小应根据土质条件、开挖深度、地下水位、施工方法及附近堆土及机械荷载、相邻建筑物的情况等因素确定。

开挖基坑（槽）时，当土质为天然湿度、构造均匀、水文地质条件良好（即不会发生坍滑、移动、松散或不均匀下沉），且无地下水时，开挖基坑也可不必放坡，采取直立开挖不加支护，但挖方深度应按表3-2的规定。

基坑（槽）和管沟不放坡也不加支撑时的允许深度　　表3-2

项次	土 的 种 类	允许深度（m）
1	密实、中密的砂子和碎石类土（充填物为砂土）	1.0
2	硬塑、可塑的粉质黏土及粉土	1.25
3	硬塑、可塑的黏土和碎石类土（充填物为黏性土）	1.5
4	坚硬的黏土	2.0

对使用时间较长的临时性挖方边坡坡度，应根据工程地质和边坡高度，结合当地实践经验确定。在山坡整体稳定的情况下，如地质条件良好，土质较均匀，高度在5m内不加支撑的边坡最陡坡度可按表3-3确定。

深度在 5m 内的基坑（槽）、管沟边坡的最陡坡度（不加支撑）　　　　表 3-3

土的类别	边坡坡度（高:宽）		
	坡顶无荷载	坡顶有静载	坡顶有动载
中密的砂土	1:1.00	1:1.25	1:1.50
中密的碎石类土（充填物为砂土）	1:0.75	1:1.00	1:1.25
硬塑的粉土	1:0.67	1:0.75	1:1.00
中密的碎石类土（充填物为黏性土）	1:0.50	1:0.67	1:0.75
硬塑的粉质黏土、黏土	1:0.33	1:0.50	1:0.67
老黄土	1:0.10	1:0.25	1:0.33
软土（经井点降水后）	1:1.00	—	—

注：1. 静载指堆土或材料等，动载指机械挖土或汽车运输作业等。静载或动载距挖方边缘的距离应保证边坡和直立壁的稳定，堆土或材料应距挖方边缘 0.8m 以外，高度不超过 1.5m；
　　2. 当有成熟施工经验时，可不受本表限制。

2）浅基坑（槽）支撑

对宽度不大，深 5m 以内的浅沟、槽（坑），一般宜设置简单的横撑式支撑，其形式根据开挖深度、土质条件、地下水位、施工时间长短、施工季节和当地气象条件、施工方法与相邻建（构）筑物情况进行选择。

横撑式支撑根据挡土板的不同，分为水平挡土板和垂直挡土板两类；水平挡土板的布置又分间断式、断续式和连续式三种；垂直挡土板的布置分断续式和连续式两种。

间断式水平支撑适于能保持立壁的干土或天然湿度的黏土类土，地下水很少，深度在 2m 以内。

断续式水平支撑适于能保持直立壁的干土或天然湿度的黏土类土，地下水很少，深度在 3m 以内。

连续式水平支撑适于较松散的干土或天然湿度的黏土类土，地下水很少，深度为 3~5m。

连续式或间断式垂直支撑适于土质较松散或湿度很高的土，地下水较少，深度不限。

采用横撑式支撑时，应随挖随撑，支撑要牢固。施工中应经常检查，如有松动、变形等现象时，应及时加固或更换。支撑的拆除应按回填顺序依次进行，多层支撑应自下而上逐层拆除，随拆随填。

(2) 深基坑支护结构

深基坑支护方案的选择应根据基坑周边环境、土层结构、工程地质、水文情况、基坑形状、开挖深度、采用的挖方和排水方法、施工作业设备条件、安全等级和工期要求以及技术经济效果等因素加以综合全面地考虑而定。

1）重力式支护结构

深基坑的各种支护可分为两类，即重力式支护结构和非重力式支护结构（也称柔性支护结构）。常用的重力式支护结构是深层搅拌水泥土桩挡墙。

深层搅拌水泥土桩挡墙是以深层搅拌机就地将边坡土和压入的水泥浆强力搅拌形式连续搭接的水泥土柱桩挡墙，水泥土与其包围的天然土形成重力式挡墙支挡周围土体，使边坡保持稳定，这种桩墙是依靠自重和刚度进行挡土和保护坑壁，一般不设支撑，或特殊情况下局部加设支撑，具有良好的抗渗透性能，能止水防渗，起到挡土防渗双重作用。水泥搅拌桩重力式支护结构常应用于软黏土地区开挖深度约在6m左右的基坑工程。

2）桩墙（地下连续墙）式支护结构

地下连续墙是指在基础工程土方开挖之前，预先在地面以下浇筑的钢筋混凝土墙体。

建筑工程中应用最多的是现浇的钢筋混凝土板式地下连续墙，用作主体结构的一部分同时又兼作临时挡土墙的地下连续墙和纯为临时挡土墙。对于现浇钢筋混凝土板式地下连续墙，其施工工艺过程通常如图3-1所示，其中修筑导墙、泥浆制备与处理、深槽挖掘、钢筋笼制备与吊装以及混凝土浇筑是地下连续墙施工中主要的工序。

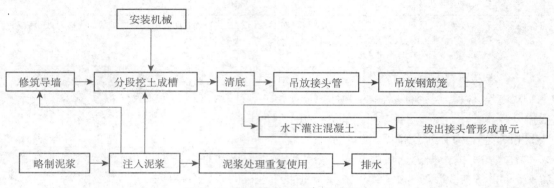

图3-1 地下连续墙施工工艺过程

3）土层锚杆支护结构

土层锚杆（又称土锚杆）一端插入土层中，另一端与挡土结构拉结，借助锚杆与土层的摩擦阻力产生的水平抗力来抵抗土的侧压力以维护挡土结构的稳定。土层锚杆的施工是在深基坑侧壁的土层钻孔至要求深度（或再扩大孔的端部形成柱状或球状扩大头），在孔内放入钢筋、钢管或钢丝束、钢绞线，灌入水泥浆或化学浆液，使与土层结合成为抗拉（拔）力强的锚杆。在锚杆的端部通过横撑（钢横梁）借螺母连接或再张拉施加预应力将挡土结构受到的侧压力，通过拉杆传给稳定土层，以达到控制基坑支护的变形，保持基坑土体和坑外建筑物稳定的目的。

土层锚杆的种类形式较多，有一般灌浆锚杆、扩孔灌浆锚杆、压力灌浆锚杆、预应力锚杆、重复灌浆锚杆、二次高压灌浆锚杆等多种，最常用的是前四种。

3. 土方施工排水与降水

为了保证土方施工顺利进行，对施工现场的排水系统应有一个总体规划，做到场地排水通畅。土方施工排水包括排除地面水和降低地下水。

（1）地面排水

地面水的排除通常采用设置排水沟、截水沟或修筑土堤等设施来进行。应尽量利用自然地形来设置排水沟，以便将水直接排至场外或流入低洼处再用水泵抽走。

主排水沟最好设置在施工区域或道路的两旁，其横断面和纵向坡度根据最大流量确定。

一般排水沟的横断面不小于0.5m×0.5m，纵向坡度根据地形确定，一般不小于3‰。在山坡地区施工，应在较高一面的坡上，先做好永久性截水沟或设置临时截水沟，阻止山坡水流入施工现场。在低洼地区施工时，除开挖排水沟外，必要时还需修筑土堤，以防止场外水流入施工场地。出水口应设置在远离建筑物或构筑物的低洼地点，并保证排水通畅。

（2）基坑施工降水

为了防止边坡塌方和地基承载能力的下降，必须做好基坑降水工作。降低地下水位的方法有集水井降水法和井点降水法两种。集水井降水法一般宜用于降水深度较小且地层为粗粒土层或黏性土时；井点降水法一般宜用于降水深度较大，或土层为细砂和粉砂，或是软土地区时。

1）集水井降水

采用集水井降水法施工，是在基坑（槽）开挖时，沿坑底周围或中央开挖排水沟，在沟底设置集水井，使坑（槽）内的水经排水沟流向集水井，然后用水泵抽走。抽出的水应引开，以防倒流。

排水沟和集水井应设置在基础范围以外，一般排水沟的横断面不小于0.5m×0.5m，纵向坡度宜为1‰~2‰；集水井每隔20~40m设置一个，其直径和宽度一般为0.6~0.8m，其深度随着挖土的加深而加深，要始终低于挖土面0.7~1.0m。井壁可用竹、木等简易加固。当基坑挖至设计标高后，集水井底应低于坑底1~2m，并铺设0.3m左右的碎石滤水层，以免抽水时将泥砂抽走，并防止集水井底的土被扰动。

2）流砂产生及防治

当基坑（槽）挖土至地下水水位以下、土质又是细砂或粉砂时，若采用集水井法降水，坑底的土就受到动水压力的作用。如果动水压力等于或大于土的浸水重度时，土粒失去自重处于悬浮状态，能随着渗流的水一起流动，带入基坑边发生流砂现象。流砂防治的具体措施有抢挖法、打板桩法、水下挖土法、人工降低地下水位、地下连续墙法等。

3）井点降水

井点降水法也称为人工降低地下水位法，就是在基坑开挖前，预先在基坑四周埋设一定数量的滤水管（井），利用抽水设备从中抽水，使地下水位降至坑底以下，直至施工结束。井点降水法有：轻型井点、喷射井点、电渗井点、管井井点及深井泵等。各种方法的选用，可根据土的渗透系数、降低水位的深度、工程特点、设备及经济技术比较等具体条件参照表3-4选用。其中以轻型井点采用较广，下面作重点介绍。

各类井点的使用范围　　　　　　　　　　　表3-4

项次	井点类别	土层渗透系数（m/d）	降低水位深度（m）
1	单层轻型井点	0.1~50	2~6
2	多层轻型井点	0.1~50	6~12（由井点层数而定）
3	喷射井点	0.1~2	8~20
4	电渗井点	<0.1	根据选用的井点确定
5	管井井点	20~200	3~5
6	深井井点	10~250	>10

①轻型井点设备：轻型井点设备主要包括井点管、滤管、集水总管、弯联管、抽水设备等（图3-2）。

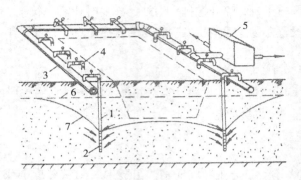

图3-2　轻型井点降低地下水位图
1-井点管；2-滤管；3-总管；4-弯联管；
5-水泵房；6-原有地下水位线；7-降低后地下水位线

②轻型井点的布置：井点系统的布置，应根据基坑平面形状与大小、土质、地下水位高低与流向、降水深度要求等确定。

平面布置：当基坑或沟槽宽度小于6m，水位降低值不大于5m时，可用单排线状井点，布置在地下水流的上游一侧，两端延伸长一般不小于沟槽宽度。如沟槽宽度大于6m，或土质不良，宜用双排井点。面积较大的基坑宜用环状井点。有时也可布置为U形，以利挖土机械和运输车辆出入基坑。环状井点四角部分应适当加密，井点管距离基坑一般为0.7~1.0m，井点管间距一般用0.8~1.5m，或由计算和经验确定。

高程布置：轻型井点的降水深度在考虑设备水头损失后，不超过6m。井点管的埋设深度H（不包括滤管长）按下式计算。

$$H \geqslant H_1 + h + IL \tag{3-3}$$

式中　H_1——井管埋设面至基坑底的距离（m）；
　　　L——井点管至基坑中心的水平距离（m）；
　　　h——基坑中心处基坑底面至降低后地下水位的距离，一般为0.5~1.0m；
　　　I——地下水降落坡度，环状井点为1/10，单排线状井点为1/4~1/5。

如果计算出的H值大于井点管长度，则应降低井点管的埋置面（但以不低于地下水位为准）以适应降水深度的要求。在任何情况下，滤管必须埋在透水层内。总管应具有0.25%~0.5%坡度（坡向泵房）。各段总管与滤管最好分别设在同一水平面，不宜高低悬殊。

当一级井点系统达不到降水深度要求，可视其具体情况采用其他方法降水。如上层土的土质较好时，先用集水井排水法挖去一层土再布置井点系统；也可采用二级井点，即先挖去第一级井点所疏干的土，然后再在其底部装设第二级井点（图3-3）。

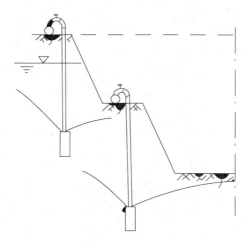

图 3-3 二级轻型井点

4. 常用土方施工机械的性能、特点

常用的施工机械有：推土机、铲运机、单斗挖土机、装载机等，施工时应正确选用施工机械，加快施工进度。

(1) 推土机施工

推土机是土方工程施工的主要机械之一，是在拖拉机上安装推土板等工作装置而成的机械。

1）特点

操作灵活、运转方便、需工作面小，可挖土、运土，易于转移，行驶速度快，应用广泛。

2）性能

①推平；②运距 100m 内的堆土（效率最高为 60m）；③开挖浅基坑；④推送松散的硬土、岩石；⑤回填、压实；⑥配合铲运机助铲；⑦牵引；⑧下坡坡度最大 35°，横坡最大为 10°，几台同时作业，前后距离应大于 8m。

3）适用范围

①推一至四类土；②找平表面，场地平整；③短距离移挖作填，回填基坑（槽）、管沟并压实；④开挖深不大于 1.5m 的基坑（槽）；⑤堆筑高 1.5m 内的路基、堤坝；⑥拖羊足碾；⑦配合挖土机从事集中土方、清理场地、修路开道等。

4）作业方法

①下坡推土法：

在斜坡上，推土机顺下坡方向切土与推运，适于半挖半填地区推土丘、回填沟、渠时使用。

②槽形推土法：

推土机重复多次在一条作业线上切土和推土，使地面逐渐形成一条浅槽，再反复在沟槽中进行推土。当推土层较厚，运距较远使用。

③并列推土法：

平整较大面积场地时，可采用 2~3 台推土机并列作业，以减少土体漏失量，提高效率。适于大面积场地平整及运送土用。

④分堆集中，一次推送法：

在硬质土中，切土深度不大，将土先积聚在一个或数个中间点，然后再整批推送到卸土区，使铲刀前保持满载。适于运送距离较远，而土质又比较坚硬，或长距离分段送土时采用。

(2) 铲运机施工

铲运机由牵引机械和土斗组成，按行走方式分拖式和自行式两种，其操纵机构分油压式和索式。

1）特点

操作简单灵活，不受地形限制，不特设道路，准备工作简单，能独立工作，不需其他机械配合，完成铲土、运土、卸土、填筑、压实工序，行驶速度快，易于转移；需用劳力少，生产效率高。

2）性能

①大面积整平；②开挖大型基坑、沟渠；③运距 800~1500m 内的挖运土（效率最高为 200~350m）；④填筑路基、堤坝；⑤回填压实土方；⑥坡度控制在 20°以内。

3）适用范围

①开挖含水率 27% 以下的一至四类土；②大面积场地平整、压实；③运距 800m 内的挖运土方；④开挖大型基坑（槽）、管沟，填筑路基等。但不适于砾石层、冻土地带及沼泽地区使用。

4）作业方法

①下坡铲土法。

铲运机利用地形顺地势（坡度一般 3°~9°）下坡铲土，适于斜坡地形大面积场地平整或推土回填沟渠用。

②跨铲法。

在较坚硬的地段挖土时，取留土埂间隔铲土。适用于较坚硬的土，铲土回填或场地平整。

③助铲法。

在地势平坦、土质较坚硬时，可使用自行铲运机，另配一台推土机在铲运机的后拖杆上进行顶推，协助铲土，可缩短每次铲土时间，装满铲斗，可提高生产率。适于地势平坦，土质坚硬，宽度大、长度长的大型场地平整工程采用。

(3) 单斗挖土机施工

单斗挖土机在土方工程中应用较广，种类很多，按其行走装置的不同，分为履带式和轮胎式两类。单斗挖土机还可根据工作的需要，更换其工作装置。按其工作装置的不同，分为正铲、反铲、拉铲和抓铲等。按其操纵机械的不同，可分为机械式和液压式两类。

1）正铲挖土机

①特点：正铲挖土机装车轻便灵活，回转速度快，移位方便；能挖掘坚硬土层，易控制开挖尺寸，工作效率高。挖土特点是："前进向上，强制切土"。

②性能：开挖停机面以上土方；工作面应在1.5m以上；开挖高度超过挖土机挖掘高度时，可采取分层开挖，装车外运；它与运土汽车配合能完成整个挖运任务。可用于开挖大型干燥基坑以及土丘等。

③适用范围：开挖含水量不大于27%的一至四类土和经爆破后的岩石与冻土碎块；大型场地平整土方；工作面狭小且较深的大型管沟和基槽路堑、独立基坑、边坡开挖。

④开挖方式：

根据开挖路线与运输汽车相对位置的不同，一般有以下两种：一种是正向开挖，侧向卸土。正铲向前进方向挖土，汽车位于正铲的侧向装土，为最常用的开挖方法。另一种是正向开挖，后方卸土。正铲向前进方向挖土，汽车停在正铲的后面。用于开挖工作面较小，且较深的基坑（槽）、管沟和路堑等。

⑤作业方法：

常用作业方法有：分层开挖法、多层挖土法、中心开挖法、上下轮换开挖法、顺铲开挖法、间隔开挖法等。

2）反铲挖土机

①反铲挖土机的挖土特点是："后退向下，强制切土"。其挖掘力比正铲小，能开挖停机面以下的一至三类土（索式反铲只宜挖一、二类土），适用于挖基坑、基槽和管沟、有地下水的土或泥泞土。一次开挖深度取决于最大挖掘深度的技术参数。

②作业方法：

根据挖掘机的开挖路线与运输汽车的相对位置不同，一般有以下几种：沟端开挖法、沟侧开挖法等。沟端开挖法反铲停于沟端，后退挖土，同时往沟一侧弃土或装汽车运走。适于一次成沟后退挖土，挖出土方随即运走时采用，或就地取土填筑路基或修筑堤坝等。沟侧开挖法反铲停于沟侧沿沟边开挖，汽车停在机旁装土或往沟一侧卸土。本法稳定性较差，用于横挖土体和需将土方甩到离沟边较远的距离时使用。

3）拉铲挖土机

①特点：拉铲挖土机挖土半径和挖土深度较大，但不如反铲灵活，开挖精确性差。适用于挖停机面以下的一、二类土。可用于开挖大而深的基坑或水下挖土。拉铲挖掘机的挖土特点是："后退向下，自重切土"。拉铲挖土时，吊杆倾斜角度应在45°以上，先挖两侧然后中间，分层进行，保持边坡整齐。距边坡的安全距离应不小于2m。

②开挖方式：

A. 沟端开挖法：拉铲停在沟端，倒退着沿沟纵向开挖。开挖宽度可以达到机械挖土半径的两倍，能两面出土，汽车停放在一侧或两侧，装车角度小，坡度较易控制，并能开挖较陡的坡。适于就地取土填筑路基及修筑堤坝。

B. 沟侧开挖法：拉铲停在沟侧沿沟横向开挖，沿沟边与沟平行移动，如沟槽较宽，可在沟槽的两侧开挖。本法开挖宽度和深度均较小，一次开挖宽度约等于挖土半径，且开挖边坡不易控制。适用于开挖土方就地堆放的基坑、基槽以及填筑路堤。

4）抓铲挖土机

抓铲挖土机一般由正、反铲液压挖土机更换工作装置（去掉土斗换上抓斗）而成，或由履带式起重机改装。抓铲挖土机挖掘力较小，适用于开挖停机面以下的一、二类土，如挖窄而深的基坑、疏通旧有渠道以及挖取水中淤泥等，或用于装卸碎石、矿渣等松散材料。在软土地基的地区，常用于开挖基坑等。抓铲挖掘机的挖土特点是："直上直下，自重切土"。抓铲能抓在回转半径范围内开挖基坑上任何位置的土方，并可在任何高度上卸土（装车或弃土）。

5. 土方填筑与压实

（1）填筑要求

1）土料要求

填方土料应符合设计要求，保证填方的强度和稳定性。

2）应分层回填

3）土方回填时，透水性大的土应在透水性小的土层之下

（2）填土压实方法

填土压实可采用人工压实，也可采用机械压实，当压实量较大，或工期要求比较紧时一般采用机械压实。常用的机械压实方法有碾压法、夯实法和振动压实法等。

碾压法是利用机械滚轮的压力压实土体，使之达到所需的密实度，此法多用于大面积填土工程。

夯实法是利用夯锤自由下落的冲击力来夯实土体，主要用于小面积回填。

振动压实法是将振动压实机放在土层表面，借助振动机械使压实机械振动，土颗粒在振动力的作用下发生相对位移而达到紧密状态。这种方法用于振实非黏性土效果较好。

对密实要求不高的大面积填方，在缺乏碾压机械时，可采用推土机、拖拉机或铲运机结合行驶、推（运）土、平土来压实。对已回填松散的特厚土层，可根据回填厚度和设计对密实度的要求采用重锤夯实或强夯等机具来夯实。

（二）基础工程施工工艺

1. 常用地基加固方法

（1）换土垫层法

换土垫层法就是挖除地表浅层软弱土层或不均匀土层，回填坚硬、较大粒径的材料，并夯压密实形成垫层，作为人工填筑的持力层的地基处理方法。

1）灰土地基

灰土地基就是用石灰与黏性土拌合均匀，分层夯实而形成垫层。其承载能力可达300kPa，适用于一般黏性土地基加固，施工简单，费用较低。

①材料要求：

A. 土料：采用就地挖出的黏性土及塑性指数大于4的粉土；

B. 石灰：应用Ⅲ级以上新鲜的块灰，使用前1～2d消解并过筛。

②施工要点：

A. 铺设前应先检查基槽，待合格后方可施工。

B. 灰土的体积比配合应满足一般规定，一般说来，体积比为3:7或2:8。

C. 灰土施工时，应适当控制其含水量，以手握成团，两指轻捏能碎为宜，如土料水分过多或不足时，可以晾干或洒水润湿。灰土应拌合均匀，颜色一致，拌好应及时铺设夯实。

D. 在地下水位以下的基槽、基坑内施工时，应先采取排水措施，在无水情况下施工。应注意在夯实后的灰土3d内不得受水浸泡。

E. 灰土分段施工时，不得在墙角、柱墩及承重窗间墙下接缝，上下相邻两层灰土的接缝间距不得小于500mm，接缝处的灰土应充分夯实。

F. 灰土夯打完后，应及时进行基础施工，并随时准备回填土。

2）砂和砂石地基

砂和砂石地基就是用夯（压）实的砂或砂石垫层替换基础下部一定软土层，从而起到提高基础下地基承载力、减少地基沉降、加速软土层的排水固结作用。

①材料要求：

A. 砂：使用颗粒级配良好、质地坚硬的中砂或粗砂；

B. 砂石：用自然级配的砂石混合物，粒级应在50mm以下，其含量应在50%以内。

②施工要点：

A. 铺设前应先验槽，清除基底表面浮土、淤泥杂物。

B. 砂石级配应根据设计要求或现场试验确定后铺夯填实。

C. 由于垫层标高不尽相同，施工时应分段施工，接头处应做成斜坡或阶梯搭接，并按先深后浅的顺序施工，搭接处每层应错开0.5~1.0m，并注意充分捣实。

D. 砂石地基应分层铺垫、分层夯实，每铺好一层垫层经检验合格后方可进行上一层施工。

E. 当地下水位较高或在饱和软土地基上铺设砂和砂石时，应加强基坑内侧及外侧的排水工作。

F. 垫层铺设完毕，应立即进行下道工序的施工，严禁人员及车辆在砂石层面上行走。

（2）夯实地基法

1）重锤夯实法

重锤夯实就是利用起重机械将夯锤提升到一定高度（2.5~4.5m），然后自由落下，重复夯击基土表面（一般需夯6~10遍），使地基表面形成一层比较密实的硬壳层，从而使地基得到加固。本法适于地下水位0.8m以上、稍湿的黏性土、砂土、饱和度$S_r \leq 60$的湿陷性黄土、杂填土以及分层填土地基的加固处理。重锤表面夯实的加固深度一般为1.2~2.0m。

地基重锤夯实前，应在现场进行试夯。试夯及地基夯实时，必须使土处在最佳含水量范围。基槽（坑）的夯实范围应大于基础底面，每边应比设计宽度加宽0.3m以上。夯实前，基槽（坑）底面应高出设计标高，预留土层的厚度可为试夯时的总下沉量再加50~100mm。重锤夯实后应检查施工记录，除应符合试夯最后下沉量的规定外，还应检查基槽（坑）表面的总下沉量，以不小于试夯总下沉量的90%为合格。

2）强夯法

强夯法是用起重机械吊起重8~40t的夯锤，从6~30m高处自由落下，给地基土以强大的冲击能量的夯击，使土中出现冲击波和很大的冲击应力，使土粒重新排列，经时效压密达到固结，从而提高地基承载力降低其压缩性的一种有效的地基加固方法，其影响深度在 10m 以上，国外加固影响深度已达 40m。适用于加固碎石土、砂土、黏性土、湿陷性黄土、高填土及杂填土等地基，也可用于防止粉土及粉砂的液化；对于淤泥与饱和软黏土如采取一定措施也可采用。如强夯所产生的振动对周围建筑物或设备有一定的影响时，应有防振措施。

（3）挤密桩施工法

挤密桩施工法常采用振冲法，即在振冲器水平振动和高压水的共同作用下，使松砂土层振密，或在软弱土层中成孔，然后回填碎石等粗粒料形成桩柱，并和原地基土组成复合地基的地基处理方法。下面重要介绍振冲法。

1）材料要求

填料可用粗砂、中砂、砾砂、碎石、卵石、角砾、圆砾等，粒径为 5~50nmm。粗骨料粒径以 20~50mm 较合适，最大粒径不宜大于 80mm，含泥量不宜大于 5%，不得选用风化或半风化的石料。

2）施工工艺

振冲地基按加固机理和效果的不同，可分为振冲挤密法和振冲置换法两类。振冲挤密法一般在中、粗砂地基中使用，可不另外加料，而利用振冲器的振动力，使原地基的松散砂振挤密实。施工操作时，其关键是水量的大小和留振时间的长短，适用于处理不排水、抗剪强度小于 20kPa 的黏性土、粉土、饱和黄土及人工填土等地基。振冲置换法施工是指碎石桩施工，其施工操作步骤可分成孔、清孔、填料、振密。振冲置换法适用于处理砂土和粉土等地基，不加填料的振冲密实法仅适用于处理黏土粒含量小于 10% 的粗砂、中砂地基。

（4）深层密实法

深层密实法常采用深层搅拌法，即使用水泥浆作为固化剂的水泥土搅拌法，简称湿法。适用于加固饱和软黏土地基，还可用于构建重力式支护结构。

深层搅拌法是利用水泥浆作为固化剂，通过特制的深层搅拌机械，在地基深处就地将软土和固化剂（浆液）强制搅拌，利用固化剂和软土之间所产生的一系列物理、化学反应，使软土硬结成具有整体性、稳定性和一定强度的地基。

深层搅拌法施工工艺流程包括定位、预搅下沉、制备水泥浆、喷浆搅拌提升、重复上下搅拌和清洗、移位等施工过程。

2. 浅基础工程施工方法

（1）刚性基础

刚性基础又称无筋扩展基础，一般由砖、石、素混凝土、灰土和三合土等材料建造的墙下条形基础或柱下独立基础。其特点是抗压强度高，而抗拉、抗弯、抗剪性能差，适用于 6 层和 6 层以下的民用建筑和轻型工业厂房。刚性基础的截面尺寸有矩形、阶梯形和锥形等。

1）砖基础

①基础弹线。基础开挖与垫层施工完毕后，应根据基础平面图尺寸，用钢尺量出各墙的轴线位置及基础的外边沿线，并用墨斗弹出。

②基础砌筑。砖基础砌筑方法、质量要求详见砌体工程。

2）料石、毛石基础

①料石基础的第一皮料石应坐浆丁砌，以上各层料石可按一顺一丁进行砌筑。阶梯形料石基础，上级阶梯的料石至少应压砌下级阶梯料石的1/3。

②毛石基础的第一皮石块应坐浆，并将石块大面朝下，转角处、交接处应用较大的平毛石砌筑。毛石基础的扩大部分上级阶梯的石块应至少压砌下级阶梯石块的1/2，相邻阶梯的毛石应相互错缝搭砌。毛石基础必须设置拉结石，且应均匀分布，同皮内每隔2m左右设置一块拉结石。

③料石、毛石砌体砌筑均应采用铺浆法砌筑。

3）混凝土基础

①混凝土浇筑前应进行验槽，轴线、基坑（槽）尺寸和土质等均应符合设计要求。

②基坑（槽）内浮土、积水、淤泥、杂物等均应清除干净。基底局部软弱土层应挖去，用灰土或砂砾回填夯实至基底相平。混凝土浇筑方法可参见本书混凝土工程。

③质量检查。混凝土的质量检查，主要包括施工过程中的质量检查和养护后的质量检查。施工过程中的质量检查，即在制备和浇筑过程中对原材料的质量、配合比、坍落度等的检查。养护后的质量检查，即混凝土的强度、外观质量、构件的轴线、标高、断面尺寸等的检查。

（2）扩展基础

扩展基础是指柱下钢筋混凝土独立基础和墙下钢筋混凝土条形基础。柱下独立基础，常为阶梯形或锥形，基础底板常为方形和矩形。建筑结构承重墙下多为混凝土条形基础，根据受力条件，可分为板式和梁板结合式两种。

1）基坑验槽与混凝土垫层

基坑验槽清理同刚性基础。垫层混凝土在验槽后应立即灌筑，以保护地基，混凝土宜用表面振动器进行振捣，要求表面平整，内部密实。

2）弹线、支模与铺设钢筋网片

混凝土垫层达到一定强度后，在其上弹线、支模、铺放钢筋网片，底部用与混凝土保护层同厚度的水泥砂浆块垫塞，以保证位置正确。

3）浇筑混凝土

在浇筑混凝土前，模板和钢筋上的灰浆、泥土和钢筋上的锈皮油污等杂物，应清除干净，木模板应浇水加以湿润。基础混凝土宜分层连续浇筑完成，对于阶梯形基础，每一台阶高度内应整层作为一个浇筑层，每浇灌完一台阶应稍停0.5~1h，使其初步获得沉实，再浇筑上层，以防止下台阶混凝土溢起，在上台阶根部出现"烂脖子"，并使每个台阶上表面基本平整。对于锥形基础，应注意控制锥体斜面坡度正确，斜面模板应随混凝土浇筑分层支设，并顶紧。边角处的混凝土必须捣实，严禁斜面部分不支模，只用铁锹拍实。

4）留设施工缝

钢筋混凝土条形基础可留设垂直和水平施工缝。但留设位置、处理方法必须符合规范规定。

5）基础上插筋与养护

基础上有插筋时，其插筋的数量、直径及钢筋种类应与柱内纵向受力钢筋相同，插筋的锚固长度，应符合设计要求。施工时，对插筋要加以固定，以保证插筋位，防止浇捣混凝土时发生移位。混凝土浇灌完毕，外露表面应覆盖浇水养护，养护时间不少于7d。

(3) 箱形基础

箱形基础是由钢筋混凝土底板、顶板、侧墙及一定数量的内隔墙构成封闭的箱体。它的整体性和刚度都比较好，有调整不均匀沉降的能力，抗震能力较强，可以消除因地基变形而使建筑物开裂的缺陷。也可以减少基底处原有地基的自重应力，降低总沉降量。箱形基础适用于作为软弱地基上面积较小、平面形状简单、荷载较大或上部结构分布不均的高层建筑物的基础。

1) 基坑处理

基坑开挖如有地下水，应将地下水位降低至设计底板以下500mm处。当地质为粉质砂土有可能产生流砂现象时，宜采用井点降水措施，并应设置水位降低观测孔。注意保持基坑底土的原状结构，采用机械开挖基坑时，应在基坑底面以上保留200~400mm厚的土层采用人工挖除，基坑验槽后应立即进行基础施工。

2) 支模和浇筑

箱形基础的底板、内外墙和顶板的支模和浇筑，可采取内外墙作顶板分次支模浇筑方法施工，其施工缝应留设在墙体上，位置应在底板以上100~150mm处，外墙接缝应设成凸缝或设止水带。

基础的底板、内外墙和顶板宜连续浇灌完毕。当基础长度超过40m时，为防止出现温度收缩裂缝，一般应设置贯通后浇带，缝宽不宜小于800mm，在后浇带处钢筋应贯通，顶板浇灌后，相隔14~28d，用比设计强度等级提高一级的微膨胀的细石混凝土浇筑后浇带，并加强养护。当有可靠的基础防裂措施时可不设后浇带。对超厚、超长的整体钢筋混凝土结构的施工方法详见大体积混凝土。基础施工完毕，应抓紧基坑四周的回填土工作。

3. 桩基础工程施工方法

按桩的制作方式不同，桩可分为预制桩和灌注桩两类。预制桩根据沉入土中的方法，又可分锤击法、水冲法、振动法和静力压桩法等。灌注桩按成孔方法不同，有钻孔灌注桩、套管成孔灌注桩、爆扩成孔灌注桩及人工挖孔灌注桩等。

(1) 混凝土预制桩

钢筋混凝土预制桩的施工，主要包括预制、起吊、运输、堆放、沉桩等过程。

1) 桩的制作、起吊、运输和堆放

①桩的制作：

钢筋混凝土预制桩的混凝土强度等级不宜低于C30，桩身配筋与沉桩方法有关。钢筋混凝土预制桩可在工厂或施工现场预制。一般较长的桩在打桩现场或附近场地预制，较短的桩多在预制厂生产。为了节省场地，采用现场预制的桩多用叠浇法施工，其重叠层数一般不宜超过4层。桩与桩间应做隔离层，上层桩或邻桩的浇筑，必须在下层桩或邻桩的混凝土达到设计强度的30%以后方可进行。

②桩的起吊：

桩的强度达到设计强度标准值的75%后方可起吊，如提前起吊，必须采取措施并经验算合格方可进行。在吊索与桩间应加衬垫，起吊应平稳提升，采取措施保护桩身质量，防止撞击和受振动。

③桩的运输：

混凝土预制桩达到设计强度的 100% 方可运输。当运距不大时，可用起重机吊运或在桩下垫以滚筒，用卷扬机拖拉。运距较大时，可采用平板拖车或轻轨平板车运输，桩下宜设活动支座，运输时应做到平稳并不得损坏，经过搬运的桩要进行质量检查。

④桩的堆放：

桩堆放时，地面必须平整、坚实，垫木间距应与吊点位置相同，各层垫木应位于同一垂直线上，最下层垫木应适当加宽。堆放层数不宜超过 4 层，不同规格的桩应分别堆放。

2）沉桩机械设备

打桩设备主要包括桩锤、桩架和动力装置三部分。

①桩锤：

桩锤的作用是对桩顶施加冲击力，把桩打入土中。桩锤主要有落锤、汽锤、柴油锤、振动锤等，目前应用较广的是柴油锤。桩锤的类型应根据施工现场情况、机具设备条件及工作方式和工作效率等条件来选择。

②桩架：

桩架的作用是支撑桩身和悬吊桩锤，在打桩过程中引导桩身方向并保证桩锤沿着所要求方向冲击的打桩设备。桩架的类型很多，主要有履带式、滚管式、轨道式、步履式。

③动力装置：

锤击沉桩的动力装置取决于所选的桩锤。常用的桩锤有落锤、蒸汽锤、柴油锤等。

3）沉桩工艺

钢筋混凝土预制桩的沉桩方法有锤击法、振动法、水冲沉桩法、钻孔锤击法、静力压桩法等。

①锤击法沉桩：

锤击法沉桩简称锤击法，又称打入法，是利用桩锤的冲击力克服土体对桩体的阻力，使桩沉到预定深度或达到持力层。

A、确定打桩顺序。

由于打桩时桩对地基土产生挤密作用，使先打入的桩受到水平推挤而产生偏移或上浮。所以，群桩施打前，应根据桩群的密集程度、桩的规格、长短和桩架移动方便来正确选择打桩顺序。可选用如下的打桩顺序：逐排打设、自中间向两侧对称打设、自中间向四周打设等。

当桩规格、埋深、长度不同时，宜"先大后小、先深后浅、先长后短"施打。当一侧毗邻建筑物时，由毗邻建筑物处向另一方向施打。当桩头高出地面时，桩机宜采用向后退打，否则可采用向前顶打。

B、沉桩工艺。

工艺流程：桩机就位→桩起吊→对位插桩→打桩→接桩→打桩→送桩→检查验收→桩机移位。

打桩宜重锤低击，打入初期应缓慢地间断地试打，在确认桩中心位置及角度无误后再转入正常施打。打桩期间应经常校核检查桩机导杆的垂直度或设计角度。

②静力压桩法：

静力压桩适用于在软土、淤泥质土中沉桩。施工中无噪声、无振动、无冲击力，与普通打桩和振动沉桩相比可减小对周围环境的影响，适合在有防振要求的建筑物附近施工。常用的静力压桩机有机械式和液压式两种。静力压桩施工程序如下：测量定位→桩机就位→吊桩插桩→桩身对中调直→静压沉桩→接桩→再沉桩→终止压桩→切割桩头。

③振动法：

振动沉桩与锤击沉桩的施工方法基本相同，振动法是借助固定于桩顶的振动器产生的振动力，减小桩与土之间的摩擦阻力，使桩在自重和振动力的作用下沉入土中。振动法在砂土中运用效果较好，对黏土地区效率较差。

（2）混凝土灌注桩

根据成孔方法不同，灌注桩可分为钻孔灌注桩、套管成孔灌注桩、爆扩成孔灌注桩及人工挖孔灌注桩等。

1）钻孔灌注桩

钻孔灌注桩是指利用钻孔机械钻出桩孔，并在桩孔中浇灌混凝土（或先在孔中吊放钢筋笼）而成的桩。根据钻孔机械的钻头是否在土的含水层中施工，又分为干作业成孔和泥浆护壁成孔两种方法。

①干作业成孔灌注桩：

干作业成孔灌注桩是用钻机在桩位上成孔，在孔中吊放钢筋笼，再浇筑混凝土的成桩工艺。干作业成孔适用于地下水位以上的各种软硬土层，施工中不需设置护壁而直接钻孔取土形成桩孔。目前常用的钻孔机械是螺旋钻机。

螺旋钻成孔灌注桩施工流程如下：钻机就位→钻孔→检查成孔质量→孔底清理→盖好孔口盖板→移桩机至下一桩位→移走盖口板→复测桩孔深度及垂直度→安放钢筋笼→放混凝土串筒→浇灌混凝土→插桩顶钢筋。

②泥浆护壁成孔灌注桩：

泥浆护壁成孔是利用泥浆保护孔壁，通过循环泥浆裹携悬浮孔内钻挖出的土渣并排出孔外，从而形成桩孔的一种成孔方法。泥浆在成孔过程中所起的作用是护壁、携渣、冷却和润滑，其中最重要的作用是护壁。

泥浆护壁成孔灌注桩的施工工艺流程如下：测定桩位→埋设护筒→桩机就位→制备泥浆→成孔→清孔→安放钢筋骨架→浇筑水下混凝土。

2）沉管灌注桩

沉管灌注桩，又称套管成孔灌注桩、打拔管灌注桩，施工时是使用振动式桩锤或锤击式桩锤将一定直径的钢管沉入土中形成桩孔，然后在钢管内吊放钢筋笼，边灌注混凝土边拔管而形成灌注桩桩体的一种成桩工艺。它包括锤击沉管灌注桩、振动沉管灌注桩、夯压成型沉管灌注桩等。

①振动沉管灌注桩。

A、施工顺序：

桩机就位→振动沉管→混凝土浇筑→边拔管边振动→安放钢筋笼或插筋。

B、施工方法：

振动沉管施工法一般有单打法、反插法、复打法等。应根据土质情况和荷载要求分别选用。单打法适用于含水量较小的土层，且宜采用预制桩尖；反插法及复打法适用于软弱饱和土层。

②锤击沉管灌注桩。

锤击沉管施工法，是利用桩锤将桩管和预制桩尖（桩靴）打入土中，边拔管、边振动、边灌筑混凝土、边成桩。与振动沉管灌注桩一样，锤击沉管灌注桩也可根据土质情况和荷载要求，分别选用单打法、复打法、反插法。锤击沉管灌注桩施工顺序：桩机就位→锤击沉管→首次浇筑混凝土→边拔管边锤击→放钢筋笼浇筑成桩。

③夯压成型灌注桩。

它是利用静压或锤击法将内外钢管沉入土层中，由内夯管夯扩端部混凝土，使桩端形成扩大头，再灌注桩身混凝土，用内夯管和桩锤顶压在管内混凝土面形成桩身混凝土。夯压桩桩身直径一般为 400～500mm，扩大头直径一般可达 450～700mm，桩长可达 20m。适用于中低压缩性黏土、粉土、砂土、碎石土、强风化岩等土层。

3) 爆扩成孔灌注桩

爆扩成孔灌注桩就是先在桩位上钻孔或爆扩成孔，然后在孔底放入炸药，再灌入适量的压爆混凝土，引爆炸药使孔底形成球形扩大头，再放置钢筋骨架，浇灌桩身混凝土而形成的桩。爆扩成孔灌注桩的施工顺序如下：成孔→检查修理桩孔→安放炸药包→注入压爆混凝土→引爆→检查扩大头→安放钢筋笼→浇筑桩身混凝土→成桩养护。

(3) 人工挖孔灌注桩的施工方法

人工挖孔灌注桩简称人工挖孔桩，是指采用人工挖掘方法进行成孔，然后安放钢筋笼，浇筑混凝土而形成的桩。人工挖孔桩的直径最小不宜小于 800mm，一般为 1000～3000mm，桩底一般都扩底。

人工挖孔桩必须考虑防止土体坍滑的支护措施，以确保施工过程中的安全。常用的护壁方法有现浇混凝土护壁、沉井护壁、钢套管护壁、砖护壁等。

下面以现浇混凝土护壁为例说明人工挖孔桩的施工过程。

1) 机具准备

挖土工具、出土工具、降水工具、通风工具、通信工具、护壁模板等。

2) 施工工艺

①测量放线、定桩位。

②桩孔内土方开挖。采取分段开挖，每段开挖深度取决于土的直立能力，一般 0.5～1.0m 为一施工段，开挖范围为设计桩径加护壁厚度。

③支护壁模板。常在井外预拼成 4～8 块工具式模板。

④浇护壁混凝土。护壁起着防止土壁坍塌与防水的双重作用，因此护壁混凝土要捣实，第一节护壁厚宜增加 100～150mm，上下节用钢筋拉结。

⑤拆模，继续下一节的施工。当护壁混凝土强度达到 1MPa（常温下约 24h）方可拆模，拆模后开挖下一节的土方，再支模浇护壁混凝土，如此循环，直到挖到设计深度。

⑥浇筑桩身混凝土。排除桩底积水后浇筑桩身混凝土至钢筋笼底面设计标高，安放钢筋笼，再继续浇筑混凝土。混凝土浇筑时应用溜槽或串筒，用插入式振动器捣实。

（三）砌筑工程施工工艺

1. 脚手架及垂直运输设施

砌筑工程中，脚手架的搭设与垂直运输设施的选择是重要的一个环节，它直接影响到施工的质量、安全、进度和工程成本，要予以重视。

(1) 脚手架

脚手架是砌筑过程中堆放材料和工人进行操作的临时设施。当砌体砌到一定高度时（即可砌高度或一步架高度，一般为1.2m），砌筑质量和效率将受到影响，此时就需要搭设脚手架。砌筑用脚手架必须满足以下基本要求：脚手架的宽度应满足工人操作、材料堆放及运输要求，一般为2m左右，且不得小于1.5m；脚手架应有足够的强度、刚度和稳定性，保证在施工期间的各种荷载作用下，脚手架不变形、不摇晃、不倾斜；构造简单，便于装拆、搬运，并能多次周转使用。脚手架按其搭设位置分为外脚手架和里脚手架两大类；按其所用材料分为木脚手架、竹脚手架和钢管脚手架；按其构造形式分为多立柱式、门型、悬挑式及吊脚手架等。

1）外脚手架

外用脚手架是在建筑物的外侧（沿建筑物周边）搭设的一种脚手架，既可用于外墙砌筑，又可用于外装修施工。外脚手架的形式很多，常用的有多立柱式脚手架和门型脚手架等，多立柱式脚手架可用木、竹和钢管等搭设，目前主要采用钢管脚手架，虽然其一次性投资较大，但可多次周转、摊销费用低、装拆方便、搭设高度大，且能适应建筑物平立面的变化。多立柱钢管脚手架有扣件式和碗扣式两种。

①钢管扣件式脚手架。

钢管扣件式脚手架由钢管、扣件、脚手板和底座等组成，如图3-4所示。钢管一般用 $\phi 48$mm、厚3.5mm 的焊接钢管，主要用于立柱、大横杆、小横杆及支撑杆（包括剪刀撑、横向斜撑、水平斜撑等）。钢管间通过扣件连接，其基本形式有三种，如图3-5所示：直角扣件，用于连接扣紧两根互相垂直相交的钢管；旋转扣件，用于连接扣紧两根呈

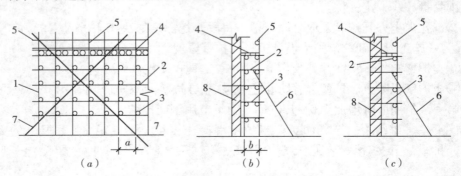

图3-4　钢管扣件式脚手架
(a) 立面；(b) 侧面（双排）；(c) 侧面（单排）
1-立柱；2-大横杆；3-小横杆；4-脚手板；5-栏杆；6-抛撑；7-斜撑；8-墙体

任意角度相交的钢管；对接扣件，用于钢管的对接接长。立柱底端立于底座上，钢管扣件式脚手架底座。脚手板铺在脚手架的小横杆上，可采用竹脚手板、木脚手板、钢木脚手板和冲压钢脚手板等，直接承受施工荷载。

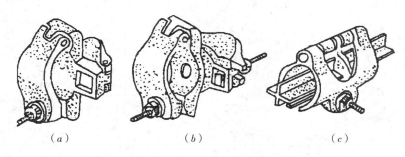

图3-5　扣件形式图
(a) 直角扣件；(b) 旋转扣件；(c) 对接扣件

钢管扣件式脚手架可按单排或双排搭设。单排脚手架仅在脚手架外侧设一排立柱，其小横杆的一端与大横杆连接，另一端则支承在墙上。单排脚手架节约材料，但稳定性较差，且在墙上需留设脚手眼，其搭设高度和使用范围也受一定的限制；双排脚手架在脚手架的里外侧均设有立柱，稳定性较好，但较单排脚手架费工费料。

为了保证脚手架的整体稳定性必须按规定设置支撑系统，支撑系统由剪刀撑、横向斜撑和抛撑组成。为了防止脚手架内外倾覆，还必须设置能承受压力和拉力的连墙杆，使脚手架与建筑物之间可靠连接。

脚手架搭设范围的地基应平整坚实，设置底座和垫板，并有可靠的排水措施，防止积水浸泡地基。杆件应按设计方案搭设，并注意搭设顺序，扣件拧紧程度要适度。应随时校正杆件的垂直和水平偏差。禁止使用规格和质量不合格的杆配件。

②碗扣式钢管脚手架。

碗扣式钢管脚手架又称为多功能碗扣型脚手架。其杆件接头处采用碗扣连接，由于碗扣是固定在钢管上的，因此连接可靠，组成的脚手架整体性好，也不存在扣件丢失问题。碗扣式接头由上、下碗扣及横杆接头、限位销等组成，如图3-6所示。上、下碗扣和限位销按600mm间距设置在钢管立杆上，其中下碗扣和限位销直接焊接在立杆上，搭设时将上碗扣的缺口对准限位销后，即可将上碗扣向上拉起（沿立杆向上滑动），然后将横杆接头插入下碗扣圆槽内，再将上碗扣沿限位销滑下，并顺时针旋转扣紧，用小锤轻击几下即可完成接点的连接。

碗扣式接头可以同时连接四根横杆，横杆可相互垂直或偏转一定的角度，因而可以搭设各种形式的，特别是曲线型的脚手架，还可作为模板的支撑。碗扣式钢管脚手架立杆横距为1.2m，纵距根据脚手架荷载可分为1.2m、1.5m、1.8m、2.4m，步距为1.8m、2.4m。

③门型脚手架。

门型脚手架又称多功能门型脚手架，是由钢管制成的门架、剪刀撑、水平梁架或脚手板构成基本单元，如图3-7所示，将基本单元通过连接棒、锁臂等连接起来即构成整片脚手架。门型脚手架是目前国际上应用最普遍的脚手架之一，其搭设高度一般限制在45m

以内,该脚手架的特点是装拆方便,构件规格统一,其宽度有1.2m、1.5m、1.6m,高度有1.3m、1.7m、1.8m、2.0m等规格,可根据不同要求进行组合。

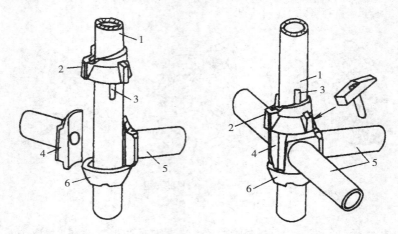

图3-6 碗扣接头
1-立杆;2-上碗扣;3-限位销;4-下碗扣;5-横杆;6-横杆接头

搭设门型脚手架时,基底必须严格夯实抄平,并铺可调底座,以免发生塌陷和不均匀沉降。首层门型脚手架垂直度(门架竖管轴线的偏移)偏差不得大于2mm;水平度(门架平面方向和水平方向)偏差不得大于5mm。门架的顶部和底部用纵向水平杆和扫地杆固定。门架之间必须设置剪刀撑和水平梁架(或脚手板),其间连接应可靠,以确保脚手架的整体刚度。整片脚手架必须适量放置水平加固杆(纵向水平杆),底下三层要每层设置,三层以上则每隔三层设一道。在脚手架的外侧面设置长剪刀撑,使用连墙管或连墙器将脚手架与建筑结构紧密连接,连墙点的最大间距,在垂直方向为6m,在水平方向为8m。高层脚手架应增加连墙点的布设密度。脚手架在转角处必须做好连接并与墙拉结,并利用钢管和回转扣件把处于相交方向的门架连接起来。

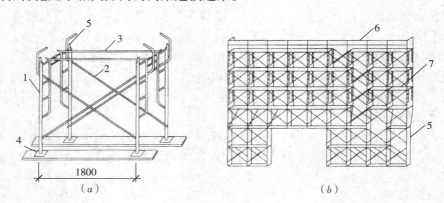

图3-7 门型脚手架
(a) 基本单元;(b) 整片门型脚手架
1-门架;2-剪刀撑;3-水平梁架;4-螺旋基脚;5-梯子;6-栏杆;7-脚手板

2）里脚手架

里脚手架是搭设于建筑物的内部，用于楼层砌筑和室内装修等。由于在使用过程中不断转移，装拆频繁，故其结构形式和尺寸应轻便灵活、装拆方便。里脚手架的类型很多，通常将其做成工具式的，按其构造型式有折叠式、支柱式和门架式等。

①（钢管、钢筋）折叠式里脚手架。

角钢（钢管）折叠式里脚手架，其架设间距：砌墙时宜为 1.0~2.0m，粉刷时宜为 2.2~2.5m。可以搭设两步脚手，第一步高约 1.0m，第二步高约 1.6m 左右。

②支柱式里脚手架。

支柱式里脚手架支柱和横杆组成，上铺脚手板，其架设间距：砌墙时不超过 2.0m；粉刷时不超过 2.5m。

③竹、钢制马凳式里脚手架。

木、竹、钢制马凳式里脚手架，马凳间距不大于 1.5m，上铺脚手板。

(2) 垂直运输设施

垂直运输设施指担负垂直运送材料和施工人员上下的机械设备和设施。砌筑工程采用的垂直运输设施有塔式起重机、井架、龙门架和建筑施工电梯等。

1）井架

井架是砌筑工程垂直运输的常用设备之一。井架可为单孔、两孔和多孔，常用单孔，井架内设吊盘。井架上可根据需要设置拔杆，供吊运长度较大的构件，其起重量为 0.5~1.5t，工作幅度可达 10m。井架除用型钢或钢管加工的定型井架外，也可用脚手架材料搭设而成，搭设高度可达 50m 以上。图 3-8 是用角钢搭设的单孔四柱井架，主要由立柱、平撑和斜撑等杆件组成。

2）龙门架

龙门架是由两根立柱及天轮梁（横梁）组成的门式架，如图 3-9 所示。龙门架上装设滑轮、导轨、吊盘、缆风绳等，进行材料、机具、小型预制构件的垂直运输。龙门架构造简单，制作容易，用材少，装拆方便，起升高度为 15~30m，起重量为 0.6t，适用于中小型工程。

3）塔式起重机

塔式起重机具有提升、回转、垂直和水平运输等功能，不仅是重要的吊装设备，也是重要的垂直运输设备，尤其是在吊运长、大、中的物料时有明显的优势，故在可能条件下宜优先采用。塔式起重机一般分为轨道（行走）式、爬升式、附着式、固定式等几种，如图 3-10 所示。

4）施工电梯

多数施工电梯为人货两用，少数为货用。电梯按其驱动方式可分为齿条驱动和绳轮驱动。齿条驱动电梯装有可靠的限速装置，适用于 20 层以上建筑工程使用；绳轮驱动电梯无限速装置，适用于 20 层以下建筑工程使用。

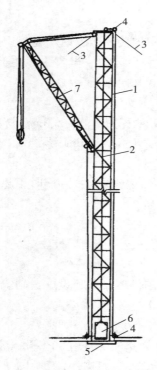

图 3-8 钢井架

1-井架；2-钢丝绳；3-缆风绳；4-滑轮；
5-垫梁；6-吊盘；7-辅助吊臂

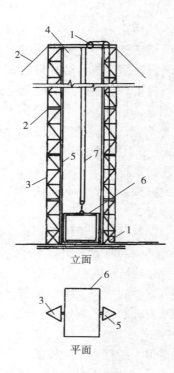

图 3-9 龙门架

1-滑轮；2-缆风绳；3-立柱；4-横梁
5-导轨；6-吊盘；7-钢丝绳

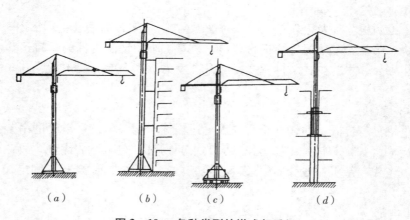

图 3-10 各种类型的塔式起重机

(a) 固定式；(b) 附着式；(c) 行走式；(d) 内爬式

2. 砌筑砂浆的技术要求

（1）流动性

砂浆稠度用砂浆稠度仪测定，并以试锥下沉深度作为砂浆的稠度值（通常沉入度来表示）。沉入度越大，表明砂浆的流动性有越大。不同的工程环境，选择不同的砂浆流动性。

砂浆流动性的选择,应根据施工方法及砌体材料吸水程度和施工环境的温度、湿度等条件来选择(见表3-5)。

建筑砂浆的流动性(稠度 cm)　　　　　　　　　表3-5

砌体种类	干燥环境或多孔砌块	寒冷环境或密实砌块	抹灰工程	机械施工	手工操作
砖砌体	8~10	6~8	准备层	8~9	11~12
普通毛石砌体	6~7	4~5	底层	7~8	7~8
振捣毛石砌体	2~3	1~2	面层	7~8	9~10
炉渣混凝土砌体	7~9	5~7	含石膏的面层	—	9~12

(2) 保水性

砂浆的保水性用分层度表示(以 cm 计)。测定时将拌好的砂浆装入内径为15cm、高30cm 的圆桶内,测定其沉入量;静止30min 以后,去掉上面20cm 厚的砂浆,再测定剩余10cm 砂浆的沉入量,前后测得的沉入量之差,即为砂浆的分层度值(cm)。分层度大,表明砂浆的保水性不好;但分层度小(如分层度为零),虽然砂浆的保水性好,但往往是因为胶凝材料用量过多,或者砂过细,既不经济还易造成砂浆干裂。普通砂浆的分层度宜为 1~2cm。

(3) 强度

砂浆的强度等级是以边长 70.7mm 的立方体试件,在标准条件下,用标准试验方法测得 28d 龄期的抗压强度来确定,并划分为 M0.4、M1.0、M2.5、M5.0、M7.5、M10、M15、M20 共 8 个等级。一般抹灰砂浆常用 M2.5 以下的强度等级,砌筑砂浆常用 M2.5 以上的强度等级。

(4) 粘结力

砂浆的粘结力是指为保证砌体具有一定的强度、耐久性以及与建筑物的整体稳定性,要求砂浆与基层材料间应有一定的粘结能力。

3. 砌筑施工的技术要求和方法

砌筑前,必须按施工组织设计要求组织垂直和水平运输机械、砂浆搅拌机械进场,并进行安装和调试等工作。同时,还要准备脚手架、砌筑工具(如皮数杆、托线板)等。砖砌体的施工必须遵守施工及验收规范的有关规定进行。

(1) 砖砌体的施工方法

1) 砖基础砌筑

砖基础由垫层、大放脚和基础墙构成。基础墙是墙身向地下的延伸,大放脚是为了增大基础的承压面积,所以要砌成台阶形状,大放脚有等高式和间隔式两种砌法。等高式的大放脚是每两皮一收,每边各收进1/4砖长;间隔式大放脚是两皮一收与一皮一收相间隔,每边各收进1/4砖长,这种砌法在保证刚性角的前提下,可以减少用砖量。

砖基础的砌筑高度,是用基础皮数杆来控制的。首先根据施工图标高,在基础皮数杆上划出每皮砖及灰缝的尺寸,然后把基础皮数杆固定,即可逐皮砌筑大放脚。当发现垫层表面的水平标高相差较大时，要先用细石混凝土或用砂浆找平后再开始砌筑。砌大放脚时，先砌转角端头，以两端为标准，拉好准线，然后按此准线进行砌筑。大放脚一般采用一顺一丁的砌法，竖缝至少错开1/4砖长，十字及丁字接头处要隔皮砌通。大放脚的最下一皮及每个台阶的上面一皮应以丁砌为主。

基础中的洞口、管道等，应在砌筑时正确留出或预埋。通过基础的管道的上部，应预留沉降缝隙。砌完基础墙后，应在两侧同时填土，并应分层夯实。当基础两侧填土的高度不等或仅能在基础的一侧填土时，填土的时间、施工方法和施工顺序应保证不致破坏或变形。

2）砖墙体的砌筑

①砖砌体的组砌形式：

砖砌体的组砌要求：上下错缝，内外搭接，以保证砌体的整体性；同时组砌要有规律，少砍砖，以提高砌筑效率，节约材料。实心砖墙常用的厚度有半砖、一砖、一砖半、两砖等。依其组砌形式不同，最常见的有以下几种：一顺一丁、三顺一丁、梅花丁、全丁式（图3-11）等。

A. 一顺一丁的砌法是一皮中全部顺砖与一皮中全部丁砖间隔砌成。上下皮间的竖缝相互错开1/4砖，砌体中无任何通缝。多用于一砖厚墙体的砌筑。但当砖的规格参差不齐时，砖的竖缝就难以整齐。

B. 三顺一丁的砌法是三皮中全部顺砖与一皮中全部丁砖间隔砌成。上下皮顺砖间的竖缝错开1/2砖长；上下皮顺砖与丁砖间竖缝错开1/4砖长。宜用于厚度一砖半以上的墙体的砌筑或挡土墙的砌筑。

C. 梅花丁又称沙包式、十字式。梅花丁的砌法是每皮中丁砖与顺砖相隔，上皮丁砖中坐于下皮顺砖，上下皮间相互错开1/4砖长。这种砌法内外竖缝每皮都能错开，故整体性好，灰缝整齐，而且墙面比较美观，但砌筑效率较低。砌筑清水墙或当砖的规格不一致时，采用这种砌法较好。

D. 全丁砌筑法就是全部用丁砖砌筑，上下皮竖缝相互错开1/4砖长，此法仅用于圆弧形砌体，如水池、烟囱、水塔等。

为了使砖墙的转角处各皮间竖缝相互错开，必须在外角处砌七分头砖（3/4砖长）。当采用一顺一丁组砌时，七分头的顺面方向依次砌顺砖，丁面方向依次砌丁砖（图3-12a）。砖墙的丁字接头处，应分皮相互砌通，内角相交处竖缝应错开1/4砖长，并在横墙端头处加砌七分头砖（图3-12b）。砖墙的十字接头处，应分皮相互砌通，交角处的竖缝应错开1/4砖长（图3-12c）。

②砖砌体的施工工艺及技术要求。

A. 砖砌体的施工工艺：

砖砌体的施工过程有：抄平、放线、摆砖、立皮数杆、盘角、挂线、砌筑、勾缝、清理等工序。

a. 抄平放线：

砌筑前，在基础防潮层或楼面上先用水泥砂浆找平，然后以龙门板上定位钉为标志弹出墙身的轴线、边线，定出门窗洞口的位置。

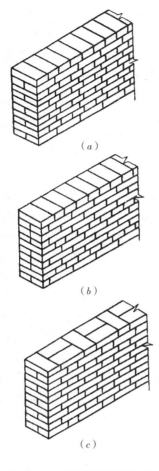
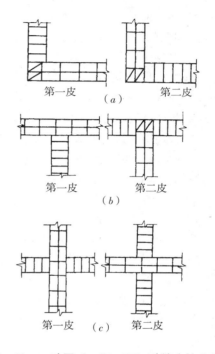

图 3-11 砖墙的组砌形式

(a) 一顺一丁；(b) 三顺一丁；(c) 梅花丁

图 3-12 一砖厚（一顺一丁）砖墙交接处组砌

(a) 砖墙转角；(b) 砖墙丁字交接处；(c) 砖墙十字交接处

b. 摆砖：

摆砖是指在放线的基面上按选定的组砌方式用干砖试摆。一般在房屋外纵墙方向摆顺砖，在山墙方向摆丁砖，摆砖由一个大角摆到另一个大角，砖与砖留 10mm 缝隙。摆砖的目的是为了校对所放出的墨线在门窗洞口、附墙垛等处是否符合砖的模数。

c. 立皮数杆：

皮数杆是指在其上划有每皮砖和砖缝厚度，以及门窗洞口、过梁、梁底、预埋件等标高位置的一种木制标杆。它是砌筑时控制砌体竖向尺寸的标志，同时还可以保证砌体的垂直度。皮数杆一般立于房屋的四大角、内外墙交接处、楼梯间以及洞口多的地方，大约每隔 10～15m 立一根。

d. 盘角、挂线：

砌筑时，应根据皮数杆先在墙角砌 4～5 皮砖，称为盘角，然后根据皮数杆和已砌的墙角挂线，作为砌筑中间墙体的依据，以保证墙面平整。一砖厚的墙单面挂线，外墙挂外边，内墙挂任何一边；一砖半及以上厚的墙都要双面挂线。

e. 砌筑：

砌砖的操作方法较多，但通常采用"三一砌砖法"，即一铲灰、一块砖、一挤揉，并随手将挤出的砂浆刮去的砌筑方法。此法的特点是：灰缝容易饱满、粘结力好、墙面整洁。竖缝宜采用挤浆或加浆的方法，使其砂浆饱满。勾缝完毕，应清扫墙面。

f. 勾缝：

勾缝是砌清水墙的最后一道工序，具有保护墙面并增加墙面美观的作用。墙较薄时，可用砌筑砂浆随砌随勾缝，称为原浆勾缝；墙较厚时，待墙体砌筑完毕后，用1:1砂浆勾缝，称为加浆勾缝。勾缝形式有平缝、斜缝、凹缝等。

B. 技术要求：

a. 砌体的水平灰缝应平直，灰缝厚度一般为10mm，不宜小于8mm，也不宜大于12mm。竖向灰缝应垂直对齐，对不齐而错位，称为游丁走缝，影响墙体外观质量。

b. 要求水平灰缝砂浆饱满，厚薄均匀。砂浆的饱满程度以砂浆饱满度表示，用百格网检查，要求饱满度达到80%以上。竖向灰缝应饱满，可避免透风漏雨，改善保温性能。

c. 为保证墙体的整体性和传力有效，砖块的排列方式应遵循内外搭接、上下错缝的原则。砖块的错缝搭接长度不应小于1/4砖长，避免出现垂直通缝，确保砌筑质量。

d. 整个房屋的纵横墙应相互连接牢固，以增加房屋的强度和稳定性。但内外墙往往不能同时砌筑，这时就需要留槎。接槎的方式有两种：斜槎和直槎，如图3-13所示。斜槎长度不应小于高度的2/3，操作斜槎简便，砂浆饱满度易于保证。当留斜槎确有困难时，除转角外，也可留直槎，但必须做成阳槎，并设拉结筋。拉结筋沿墙高每500mm设一道，每120mm墙厚留一根直径为6mm的钢筋，但每道不得少于2根，其末端应有90°的弯钩。砖砌体接槎时，必须将接槎处的表面清理干净，浇水润湿，并应填实砂浆，保持灰缝平直，使接槎处的前后砌体粘结牢固。

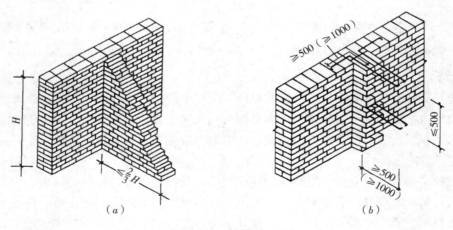

图3-13 接槎（mm）
(a) 斜槎砌筑；(b) 直槎砌筑

(2) 石砌体的施工方法

石砌体现在采用较少，简单介绍如下：

①石砌体的第一皮料石应坐浆丁砌，以上各层料石可按一顺一丁进行砌筑，毛石砌体

的第一皮石块应坐浆,并将石块大面朝下,转角处、交接处应用较大的平毛石砌筑。上下皮毛石应相互错缝搭砌。

②料石、毛石砌体砌筑均应采用铺浆法砌筑。砂浆必须饱满,叠砌面的粘灰面积应大于80%。

(3) 砌块砌体的施工方法

用砌块代替普通黏土砖作为墙体材料是墙体改革的重要途径。目前工程中多采用中小型砌块。中型砌块施工,是采用各种吊装机械及夹具将砌块安装在设计位置,一般要按建筑物的平面尺寸及预先设计的砌块排列图逐块按次序吊装、就位、固定。小型砌块施工,与传统的砖砌体砌筑工艺相似,也是手工砌筑,但在形状、构造上有一定的差异。

1) 砌块安装前的准备工作

①编制砌块排列图:

砌块砌筑前,应根据施工图纸的平面、立面尺寸,先绘出砌块排列图。在立面图上按比例绘出纵横墙,标出楼板、大梁、过梁、楼梯、孔洞等位置,在纵横墙上绘出水平灰缝线,然后以主规格为主、其他型号为辅,按墙体错缝搭砌的原则和竖缝大小进行排列。小型砌块施工时,也可不绘制砌块排列图,但必须根据砌块尺寸和灰缝厚度计算皮数和排数,以保证砌体尺寸符合设计要求。

②砌块的堆放。砌块的堆放位置应在施工总平面图上周密安排,应尽量减少二次搬运,使场内运输路线最短,以便于砌筑时起吊。堆放场地应平整夯实,使砌块堆放平稳,并做好排水工作。砌块的规格、数量必须配套,不同类型分别堆放。

2) 砌块施工工艺

砌块施工时需弹墙身线和立皮数杆,并按事先划分的施工段和砌块排列图逐皮安装。其安装顺序是先外后内、先远后进、先下后上。如相邻砌体不能同时砌筑时,应留阶梯形斜槎,不允许留直槎。

砌块施工的主要工序:铺灰、吊砌块就位、校正、灌缝和镶砖等。

①铺灰。采用稠度良好(50~70 mm)的水泥砂浆,铺3~5m长的水平缝。夏季及寒冷季节应适当缩短,铺灰应均匀平整。

②砌块安装就位。采用摩擦式夹具,按砌块排列图将所需砌块吊装就位。砌块就位应对准位置徐徐下落,使夹具中心尽可能与墙中心线在同一垂直面上,砌块光面在同一侧,垂直落于砂浆层上,待砌块安放稳妥后,才可松开夹具。

③校正。用线锤和托线板检查垂直度,用拉准线的方法检查水平度。用撬棍、楔块调整偏差。

④灌缝。采用砂浆灌竖缝,两侧用夹板夹住砌块,超过30mm宽的竖缝采用不低于C20的细石混凝土灌缝,收水后进行嵌缝,即原浆勾缝。以后,一般不应再撬动砌块,以防破坏砂浆的粘结力。

⑤镶砖。当砌块间出现较大竖缝或过梁找平时,应镶砖。采用MU10级以上的砖,最后一皮用丁砖镶砌。镶砖工作必须在砌砖校正后即刻进行,镶砖时应注意使砖的竖缝灌密实。

（四）钢筋混凝土工程施工工艺

1. 模板工程
(1) 模板的种类、作用和技术要求

按材料分为木模板、钢木模板、胶合板模板、钢竹模板、钢模板、塑料模板、玻璃钢模板、铝合金模板等；按结构的类型分为基础模板、柱模板、楼板模板、楼梯模板、墙板、壳模板和烟囱模板等多种；按施工方法分为现场装拆式模板、固定式模板和移动式模板。

模板系统包括模板、支架和紧固件三个部分。它是保证混凝土在浇筑过程中保持正确的形状和尺寸，是混凝土在硬化过程中进行防护和养护的工具。为此，模板和支架必须符合下列要求：保证工程结构和构件各部位形状尺寸和相互位置的正确；具有足够的承载能力、刚度和稳定性，能可靠地承受新浇混凝土的自重和侧压力以及施工荷载；构造简单、装拆方便，便于钢筋的绑扎、安装和混凝土的浇筑、养护；模板的接缝严密，不得漏浆；能周转使用。

(2) 模板的构造与安装

1) 木模板

木模板及其支架系统一般在加工厂或现场木工棚制成基本元件（拼板），然后再在现场拼装。拼板的长短、宽窄可以根据混凝土构件的尺寸，设计出几种标准规格，以便组合使用。

①柱模板：柱子的断面尺寸不大但比较高。因此，柱子模板的构造和安装主要考虑保证垂直度及抵抗新浇混凝土的侧压力，与此同时，也要便于浇筑混凝土、清理垃圾与钢筋绑扎等。柱模板由两块相对的内拼板夹在两块外拼板之间组成。亦可用短横板（门子板）代替外拼板钉在内拼板上。有些短横板可先不钉上，作为混凝土的浇筑孔，待混凝土浇至其下口时再钉上。

安装柱模前，应先绑扎好钢筋，测出标高并标在钢筋上，同时在已浇筑的基础顶面或楼面上固定好柱模板底部的木框，在内外拼板上弹出中心线，根据柱边线及木框位置竖立内外拼板，并用斜撑临时固定，然后由顶部用锤球校正，使其垂直。检查无误后，即用斜撑钉牢固定。同在一条轴线上的柱，应先校正两端的柱模板，再从柱模板上口中心线拉一钢丝来校正中间的柱模。柱模之间还要用水平撑及剪刀撑相互拉结。

②梁模板：梁的跨度较大而宽度不大。混凝土对梁侧模板有水平侧压力，对梁底模板有垂直压力，因此，梁模板及其支架必须能承受这些荷载而不致发生超过规范允许的过大变形。

梁模板主要由底模、侧模、夹木及其支架系统组成，底模板承受垂直荷载，一般较厚，下面每隔一定间距（800~1200mm）有顶撑支撑。多层建筑施工中，应使上、下层的顶撑在同一条竖向直线上。侧模板承受混凝土侧压力，应包在底模板的外侧，底部用夹木固定，上部由斜撑和水平拉条固定。

③楼板模板：楼板的面积大而厚度比较薄，侧压力小。楼板模板及其支架系统，主要

承受钢筋混凝土的自重及其施工荷载,保证模板不变形。如图3-14所示,楼板模板的底模用木板条或定型模板或胶合板拼成,铺设在楞木上。楞木搁置在梁模板外侧托木上,若楞木面不平,可以加木楔调平。当楞木的跨度较大时,中间应加设立柱。立柱上钉通长的杠木。

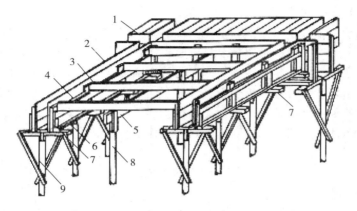

图3-14　有梁楼板模板

1-楼板模板;2-梁侧模板;3-楞木;4-托木;5-杠木;6-夹木;7-短撑木;8-立柱;9-顶撑

2) 组合钢模板

组合钢模板通过各种连接件和支承件可组合成多种尺寸和几何形状,以适应各种类型建筑物捣制钢筋混凝土梁、柱、板、墙、基础等施工所需要的模板,也可用其拼成大模板、滑模、筒模和台模等。

①组合钢模板的组成:组合钢模板是由模板、连接件和支承件组成。模板包括平面模板(P)、阴角模板(E)、阳角模板(Y)、连接角模(J),此外还有一些异形模板。钢模板的宽度有100mm、150mm、200mm、250mm、300mm五种规格,其长度有450mm、600mm、750mm、900mm、1200mm、1500mm六种规格,可适应横竖拼装。

组合钢模板的连接件包括:U形卡、L形插销、钩头螺栓、对拉螺栓、紧固螺栓和扣件等。

组合钢模板的支承件包括:柱箍、钢楞、支架、斜撑、钢桁架等。

②钢模配板:合理的配板方案应满足以下原则:木材拼镶补量最少;支承件布置简单,受力合理;合理使用转角模板;尽量采用横排或竖排,尽量不用横竖兼排的方式。

3) 胶合板模板

胶合板模板种类很多,这里主要介绍钢框胶合板模板和钢框竹胶板模板。

①钢框胶合板模板:由钢框和防水胶合板组成,防水胶合板平铺在钢框上,用沉头螺栓与钢框连牢。这种模板在钢边框上可钻有连接孔,用连接件纵横连接,组装成各种尺寸的模板,它也具备定型组合钢模板的一些优点,而且重量比组合钢模板轻,施工方便。

②钢框竹胶板模板:由钢框和竹胶板组成,其构造与钢框胶合板模板相同,用于面板的竹胶板是用竹片(或竹帘)涂胶粘剂,纵横向铺放,热压成型。为使竹胶板板面光滑平整,便于脱模和增加周转次数,一般板面采用涂料覆面处理或浸胶纸覆面处理。钢框竹胶

板模板的宽度有 300mm、600mm 两种，长度有 900mm、1200mm、1500mm、1800mm、2400mm 等。可作为混凝土结构柱、梁、墙、楼板的模板。

4）大模板

大模板是一种大尺寸的工具式定型模板。一般一块墙面用一至二块大模板，因其重量大，安装时需要起重机配合装拆施工。

大模板由面板、加劲肋、竖楞、支撑桁架、稳定机构及附件组成。面板要求表面平整、刚度好，平整度按中级抹灰质量要求确定。加劲肋是大模板的重要构件，其作用是固定面板，阻止其变形并把混凝土传来的侧压力传递到竖楞上。竖楞是与加劲肋相连接的竖直部件，它的作用是加强模板刚度，保证模板的几何形状，并作为穿墙螺栓的固定支点，承受由模板传来的水平力和垂直力。支撑结构主要承受风荷载和偶然的水平力，防止模板倾覆。大模板的附件有穿墙螺栓、固定卡具、操作平台及其他附属连接件。

5）滑升模板

滑升模板是一种工具式模板，最适于现场浇筑高耸的圆形、矩形、筒壁结构。如筒仓、贮煤塔、竖井等。

滑升模板由模板系统、操作平台系统和提升机具系统三部分组成。模板系统包括模板、围圈和提升架等，它的作用主要是成型混凝土。操作平台系统包括操作平台、辅助平台和外吊脚手架等，是施工操作的场所。提升机具系统包括支承杆、千斤顶和提升操纵装置等，是滑升的动力。这三部分通过提升架连成整体，构成整套滑升模板装置。

6）爬升模板

爬升模板是依附在建筑结构上，随着结构施工而逐层上升的一种模板，当结构工程混凝土达到拆模强度而脱模后，模板不落地，依靠机械设备和支承物将模板和爬模装置向上爬升一层，定位紧固，反复循环施工，爬模是适用于高层建筑或高耸构造物现浇钢筋混凝土竖直或倾斜结构施工的先进模板工艺。爬升模板有手动爬模、电动爬模、液压爬模、吊爬模等。

(3) 模板的拆除

模板的拆除日期取决于现浇结构的性质、混凝土的强度、模板的用途、混凝土硬化时的气温。

1）模板的拆除规定

①侧模板的拆除。应在混凝土强度达到能保证其表面及棱角不因拆除模板而受损坏时方可进行。具体时间可参考表 3-6。

侧模板的拆除时间　　　　　　　　　　表 3-6

水泥品种	混凝土强度等级	混凝土凝固的平均温度（°C）					
		5	10	15	20	25	30
		混凝土强度达到 2.5MPa 所需天数					
普通水泥	C10	5	4	3	2	1.5	1
	C15	4.5	3	2.5	2	1.5	1
	≥20	3	2.5	2	1.5	1.0	1
矿渣及火山灰质水泥	C10	8	6	4.5	3.5	2.5	2
	C15	6	4.5	3.5	2.5	2	1.5

②底模板的拆除。应在与混凝土结构同条件养护的试件达到表3-7规定强度标准值时，方可拆除。达到规定强度标准值所需时间可参考表3-8。

现浇结构拆模混凝土强度表　　　　　　　　　　　　　　　　　　表3-7

结构类型	结构跨度（m）	按设计的混凝土强度标准值的百分率计（%）
板	≤2	50
	>2，≤8	75
	>8	100
梁、拱、壳	≤8	75
	>8	100
悬臂构件	≤2	75
	>2	100

注：本表中"设计的混凝土强度标准值"系指与设计混凝土强度等级相应的混凝土立方体抗压强度标准值

拆除底模所需时间表　　　　　　　　　　　　　　　　　　　　　表3-8

水泥的强度等级及品种	混凝土达到设计强度标准值的百分率（%）	硬化时昼夜平均温度					
		5°C	10°C	15°C	20°C	25°C	30°C
		（天）					
32.5MPa普通水泥	50	12	8	6	4	3	2
	75	26	18	14	9	7	6
	100	55	45	35	28	21	18
42.5MPa普通水泥	50	10	7	6	5	4	3
	75	20	14	11	8	7	6
	100	50	40	30	28	20	18
32.5MPa矿渣或火山灰质水泥	50	18	12	10	8	7	6
	75	32	25	17	14	12	10
	100	60	50	40	28	24	20
42.5MPa矿渣或火山灰质水泥	50	16	11	9	8	7	6
	75	30	20	15	13	12	10
	100	60	50	40	28	24	20

2）拆除模板顺序及注意事项

①拆模时不要用力过猛，拆下来的模板要及时运走、整理、堆放以便再用。

②拆模程序一般应是后支的先拆，先支的后拆；先拆除非承重部分，后拆除承重部分。

③拆除框架结构模板的顺序，首先是柱模板，然后是楼板底板，梁侧模板，最后梁底模板。拆除跨度较大的梁下支柱时，应先从跨中开始，分别拆向两端。

④楼板支柱的拆除，应按下列要求进行：上层楼板正在浇筑混凝土时，下一层楼板的模板支柱不得拆除，再下一层楼板模板的支柱，仅可拆除一部分；跨度4m及4m以上的梁下均应保留支柱，其间距不大于3m。

⑤已拆除模板及其支架的结构，应在混凝土强度达到设计的混凝土强度标准值后，才允许承受全部使用荷载。

⑥拆模时，应尽量避免混凝土表面或模板受到损坏，注意整块板落下伤人。

2. 钢筋工程

（1）钢筋的种类、验收和存放

1）钢筋的种类

混凝土结构和预应力混凝土结构应用的钢筋有普通钢筋、预应力钢绞线、钢丝和热处理钢筋。后三种用作预应力钢筋。

普通钢筋都是热轧钢筋，分 HPB235（Q235），$d = 8 \sim 20$mm；HRB335（20MnSi），$d = 6 \sim 50$mm；HRB400（20MnSiV，20MnSiNb，20MnTi），$d = 6 \sim 50$mm 和 RRB400（K20MnSi），$d = 8 \sim 40$mm 四种。使用时宜首先选用 HRB400 级和 HRB335 级钢筋。HPB235 为光圆钢筋，其他为带肋钢筋。

2）钢筋的验收

钢筋混凝土结构中所用的钢筋，都应有出厂质量证明书或试验报告单，每捆（盘）钢筋均应有标牌。钢筋进场时应按批号及直径分批验收。验收的内容包括查对标牌、外观检查，并按有关标准的规定抽取试样作力学性能试验，合格后方可使用。

3）钢筋的存放

当钢筋运进施工现场后，必须严格按批分等级、牌号、直径、长度挂牌存放，并注明数量，注明质量检验状态（待检、合格、不合格），不得混淆。钢筋应尽量堆入仓库或料棚内。条件不具备时，应选择地势较高，土质坚实，较为平坦的露天场地存放。在仓库或场地周围挖排水沟，以利泄水。堆放时钢筋下面要加垫木，离地不宜少于 200mm，以防钢筋锈蚀和污染。钢筋成品要分工程名称和构件名称，按号码顺序存放。同一项工程与同一构件的钢筋要存放在一起，按号挂牌排列，牌上注明构件名称、部位、钢筋类型、尺寸、钢号、直径、根数，不能将几项工程的钢筋混放在一起。同时不要和产生有害气体的车间靠近，以免污染和腐蚀钢筋。

（2）钢筋配料、代换与冷加工

1）钢筋配料

钢筋配料就是根据结构施工图，分别计算构件各钢筋的直线下料长度、根数及质量，编制钢筋配料单，作为备料、加工和结算的依据。钢筋加工前应根据设计图纸和会审记录按不同构件先编制配料单，见表3-9，然后进行备料加工。

钢筋配料单 表3-9

项次	构件名称	钢筋编号	简图	直径（mm）	钢号	下料长度（mm）	单位根数	合计根数	总重（kg）
1	L₁梁计5根	(1)	4190	10	φ	4315	2	10	26.62
2		(2)	265 494 2960 494 265 / 150 150	20	φ	4658	1	5	57.43
3		(3)	100 4190 100	18	φ	4543	2	10	90.77

续表

项次	构件名称	钢筋编号	简图	直径（mm）	钢号	下料长度（mm）	单位根数	合计根数	总重（kg）
4	L₁梁计5根	(4)	162 |￣￣362￣￣|	6	φ	1108	22	110	27.05
		合计 φ6：27.05kg；φ10：26.62kg；φ18：90.77kg；φ20：57.43kg							

结构施工图中所指钢筋长度是钢筋外边缘至外边缘之间的长度，即外包尺寸。钢筋加工前按直线下料，经弯曲后，外边缘伸长，内边缘缩短，而中心线不变。这样，钢筋弯曲后的外包尺寸和中心线长度之间存在一个差值，称为"量度差值"。在计算下料长度时必须加以扣除。钢筋下料长度为各段外包尺寸之和减去各弯曲处的量度差值，再加上端部弯钩的增加值。

为了加工方便，根据钢筋配料单，每一编号钢筋做一个钢筋加工牌，钢筋加工完毕将加工牌绑在钢筋上以便识别。钢筋加工牌中注明工程名称、构件编号、钢筋规格、总加工根数、下料长度及钢筋简图、外包尺寸等。

2）钢筋代换

当施工中遇有钢筋品种或规格与设计要求不符时，可参照以下原则进行钢筋代换：不同种类的钢筋代换，按钢筋抗拉设计值相等的原则进行代换，即等强度代换；相同种类和级别的钢筋代换，应按钢筋等面积原则进行代换，即等面积代换。

钢筋代换方法是：

等强度代换：如设计图中所用的钢筋设计强度为 f_{y1}，钢筋总面积为 A_{s1}，代换后的钢筋设计强度为 f_{y2}，钢筋总面积为 A_{s2}，则应使

$$A_{s1} \cdot f_{y1} \leqslant A_{s2} \cdot f_{y2} \tag{3-4}$$

$$n_1 \cdot \pi d_1^2 / 4 \cdot f_{y1} \leqslant n_2 \cdot \pi d_2^2 / 4 \cdot f_{y2} \tag{3-5}$$

$$n_2 \geqslant n_1 d_1^2 \cdot f_{y1} / d_2^2 \cdot f_{y2} \tag{3-6}$$

式中　n_2——代换钢筋根数；
　　　n_1——原设计钢筋根数；
　　　d_2——代换钢筋直径；
　　　d_1——原设计钢筋直径。

等面积代换：

$$A_{s1} \leqslant A_{s2} \tag{3-7}$$

则

$$n_2 \geqslant n_1 d_1^2 / d_2^2 \tag{3-8}$$

式中符号同上。

钢筋代换后，有时由于受力钢筋直径加大或根数增多而需要增加排数，则构件截面的有效高度 h_0 减少，截面强度降低。

3）钢筋的冷加工

钢筋的冷加工，有冷拉、冷拔和冷轧，用以提高钢筋强度设计值，能节约钢材，满足预应力钢筋的需要。

①钢筋的冷拉：钢筋的冷拉是在常温下对钢筋进行强力拉伸，拉应力超过钢筋的屈服强度，使钢筋产生塑性变形，以达到调直钢筋、提高强度的目的。冷拉 HPB235 钢筋适用于混凝土结构中的受拉钢筋；冷拉 HRB335、HRB400、RRB400 级钢筋适用于预应力混凝土结构中的预应力筋。

②钢筋冷拔：钢筋冷拔是用强力将直径 6~10mm 的 HPB235 级钢筋在常温下通过特制的钨合金拔丝模，多次强力拉拔成比原钢筋直径小的钢丝，使钢筋产生塑性变形。

(3) 钢筋连接方法及安装方法

1) 钢筋连接方法

钢筋接头连接方法有：绑扎连接、焊接连接和机械连接。绑扎连接由于需要较长的搭接长度，浪费钢筋，且连接不可靠，故宜限制使用。

①焊接连接：

钢筋焊接方法有：闪光对焊、电弧焊、电渣压力焊和电阻点焊。

A. 钢筋闪光对焊是利用对焊机使两段钢筋接触，通过低电压的强电流，待钢筋被加热到一定温度变软后，进行轴向加压顶锻，形成对焊接头。钢筋闪光对焊工艺常用的有连续闪光焊、预热闪光焊和闪光-顶热-闪光焊。闪光对焊广泛用于钢筋纵向连接及预应力钢筋与螺丝端杆的焊接。

B. 电弧焊是利用弧焊机使焊条与焊件之间产生高温电弧，使焊条和电弧燃烧范围内的焊件熔化，待其凝固便形成焊缝或接头，电弧焊广泛用于钢筋接头、钢筋骨架焊接、装配式结构接头的焊接、钢筋与钢板的焊接及各种钢结构焊接。

C. 电渣压力焊在建筑施工中多用于现浇钢筋混凝土结构构件内竖向或斜向（倾斜度在 4:1 的范围内）钢筋的焊接接长。有自动与手工电渣压力焊。与电弧焊比较，它工效高、成本低、可进行竖向连接，在工程中应用较普遍。进行电渣压力焊宜选用合适的变压器。夹具需灵巧、上下钳口同心，保证上下钢筋的轴线应尽量一致，其最大偏移不得超过 $0.1d$，同时也不得大于 2mm。

D. 电阻点焊主要用于小直径钢筋的交叉连接，如用来焊接钢筋网片、钢筋骨架等。它生产效率高、节约材料，应用广泛。常用的点焊机有单点点焊机、多头点焊机（一次可焊数点，用于焊接宽大的钢筋网）、悬挂式点焊机（可焊钢筋骨架或钢筋网）、手提式点焊机（用于施工现场）。

②钢筋机械连接：

钢筋机械连接包括套筒挤压连接和螺纹套管连接。

A. 钢筋套筒挤压连接。

钢筋套筒挤压连接是将需连接的变形钢筋插入特制钢套筒内，利用液压驱动的挤压机进行径向或轴向挤压，使钢套筒产生塑性变形，使套筒内壁紧紧咬住变形钢筋实现连接（图 3-15）。它适用于竖向、横向及其他方向的较大直径变形钢筋的连接。

钢筋挤压连接的工艺参数，主要是压接顺序、压接力和压接道数。压接顺序应从中间逐道向两端压接。压接力要能保证套筒与钢筋紧密咬合，压接力和压接道数取决于钢筋直径、套筒型号和挤压机型号。

钢筋套筒挤压连接接头，按验收批进行外观质量和单向拉伸试验检验。

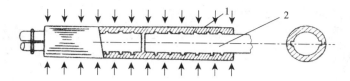

图 3-15 钢筋套筒挤压连接原理图
1-钢管套；2-被连接的钢筋

B. 钢筋螺纹套筒连接。

钢筋螺纹套筒连接分为锥螺纹套筒连接和直螺纹套筒连接两种。

用于这种连接的钢套管内壁，用专用机床加工有锥螺纹，钢筋的对接端头亦在套丝机上加工有与套管匹配的锥螺纹。连接时，经对螺纹检查无油污和损伤后，先用手旋入钢筋，然后用扭矩扳手紧固至规定的扭矩即完成连接。

锥螺纹套筒连接由于钢筋的端头在套丝机上加工有螺纹，截面有所削弱，有时达不到与母材等强度要求。为确保达到与母材等强度，可先把钢筋端部镦粗，然后切削直螺纹，用套筒连接就形成直螺纹套筒连接。或者用冷轧方法在钢筋端部轧制出螺纹，由于冷强作用亦可达到与母材等强。

钢筋在现场安装时，宜特别关注受力钢筋，受力钢筋的品种、级别、规格和数量都必须符合设计要求。钢筋安装位置的允许偏差应参照《混凝土结构工程施工质量验收规范》（GB 50204—2002）。

2）钢筋的安装方法

钢筋安装或现场绑扎应与模板安装相配合。柱钢筋现场绑扎时，一般在模板安装前进行，柱钢筋采用预制安装时，可先安装钢筋骨架，然后安装柱模板，或先安装三面模板，待钢筋骨架安装后，再钉第四面模板。梁的钢筋一般在梁模板安装后，再安装或绑扎；断面高度较大（>600mm），或跨度较大、钢筋较密的大梁，可留一面侧模，待钢筋安装或绑扎完后再钉。楼板钢筋绑扎应在楼板模板安装后进行，并应按设计先划线，然后摆料、绑扎。

钢筋保护层应按设计或规范的要求正确确定。工地常用预制水泥垫块垫在钢筋与模板之间，以控制保护层厚度。垫块应布置成梅花形，其相互间距不大于1m。上下双层钢筋之间的尺寸，可绑扎短钢筋或设置撑脚来控制。

钢筋工程属于隐蔽工程，在浇筑混凝土前应对钢筋及预埋件进行验收，并按规定记好隐蔽工程记录，以便查验。验收检查下列几方面：根据设计图纸检查钢筋的钢号、直径、根数、间距是否正确，特别是要注意检查负筋的位置；检查钢筋接头的位置及搭接长度是否符合规定；检查混凝土保护层是否符合要求；检查钢筋绑扎是否牢固，有无变形、松脱和开焊；钢筋表面不允许有油渍、漆污和颗粒状（片状）铁锈；钢筋位置允许偏差，应符合相关规定。

3. 混凝土工程

混凝土工程施工包括混凝土制备、运输、浇筑、养护等施工过程。

(1) 混凝土的施工配料

混凝土由水泥、粗骨料、细骨料和水组成，有时掺加外加剂、矿物掺合料。保证原材料的质量是保证混凝土质量的前提。

1) 混凝土施工配制强度确定

混凝土配合比应根据混凝土强度等级、耐久性和工作性能等按国家现行标准《普通混凝土配合比设计规程》(TGJ 55—2002)，有需要时，还需满足抗渗性、抗冻性、水化热低等要求。

普通混凝土的强度等级按规范规定为 12 个：C7.5、C10、C15、C20、C25、C30、C35、C40、C45、C50、C55、C60。C60~C80 为高强混凝土。

2) 混凝土的施工配料

影响混凝土质量的因素主要有两方面：一是称量不准；二是未按砂、石骨料实际含水率的变化进行施工配合比的换算。

①施工配合比换算。

混凝土实验室配合比是根据完全干燥的砂、石骨料制定的，但实际使用的砂、石骨料一般都含有一些水分，而且含水量又会随气候条件发生变化。所以施工时应及时测定现场砂、石骨料的含水量，并将混凝土的实验室配合比换算成在实际含水量情况下的施工配合比。

设实验室配合比为：水泥:砂子:石子 $= 1:x:y$，水灰比为 w/C，并测得砂子的含水量为 w_x，石子的含水量为 w_y，则施工配合比应为：$1:x(1+w_x):y(1+w_y)$。

按实验室配合比 $1m^3$ 混凝土水泥用量为 $C(kg)$，计算时确保混凝土水灰比不变（w 为用水量），则换算后材料用量为：

水泥：$C' = C$

砂子：$G'_{砂} = C_x(1+w_x)$

石子：$G'_{石} = C_y(1+w_y)$

水：$w' = w - C_x w_x - C_y w_y$

[例 3-1] 设混凝土实验室配合比为：1:2.56:5.55，水灰比为 0.65，每 $1m^3$ 混凝土的水泥用量为 275kg，测得砂子含水量为 3%，石子含水量为 1%，则施工配合比为：

1:2.56(1+3%):5.55(1+1%) = 1:2.64:5.60

每 m^3 混凝土材料用量为：

水泥：275kg

砂子：275×2.64 = 726kg

石子：275×5.60 = 1540kg

水：275×0.65 - 275×2.56×3% - 275×5.55×1% = 142.4kg

②施工配料。

求出每立方米混凝土材料用量后，还必须根据工地现有搅拌机出料容量确定每次需用几整袋水泥，然后按水泥用量来计算砂石的每次拌用量。如采用 JZ250 型搅拌机，出料容量为 $0.25m^3$，则上例每搅拌一次的装料数量为：

水泥：275×0.25 = 68.75kg（取用一袋半水泥，即 75kg）

砂子：726×75/275 = 198kg

石子：1540×75/275 = 420kg

水：142.4×75/275 = 38.8kg

为严格控制混凝土的配合比，原材料的数量应采用质量计量，必须准确。其质量偏差不得超过以下规定：水泥、混合材料为±2%；细骨料为±3%；水、外加剂溶液±2%。各种衡量器应定期校验，经常保持准确。骨料含水量应经常测定，雨天施工时，应增加测定次数。

（2）混凝土搅拌

1）混凝土搅拌机

混凝土搅拌机按其搅拌原理分为自落式搅拌机和强制式搅拌机两类。根据其构造的不同，又可分为若干种。

自落式搅拌机搅拌筒内壁装有叶片，搅拌筒旋转，叶片将物料提升一定高度后自由下落，各物料颗粒分散拌合均匀，是重力拌合原理，宜用于搅拌塑性混凝土。

强制式搅拌机分立轴式和卧轴式两类。强制式搅拌机是在轴上装有叶片，通过叶片强制搅拌装在搅拌筒中的物料，使物料沿环向、径向和竖向运动，拌合成均匀的混合物，是剪切拌合原理。强制式搅拌机拌合强烈，多用于搅拌干硬性混凝土、低流动性混凝土和轻骨料混凝土。

混凝土搅拌机以其出料容量（m^3）×1000 标定规格。常用的有 150L、250L、350L 等数种。

2）搅拌制度

搅拌制度包括搅拌时间、投料顺序和进料容量等。

①混凝土搅拌时间。

搅拌时间应从全部材料投入搅拌筒起，到开始卸料为止所经历的时间。它与搅拌质量密切相关。搅拌时间过短，混凝土不均匀，强度及和易性将下降；搅拌时间过长，不但降低搅拌的生产效率，同时会使不坚硬的粗骨料，在大容量搅拌机中发生脱角、破碎等而影响混凝土的质量。对于加气混凝土也会因搅拌时间过长而使所含气泡减少。

②投料顺序。

投料顺序应考虑的因素主要包括：提高搅拌质量，减少叶片、衬板的磨损，减少拌合物与搅拌筒的粘结，减少水泥飞扬，改善工作环境，提高混凝土强度，节约水泥等方面综合考虑。常用一次投料法、二次投料法和水泥裹砂法等。

A. 一次投料法：是将砂、石、水泥和水一起同时加入搅拌筒中进行搅拌。为了减少水泥的飞扬和水泥的粘罐现象，对自落式搅拌机常采用的投料顺序是将水泥夹在砂、石之间，最后加水搅拌。

B. 二次投料法：预拌水泥砂浆法是先将水泥、砂和水加入搅拌筒内进行充分搅拌，成为均匀的水泥砂浆后，再加入石子搅拌成均匀的混凝土；预拌水泥净浆法是先将水泥和水充分搅拌成均匀的水泥净浆后，再加入砂和石搅拌成混凝土。

C. 水泥裹砂法：这种混凝土就是在砂子表面造成一层水泥浆壳。主要采取两项工艺措施：一是对砂子的表面湿度进行处理，使其控制在一定范围内。二是进行两次加水搅拌，第一次先将处理过的砂子、水泥和部分水搅拌，使砂子周围形成黏着性很高的水泥糊包裹层；第二次再加入水及石子，经搅拌，部分水泥浆便均匀地分散在已经被造壳的砂子及石子周围。

③进料容量。

进料容量是将搅拌前各种材料的体积累积起来的容量，又称干料容量。进料容量约为出料容量的1.4~1.8倍（通常取1.5倍）。进料容量超过规定容量的10%以上，就会使材料在搅拌筒内无充分的空间进行掺合，影响混凝土拌合物的均匀性；反之，如装料过少，则又不能充分发挥搅拌机的效能。

④搅拌要求。

严格控制混凝土施工配合比；在搅拌混凝土前，搅拌机应加适量的水运转，使拌筒表面润湿，然后将多余水排干；搅拌好的混凝土要卸尽；混凝土搅拌完毕或预计停歇1h以上时，应将混凝土全部卸出，倒入石子和清水，搅拌5~10min，把粘在料筒上的砂浆冲洗干净后全部卸出。

（3）混凝土的运输

混凝土拌合物运输的基本要求是：不产生离析现象；保证混凝土浇筑时具有设计规定的坍落度；在混凝土初凝之前能有充分时间进行浇筑和捣实；保证混凝土浇筑能连续进行。

1）混凝土运输的时间

混凝土应以最少的转运次数和最短的时间，从搅拌地点运至浇筑地点，并在初凝之前浇筑完毕。普通混凝土从搅拌机中卸出后到浇筑完毕的延续时间不宜超过表3-10的规定。如需进行长距离运输可选用混凝土搅拌运输车。

混凝土从搅拌机中卸出到浇筑完毕的延续时间（min）　　　　表3-10

混凝土强度等级	气温（℃）	
	≤25	>25
≤C30	120	90
>C30	90	60

2）凝土运输工具

运输混凝土的工具要不吸水、不漏浆，方便快捷。混凝土运输分为地面运输、垂直运输和楼面运输三种情况。

混凝土地面运输工具有双轮手推车、机动翻斗车、混凝土搅拌运输车和自卸汽车。如采用预拌（商品）混凝土运输距离较远时，多用混凝土搅拌运输车和自卸汽车。

混凝土搅拌运输车为长距离运输混凝土的有效工具，它有一搅拌筒斜放在汽车底盘上，在预拌混凝土搅拌站装入混凝土后，在运输过程中搅拌筒可进行慢速转动进行拌合，以防止混凝土离析，运至浇筑地点，搅拌筒反转即可迅速卸出混凝土。

混凝土垂直运输，多用塔式起重机加料斗、混凝土泵、快速提升斗和井架。

混凝土泵是一种有效的混凝土运输和浇筑工具，可以一次完成水平及垂直运输，将混凝土直接输送到浇筑地点。常用的混凝土输送管为钢管，也有橡胶和塑料软管，直径为75~200mm、每段长约3m，还配有45°、90°等弯管和锥形管，弯管、锥形管和软管的流动阻力大，计算输送距离时要换算成水平换算长度。垂直输送时，在立管的底部要增设逆流阀，以防止停泵时立管中的混凝土反压回流。

（4）混凝土的浇筑与捣实

混凝土的浇筑与捣实工作包括布料摊平、捣实和抹面修整等工序。它对混凝土的密实性和耐久性、结构的整体性和外形正确性等都有重要影响。

1) 混凝土的浇筑

①混凝土浇筑的一般规定。

A. 混凝土浇筑前不应发生初凝和离析现象，如果已经发生，可以进行重新搅拌，使混凝土恢复流动性和黏聚性后再进行浇筑。

B. 混凝土自高处倾落时的自由倾落高度不宜超过2m。若混凝土自由下落高度超过2m（竖向结构3m），要沿溜槽或串筒下落。当混凝土浇筑深度超过8m时，则应采用带节管的振动串筒，即在串筒上每隔2~3节管安装一台振动器。

C. 为了使混凝土振捣密实，必须分层浇筑，每层浇筑厚度与捣实方法、结构的配筋情况有关，应符合表3-11的规定。

混凝土浇筑层厚度　　　　　　　表3-11

项次	捣实混凝土的方法		浇筑层厚度（mm）
1	插入式振动		振动器作用部分长度的1.25倍
2	表面振动		200
3	人工捣实	（1）在基础或无筋混凝土和配筋稀疏的结构中	250
		（2）在梁、墙、板、柱结构中	200
		（3）在配筋密集的结构中	150
4	轻骨料混凝土	插入式振动	300
		表面振动（振动时需加荷）	200

D. 混凝土的浇筑工作应尽可能连续进行，如上下层或前后层混凝土浇筑必须间歇，其间歇时间应尽量缩短，并要在前层（下层）混凝土凝结（终凝）前，将次层混凝土浇筑完毕。间歇的最长时间应按所用水泥品种及混凝土凝结条件确定。当超过时应按留置施工缝处理。

E. 浇筑竖向结构混凝土前，应先在底部填筑一层30~50mm厚、与混凝土内砂浆成分相同的水泥砂浆，然后再浇筑混凝土。

F. 施工缝的留设与处理。施工缝宜留在结构受剪力较小且便于施工的部位。柱应留水平缝，梁、板应留垂直缝。柱子的施工缝宜留在基础与柱子的交接处的水平面上，或梁的下面，或吊车梁牛腿的下面，或吊车梁的上面，或无梁楼盖柱帽的下面。框架结构中，如果梁的负筋向下弯入柱内，施工缝也可设置在这些钢筋的下端，以便于绑扎。高度大于1m的混凝土梁的水平施工缝，应留在楼板底面以下20~30mm处，当板下有梁托时，留在梁托下部；单向平板的施工缝，可留在平行于短边的任何位置处；对于有主次梁的楼板结构，宜顺着次梁方向浇筑，施工缝应留在次梁跨度的中间1/3范围内。

G. 施工缝的处理方法。在施工缝处继续浇筑混凝土时，应除去表面的水泥薄膜、松动的石子和软弱的混凝土层。并加以充分湿润和冲洗干净，不得积水。浇筑时，施工缝处宜先铺水泥浆或与混凝土成分相同的水泥砂浆一层，厚度为10~15mm，以保证接缝的质量。待已浇筑的混凝土的强度不低于1.2MPa时才允许继续浇筑。

②框架结构混凝土的浇筑。

框架结构一般按结构层划分施工层和在各层划分施工段分别浇筑,一个施工段内的每排柱子应从两端同时开始向中间推进,不可从一端开始向另一端推进,预防柱子模板逐渐受推倾斜使误差积累难以纠正。每一施工层的梁、板、柱结构,先浇筑柱和墙,并连续浇筑到顶。停歇一段时间（1~1.5h）后,柱和墙有一定强度再浇筑梁板混凝土。梁板混凝土应同时浇筑,只有梁高1m以上时,才可以单独先行浇筑。梁与柱的整体连接应从梁的一端开始浇筑,快到另一端时,反过来先浇另一端,然后两段在凝结前合拢。

③大体积混凝土结构浇筑。

A. 大体积混凝土结构浇筑方案。

为保证结构的整体性,混凝土应连续浇筑,要求每一处的混凝土在初凝前就被后部分混凝土覆盖并捣实成整体,根据结构特点不同,可分为全面分层、分段分层、斜面分层等浇筑方案。

全面分层:当结构平面面积不大时,可将整个结构分为若干层进行浇筑,即第一层全部浇筑完毕后,再浇筑第二层,逐层连续浇筑,直到结束。为保证结构的整体性,要求次层混凝土在前层混凝土初凝前浇筑完毕。

分段分层:当结构平面面积较大时,全面分层已不适应,这时可采用分段分层浇筑方案。即将结构分为若干段落,每段又分为若干层,先浇筑第一段各层,然后浇筑第二段各层,逐段逐层连续浇筑,直至结束。为保证结构的整体性,要求次段混凝土应在前段混凝土初凝前浇筑并与之捣实成整体。

斜面分层:当结构的长度超过厚度的3倍时,可采用斜面分层的浇筑方案。这时,振捣工作应从浇筑层斜面下端开始,逐渐上移,且振动器应与斜面垂直。

B. 温度裂缝的预防。

早期温度裂缝的预防方法主要有:优先采用水化热低的水泥（如矿渣硅酸盐水泥）;减少水泥用量;掺入适量的粉煤灰或在浇筑时投入适量的毛石;放慢浇筑速度和减少浇筑厚度,采用人工降温措施（拌制时,用低温水,养护时用循环水冷却）;浇筑后应及时覆盖,以控制内外温差,减缓降温速度,尤应注意寒潮的不利影响;必要时,取得设计单位同意后,可分块浇筑,块和块间留1m宽后浇带,待各分块混凝土干缩后,再浇筑后浇带。分块长度可根据有关手册计算,当结构厚度在1m以内时,分块长度一般为20~30m。

C. 泌水处理。

大体积混凝土另一特点是上、下浇筑层施工间隔的时间较长,各分层之间易产生泌水层,它将使混凝土强度降低,发生酥软、脱皮、起砂等不良后果。采用自流方式和抽吸方法排除泌水,会带走一部分水泥浆,影响混凝土的质量。泌水处理措施主要有:同一结构中使用两种不同坍落度的混凝土;在混凝土拌合物中掺减水剂。

2) 混凝土的密实成型

混凝土密实成型的途径有以下三种:一是利用机械外力（如机械振动）来克服拌合物的黏聚力和内摩擦力而使之液化、沉实;二是在拌合物中适当增加用水量以提高其流动性,使之便于成型,然后用离心法、真空作业法等将多余的水分和空气排出;三是在拌合物中掺入高效减水剂,使其坍落度大大增加,可自流成型。下面仅介绍机械振捣密实成型:

振动机械按其工作方式分为：内部振动器、表面振动器、外部振动器和振动台。

①内部振动器：又称插入式振动器，多用于振实梁、柱、墙、厚板和大体积混凝土等厚大结构。用插入式振动器振动混凝土时，应垂直插入，并插入下层混凝土50mm，以促使上下层混凝土结合成整体。每一振点的振捣延续时间，应使混凝土捣实（即表面呈现浮浆和不再沉落为限）。

②表面式振动器：又称平板振动器，它适用于楼板、地面等薄型构件。这种振动器在无筋或单层钢筋结构中，每次振实的厚度不大于250mm；在双层钢筋的结构中，每次振实厚度不大于120mm。

③外部振动器：又称附着式振动器，它通过螺栓或夹钳等固定在模板外部，是通过模板将振动传给混凝土拌合物，因而模板应有足够的刚度。它宜用于振捣断面小且钢筋密的构件。

（5）混凝土的养护

混凝土养护方法分自然养护和蒸汽养护。

1）自然养护

自然养护是指利用平均气温高于5℃的自然条件，用保水材料或草帘等对混凝土加以覆盖后适当浇水，使混凝土在一定的时间内在湿润状态下硬化。

①开始养护时间。当最高气温低于25℃时，混凝土浇筑完后应在12小时以内加以覆盖和浇水；最高气温高于25℃时，应在6小时以内开始养护。

②养护天数。浇水养护时间的长短视水泥品种定，硅酸盐水泥、普通硅酸盐水泥和矿渣硅酸盐水泥拌制的混凝土，不得少于7昼夜；火山灰质硅酸盐水泥和粉煤灰硅酸盐水泥拌制的混凝土或有抗渗性要求的混凝土，不得少于14昼夜。

③浇水次数。养护初期，水泥的水化反应较快，需水也较多，在气温高，湿度低时，也应增加洒水的次数。

④喷洒塑料薄膜养护。将过氯乙烯树脂塑料溶液用喷枪洒在混凝土表面上，溶液挥发后在混凝土表面形成一层塑料薄膜，使混凝土与空气隔绝，阻止其水分的蒸发以保证水化作用的正常进行。

2）蒸汽养护

蒸汽养护就是将构件放置在有饱和蒸汽或蒸汽空气混合物的养护室内，在较高的温度和相对湿度的环境中进行养护，以加速混凝土的硬化，使混凝土在较短的时间内达到规定的强度标准值。

（6）混凝土结构质量缺陷与修补

混凝土结构质量问题主要有蜂窝、麻面、露筋、孔洞等。蜂窝是指混凝土表面无水泥浆，露出石子深度大于5mm，但小于保护层厚度的缺陷。露筋是指主筋没有被混凝土包裹而外露的缺陷，但梁端主筋锚固区内不允许有露筋。孔洞是深度超过保护层厚度，但不超过截面面积的1/3的缺陷。混凝土结构质量缺陷的修补方法主要有：

1）表面抹浆修补

对于数量不多的小蜂窝、麻面、露筋、露石的混凝土表面，主要是保护钢筋和混凝土不受侵蚀，可用1:2~1:2.5水泥砂浆抹面修整。在抹砂浆前，须用钢丝刷或加压力的水清洗润湿，抹浆初凝后要加强养护工作。

对结构构件承载能力无影响的细小裂缝,可将裂缝处加以冲洗,用水泥浆抹补。如果裂缝开裂较大较深时,应将裂缝附近的混凝土表面凿毛,或沿裂缝方向凿成深为 15～20mm、宽为 100～200mm 的 V 形凹槽,扫净并洒水湿润,先刷水泥净浆一层,然后用 1:2～1:2.5 水泥砂浆分 2～3 层涂抹,总厚度控制在 10～20mm,并压实抹光。

2）细石混凝土填补

当蜂窝比较严重或露筋较深时,应除掉附近不密实的混凝土和突出的骨料颗粒,用清水洗刷干净并充分润湿后,再用比原强度等级高一级的细石混凝土填补并仔细捣实。对孔洞事故的补强,可在旧混凝土表面采用处理施工缝的方法处理,将孔洞处疏松的混凝土和突出的石子剔凿掉,孔洞顶部要凿成斜面,避免形成死角,然后用水刷洗干净,保持湿润 72h 后,用比原混凝土强度等级高一级的细石混凝土捣实。混凝土的水灰比宜控制在 0.5 以内,并掺水泥用量万分之一的铝粉,分层捣实,以免新旧混凝土接触面上出现裂缝。

3）水泥灌浆与化学灌浆

对于影响结构承载力,或者防水、防渗性能的裂缝,为恢复结构的整体性和抗渗性,应根据裂缝的宽度、性质和施工条件等,采用水泥灌浆或化学灌浆的方法予以修补。一般对宽度大于 0.5mm 的裂缝,可采用水泥灌浆;宽度小于 0.5mm 的裂缝,宜采用化学灌浆。

（五）预应力混凝土工程施工工艺

为了充分利用高强度材料,在混凝土构件的受拉区预先施加压力,产生预压应力,造成一种人为的应力状态。这样,当构件在使用荷载下产生拉应力时,首先要抵消混凝土的预压应力,然后随着荷载的增加,混凝土因受拉才出现裂缝,从而延迟了裂缝的出现,减小裂缝的宽度,满足使用要求。这种在构件受荷以前预先对混凝土受拉区施加压应力的结构称为"预应力混凝土结构"。

1. 先张法施工工艺

先张法是先张拉钢筋、后浇筑混凝土的施工方法。是在浇筑混凝土前,预先将需张拉的预应力钢筋,用夹具临时将其固定在台座或模板上,然后绑扎非预应力钢筋、支模,并根据设计要求张拉预应力钢筋,浇筑混凝土,待混凝土具有一定强度（一般不低于混凝土设计强度标准值的 75%）后,在保证预应力筋与混凝土之间有足够的粘结力时,把张拉的钢筋放松（称作放张）,这时预应力钢筋产生弹性回缩,而混凝土已与钢筋粘结在一起,阻止钢筋的回缩,于是钢筋对混凝土施加了预应力,如图 3-16 所示。

先张法施工工艺流程为:

先张法根据生产方式的不同,分有台座法和机组流水法（模板法）。

当采用台座法施工时,预应力筋的张拉、锚固,混凝土构件的浇筑、养护和预应力筋放张等工序皆在台座上进行,预应力筋的张拉力由台座承受。

当用机组流水法生产时,预应力筋的拉力由钢模承受。

先张法一般适用于生产定型的中小型预应力混凝土构件,如空心板、槽形板、T 形板、薄板、吊车梁、檩条等。

先张法施工流程为（图 3-17）：

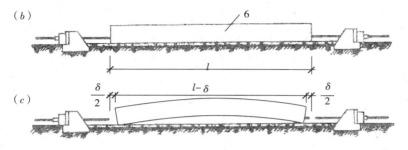
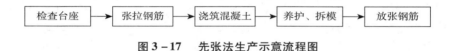

图 3-16 先张法生产示意图

（a）预应力筋张拉；（b）混凝土浇筑和养护；（c）放张预应力筋
1-台座；2-横梁；3-台面；4-预应力筋；5-夹具；6-构件

图 3-17 先张法生产示意流程图

(1) 台座

台座按其构造型式分为墩式台座、槽式台座、桩式台座等。

台座主要用于承受预应力筋的全部拉应力，要求有足够的强度、刚度和稳定性。其抗倾覆系数不得小于 1.5；抗滑移系数不得小于 1.3。

1）墩式台座

墩式台座是由混凝土台面、混凝土台墩和钢横梁组成。

简易墩式台座（图 3-18）用于生产张拉力不大的空心板、平板等平面布筋的混凝土构件。生产中型构件或多层叠浇构件时可采用如图 3-19 所示的墩式台座。

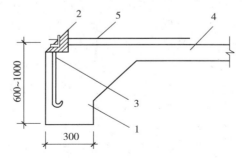

图 3-18 简易墩式台座

1-卧梁；2-角钢；3-预埋螺栓；4-混凝土台面；5-预应力钢丝

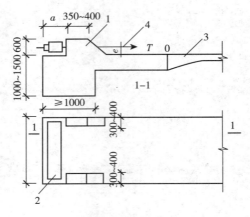

图 3-19 墩式台座
1-混凝土台墩；2-钢横梁；3-混凝土台面；4-预应力筋

2）槽式台座

槽式台座由混凝土压杆和上下横梁以及砖墙组成，如图 3-20 所示。

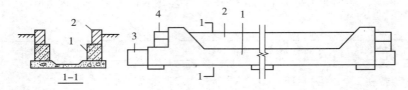

图 3-20 槽式台座
1-混凝土压杆；2-砖墙；3-下横梁；4-上横梁

它适用于张拉吨位较大的构件，如吊车梁、屋架等，长度一般为 45~76m，其坑槽也可作为构件的蒸汽养护槽。

3）锚桩式台座

锚桩式台座一般由槽钢与工字钢（或钢轨）组成。当地基为坚硬的岩层时，可设置锚桩式台座。

(2) 预应力筋的张拉

预应力筋张拉时，张拉机具与预应力筋应在一条直线上；同时在台面上每隔一定的距离放一根圆钢筋头，以防止预应力筋因自重而下垂，破坏隔离剂，弄脏预应力筋。施加张拉力时，应以稳定的速度逐渐加大拉力，并使拉力传到台座横梁上，而不使预应力筋或夹具产生次应力（如钢丝在分丝板、横梁或夹具处产生尖锐的转角或弯曲）。锚固时，敲击锥塞或模块应先轻后重；与此同时，倒开张拉机，放松钢丝。操作时彼此间要密切配合，既要减少锚固时钢丝的回缩滑移，又要防止锤击力过大，导致钢丝在锚固夹具与张拉夹具处因受力过大而断裂。

张拉预应力筋时，应按设计要求的张拉力采用正确的张拉方法和张拉程序，并应调整各预应力的初应力，使长短、松紧一致，以保证张拉后各预应力筋的应力一致。张拉时的张拉控制应力 σ_{con} 应按设计规定取值；设计无规定时可参考表 3-12 的规定。

最大张拉控制应力值　　　　表 3-12

钢筋种类	张拉方法	
	先张法	后张法
消除应力钢丝、钢绞线	$0.8f_{ptk}$	$0.75f_{ptk}$
热处理钢筋	$0.75f_{ptk}$	$0.70f_{ptk}$
冷拉钢筋	$0.95f_{pyk}$	$0.90f_{pyk}$

注：f_{ptk}—预应力筋极限抗拉强度标准值；f_{pyk}—预应力筋屈服强度标准值。

实际张拉时的应力尚应考虑各种预应力损失，采用超张拉补足。此时预应力筋的最大超张拉力，对冷拉Ⅱ～Ⅳ级钢筋不得大于屈服点的 95%；钢丝、钢绞线和热处理钢筋不得大于标准强度的 80%。张拉后的实际预应力值的偏差不得大于或小于规定值的 5%。

预应力筋的张拉程序可采用以下两种方法：

0→$1.05\sigma_{con}$→σ_{con} 锚固；（其间持荷 2min）

0→$1.03\sigma_{con}$ 锚固

在第一种张拉程序中，超张拉 5% 并持荷两分钟是为了加速钢筋松弛早期发展，以减少应力松弛引起的预应力损失（约减少 50%）；第二种张拉程序超张拉 3% 是为了弥补应力松弛所引起的应力损失。

预应力筋张拉后，一般应校核其伸长值，其理论伸长值与实际伸长值的误差不应超过 +10%、-5%。若超过则应分析其原因，采取措施后再继续施工。

（3）混凝土的浇筑与养护

混凝土构件的立模应在预应力筋张拉锚固和非预应力筋绑扎完毕后进行支设。所立模板应避开台面的伸缩缝及裂缝，如无法避开伸缩缝、裂缝时，可采取在裂缝处先铺设薄钢板或垫油毡或应采取其他相应的措施后，再浇筑混凝土。

预应力混凝土可采用自然养护或湿热养护。应先按设计的温差加热（一般不超过 20℃），待混凝土强度达到一定值（粗钢筋 7.5MPa，钢丝、钢绞线为 10MPa）之后，再按一般升温制度养护。

当采用湿热养护时，应先按设计的温差加热（一般不超过 20℃），待混凝土强度达 10N/mm² 后，再按"二次升温养护"进行养护。

（4）预应力筋放张

先张法预应力筋的放张工作应有序并缓慢进行，防止冲击。

1）放张要求

放张预应力筋时，混凝土强度必须符合设计要求。当设计无要求时，不得低于设计的混凝土强度标准值的 75%。预应力筋的放张顺序，必须符合设计要求。

当设计无要求时，应符合下列规定：

①对承受轴心预压力的构件（如压杆、桩等），所有预应力筋应同时放张。

②对承受偏心预压力的构件，应同时放张预压力较小区域的预应力筋，再同时放张预压力较大区域的预应力筋。

③当不能按上述规定放张时，应分阶段、对称、相互交错地放张。

④放张后预应力筋的切断顺序，宜由放张端开始，逐次切向另一端。

2）放张的方法

螺杆放松、千斤顶放松、砂箱放松、混凝土缓冲放松、预热熔割，此外，其他还有用剪线钳剪断钢丝的方法等。

2. 后张法施工工艺

后张法是先浇筑混凝土，后张拉钢筋的方法。即在构件中配置预应力筋的位置处预先留出相应的孔道，然后绑扎非预应力钢筋、浇筑混凝土，待构件混凝土强度达到设计规定的数值后（一般不低于设计强度的75%），在孔道内穿入预应力筋，用张拉机具进行张拉，并利用锚具把张拉后的预应力筋锚固在构件的端部。预应力筋的张拉力，主要靠构件端部的锚具传给混凝土，使其产生压应力。张拉锚固后，立即在预留孔道内压力灌浆，使预应力筋不受锈蚀，并与构件形成整体。

图3-21为预应力混凝土后张法生产示意图。

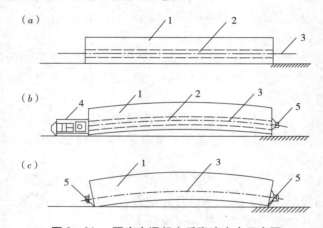

图3-21 预应力混凝土后张法生产示意图
（a）制作混凝土构件；（b）张拉钢筋；（c）锚固和孔道灌浆
1-混凝土构件；2-预留孔道；3-预应力筋；4-千斤顶；5-锚具

后张法施工工艺要点为：

后张法分预制生产和现场施工。后张法施工工艺中，其主要工序为孔道留设、预应力筋张拉和孔道灌浆三部分。

(1) 预留孔道

预留孔道，是后张法施工的一道关键工序。孔道有直线和曲线之分；成孔方法有钢管抽芯法（无缝钢管抽芯法）、胶管加压抽芯法和预埋管法。孔道成形的基本要求是：孔道的尺寸与位置应正确；孔道应平顺；接头不漏浆；端部预埋钢板应垂直于孔道中心线等。

钢管抽芯法用于留设直线孔道；胶管抽芯法可用于留设直线、曲线及折线孔道；预埋管法可采用薄钢管、镀锌钢管与波纹管（金属波纹管或塑料波纹管）等。

1）浇筑混凝土

浇筑混凝土时，应注意避免触及、损伤成孔管和造成支撑马凳移位，在钢筋密集区和构件两端，应用小直径的振动棒仔细振捣密实，且勿漏振，以免造成孔洞和混凝土不密实，以至张拉时使端部承压板凹陷或破坏，造成质量安全事故，影响构件性能。浇筑完混凝土后要对混凝土及时覆盖浇水养护,以防混凝土收缩裂纹。

2) 穿筋(束)

即将预应力筋穿入孔道,分先穿筋(束)和后穿筋(束)两种施工方式。

先穿筋(束)时应注意在浇筑混凝土和在混凝土初凝之前要不断来回拉动预应力筋,以防预应力筋被渗漏的水泥浆粘住而增大张拉时的摩擦阻力。

后穿束法是在浇筑混凝土之后进行,可在混凝土养护期内操作,不占工期,可在张拉前进行。

钢丝束应整束穿;钢绞线优先采用整束穿,也可单根穿。

(2) 预应力筋的张拉

张拉前应对构件(或块体)的几何尺寸、混凝土浇筑质量、孔道位置及孔道是否畅通、灌浆孔和排气孔是否符合要求、构件端部预埋铁件位置等进行全面检查。构件的混凝土强度应符合设计要求。如设计无要求时,不应低于强度等级的75%。对预制拼装构件的立缝处混凝土或砂浆强度如设计无要求时,不应低于块体混凝土强度等级的40%,且不得低于$15N/mm^2$。

1) 预应力筋的张拉方法

张拉形式可采用两端张拉、一端张拉一端补足、分段张拉、分期张拉等,针对不同结构形式和设计要求而定。

配有多根预应力筋的构件原则上应同时张拉。如果不能同时张拉时,则应分批张拉。在分批张拉中,其张拉顺序应充分考虑到尽量避免混凝土产生超应力、构件的扭转与侧弯,结构的变位等因素。对在同一构件上的预应力筋的张拉一般应对称张拉。

2) 预应力筋的张拉程序

预应力筋的张拉程序,主要根据构件类型、张锚体系、松弛损失取值等因素确定。用超张拉方法减少预应力筋的松弛损失时,预应力筋的张拉程序宜为:$0 \rightarrow 1.05\sigma_{con}$ $\xrightarrow{\text{持续2min}} \sigma_{con}$。

如果预应力筋的张拉吨位不大,根数很多,而设计中又要求采取超张拉以减小应力松弛损失,则其张拉程序为:$0 \rightarrow 1.03\sigma_{con}$。

3) 张拉伸长量的校核与预应力检验

为了解预应力值建立的可靠性,需对所张拉的预应力筋的应力及损失进行检验和测定,以便在张拉时补足和调整预应力值。

在张拉过程中,必要时还应测定预应力筋的实际伸长值,用以对预应力值进行校核。若实测伸长值大于预应力筋控制应力所计算伸长值的10%,或小于计算伸长值的5%,应暂停张拉,待查明原因并采取措施调整后,方可重新张拉。

构件张拉完毕后,应检查端部和其他部位是否有裂缝。锚固后的预应力筋的外露长度不宜小于15mm。长期外露的锚具,可涂刷防锈油漆或用混凝土封裹,以防腐蚀。

(3) 孔道灌浆

预应力张拉锚固后,利用灰浆泵将水泥浆压灌到预应力孔道中去,这样既可以起到预应力筋的防锈蚀作用,也可使预应力筋与混凝土构件的有效粘结增加,控制超载时的裂缝发展,减轻两端锚具的负荷状况。

灌浆用的灰浆，宜用强度等级不低于32.5的普通硅酸盐水泥调制的水泥浆，水泥浆的强度不应低于M20级。配制的水泥浆应有较大的流动性和较小的干缩性、泌水性。水灰比一般为0.4~0.45。

为使孔道灌浆饱满，可在灰浆中掺入占水泥质量为0.05%~0.1%的铝粉或0.25%的木质素磺酸钙。对空隙较大的孔道，水泥浆中可掺入少量的细砂。

用灌浆泵灌浆时，按先下后上顺序缓慢均匀地进行，不得中断，并应通畅排气。待孔道两端冒出浓浆并封闭排气以后，宜再继续加压至0.5~$0.6N/mm^2$，稍后再封闭灌浆孔。灰浆硬化后即可将灌浆孔的木塞拔出，并用水泥砂浆抹平。当灰浆强度达到15MPa时，方能移动。

若气温低于5℃，灌浆后还应按冬期施工要求进行养护，以防由于灰浆冰冻而使构件胀裂。

预应力筋锚固后的外露长度，不宜小于30mm，并且钢绞线端头混凝土保护层厚度不小于20mm。外露的锚具，需涂刷防锈油漆，并用混凝土封裹，以防腐蚀。

3. 无粘结预应力施工工艺

无粘结预应力筋是带有专用防腐油脂涂料层和聚乙烯（聚丙烯）外包层和钢绞线或$7\phi^s5$钢丝束，预应力筋与混凝土不直接接触，预应力靠锚具传递，施工时，不需要预留孔道、穿筋、灌浆等工序，而是在浇筑混凝土前，把预先组装好的无粘结筋与非预应力筋一起按设计要求铺放在模板内，然后浇筑混凝土，待混凝土达到设计强度的75%后，利用无粘结预应力筋在结构内与周围混凝土不粘结，在结构内可作纵向滑动的特性，进行张拉锚固，借助两端锚具，达到对结构产生预应力的效果。

（1）工艺流程

安装梁或楼板模板→放线→下部非预应力钢筋铺放、绑扎→铺放暗管、预埋件→安装无粘结筋张拉端模板（包括打眼、钉焊预埋承压板、螺旋筋、穴模及各部位马凳筋等）→铺放无粘结筋→检查修补破损的护套→上部非预应力钢筋铺放、绑扎→检查无粘结筋的矢高、位置及端部状况→隐蔽工程检查验收→浇灌混凝土→混凝土养护→松动穴模、拆除侧模→张拉准备→混凝土强度试验→张拉无粘结筋→切除超长的无粘结筋→封锚。

（2）施工要点

1）无粘结筋的制作

无粘结预应力筋由预应力钢丝（一般选用7根ϕ^s5高强度钢丝组成的钢丝束，也可选用$7\phi^s5$钢绞线束）、涂料层、外包层（图3-22）及锚具组成。其性能、防腐润滑涂料、护套材料均应符合规范要求。

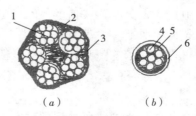

图3-22 无粘结筋横截面示意图

（a）无粘结钢绞线束（b）无粘结钢丝束或单根钢绞线

1-钢绞线；2-沥青涂料；3-塑料布；4-钢丝；5-油脂；6-塑料管

2）无粘结筋的铺设

无粘结预应力筋铺设前，应仔细检查筋的规格尺寸和端部配件，对有局部轻微破坏的外包层，可用塑料胶带补好，破坏严重的应予以报废。

无粘结筋的铺设按设计图纸规定进行：

①铺设顺序：

在单向连续梁板中，无粘结钢筋的铺设顺序与非预应力钢筋的铺设顺序相同。在双向连续平板中，无粘结预应力钢筋需要配制成两个方向的悬垂曲线。

②铺设方法：

一般是事先编制铺设顺序。将各无粘结钢筋搭接处的标高（从板底至无粘结筋上表面的高度）标出，根据双向钢丝束交点的标高差，绘制出钢丝束的铺设顺序图。波峰低的底层钢丝束先行铺设；然后依次铺设波峰高的上层钢丝束，以避免各钢丝束之间的相互碰撞穿插。

3）无粘结筋的张拉

无粘结预应力筋的张拉设备与程序等的要求与有粘结预应力筋要求基本上相同，但应注意如下几点：

①成束无粘结筋在正式张拉前，宜先用千斤顶往复抽动一两次，以降低张拉摩擦损失。无粘结筋的张拉摩擦系数，当采用防腐油脂涂料层时一般不大于0.12；当采用防腐沥青涂料层时，无粘结筋的张拉摩擦系数一般不大于0.25。

②在无粘结筋张拉过程中，当有个别钢丝发生滑脱或断裂时，可相应降低张拉力，以免发生钢丝连续断裂。但滑脱或断裂的数量，不应超过同一构件截面无粘结筋总量的2%。

③无粘结预应力筋的张锚体系应根据设计要求确定或根据结构端部的预埋承压板形式选定。当端部为单筋的布置时预应力体系可采用单根张拉与锚固体系，并用单根夹片式锚具锚固；张拉设备可选用各类轻型千斤顶。当无粘结预应力筋在端部成束布置时，应采用相应张拉力的中、大吨位的千斤顶。张拉顺序应按设计要求进行，如设计无特殊要求时，可依次张拉。

④当无粘结筋长度大于25m时，宜在两端张拉；长度小于25m时，可在一端张拉。当两端张拉时，为了减少预应力损失，宜先在一端张拉锚固，再在另一端补足张拉力进行锚固。

在张拉过程中，应测定其实际伸长值，并与理论伸长值进行比较，误差不应超过理论伸长值的±6%。

如发生偏差，则应暂停张拉，查明原因并采取措施予以调整后再继续张拉。

张拉时，无粘结筋的实际伸长值宜在初应力为油压表读数 $10N/mm^2$ 时开始测量。量测得的伸长值，必须加上初应力以下的推算伸长值，并扣除混凝土构件在张拉过程中的弹性压缩值。

（六）结构安装工程施工工艺

结构安装工程是将预先在工厂或施工现场制作的结构构件，按照设计的部位和质量要求，采用机械施工的方法在现场进行安装的施工全过程。在施工现场对工厂预制的结构构件或构件组合，用起重机械把它们吊起并安装在设计位置上，这样形成的结构称为装配式结构。下面仅以装配式单层工业厂房为例介绍其施工工艺与方法。

单层工业厂房结构构件有基础、柱子、吊车梁、连系梁、物架、天窗架、屋面板等。除了基础是现浇外，其余构件可为预制构件。在现场或预制构件厂预制，然后运输到施工现场进行安装。因此，单层工业厂房的施工关键是制定一个切实可行的构件运输和结构安装方案。

1. 构件吊装工艺

预制构件的吊装过程一般包括绑扎、起吊、对位、临时固定、校正、最后固定等工序。

（1）柱的吊装

1）柱的绑扎

柱的绑扎方法、绑扎位置和绑扎点数，要根据柱的形状、断面、长度、配筋和起重机性能等确定。一般中、小型柱按柱起吊后柱身是否垂直，分为直吊法和斜吊法，常用的绑扎方法有：一点绑扎斜吊法、一点绑扎直吊法、两点绑扎法、三面牛腿绑扎法等多种方法。

2）柱子的吊升

柱子的吊升方法，根据柱子质量、长度、起重机性能和现场施工条件而定。常采用的起吊方法有：

①旋转吊法：

这种方法是使柱子的绑扎点、柱脚中心和杯口中心三点共弧，该圆弧的圆心为起重机的回转中心，半径为圆心到绑扎点的距离。柱子堆放时，应尽量使柱脚靠近基础，以提高吊装速度。

②滑行法：

采用此法吊升时，柱子的绑扎点应布置在杯口附近，并与杯口中心位于起重机的同一工作半径的圆上，以便将柱子吊离地面后，稍转动吊杆，即可就位。

3）柱子就位

采取"四方八楔块"法将柱子插入杯口就位并加设斜撑及缆风绳临时固定。如图3-23所示。

4）校正

柱子是厂房建筑的重要构件。柱子的校正，有平面位置的校正和垂直度的校正。

施工现场校正的方法常采用千斤顶斜顶法（或丝杠千斤顶平顶法）、钢管撑杆斜向调正法等两种方法。柱子垂直度允许偏差见表3-13。

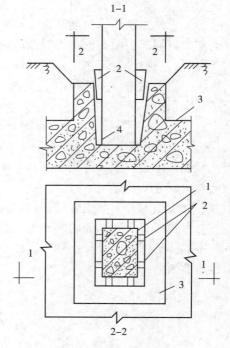

图3-23 柱子临时固定
1-柱子；2-楔子；3-杯形基础；4-石子

柱子垂直度允许偏差 表3-13

柱高 (m)	允许偏差 (mm)
≤5	5
>5 且 <10	10
10 及大于 10 的多节柱	1/1000 柱高但不大于 20

在实际施工中，无论采用哪种方法，均须注意以下几点：
①应先校正偏差大的，后校正偏差小的。
②柱子在两个方向的垂直度都校正好后，应再复查平面位置。
③在阳光照射下校正柱子垂直度时，要考虑温差的影响。

5）最后固定

柱子校正后，应立即进行最后固定。最后固定的方法是在柱脚与杯口的空隙中分两次灌筑细石混凝土，细石混凝土的强度等级应比柱的混凝土强度等级提高一级。

(2) 吊车梁的安装

吊车梁的安装，必须在柱子杯口二次浇灌混凝土的强度达到 75% 的设计强度以后进行。吊车梁安装程序为：绑扎、起吊、就位、校正和最后固定。

吊车梁校正的内容，主要是垂直度与平面位置。吊车梁的垂直度和平面位置的校正，应同时进行。吊车梁垂直度的偏差应在 5mm 以内。垂直度的测量用靠尺、线锤。吊车梁平面位置的校正，包括纵轴线（各梁的纵轴线位于同一直线上）和跨距两项。吊车梁校正的方法有拉钢丝法、仪器放线法、边吊边校法等。

吊车梁的最后固定，是在校正完毕后，将梁与柱上的预埋铁件焊牢，并在接头处支模，浇灌细石混凝土。

(3) 屋架吊装

屋架吊装的施工顺序是：绑扎、扶直与就位、吊升、临时固定、校正和最后固定。

1）绑扎

屋架的绑扎方法，有以下几种：
①跨度小于 15m 的屋架，绑扎两点即可；跨度在 15m 以上时，可采取四点绑扎，如图 3-24（a）所示。屋架跨度超过 30m 时，可采用铁扁担绑扎，以减小吊索高度。
②三角形组合屋架由于整体性和侧向刚度较差，且下弦为圆钢或角钢，必须用铁扁担绑扎，如图 3-24（b）所示。大于 18m 跨度的钢筋混凝土屋架，也要采取一定的加固措施，以增加屋架的侧向刚度。
③钢屋架的侧向刚度很差，在翻身扶直与安装时，均应绑扎几道杉木杆，作为临时加固措施，如图 3-24（c）所示。

2）扶直与就位

扶直屋架时由于起重机与屋架的相对位置不同，有正向扶直（起重机位于屋架下弦一边，图 3-25）和反向扶直（起重机位于屋架上弦一边，图 3-26）两种方法。

屋架扶直后，应立即进行就位。就位位置与屋架预制位置在起重机开行路线同一侧时，叫做同侧就位；就位位置与屋架预制位置分别在开行路线两侧时，叫做异侧就位。

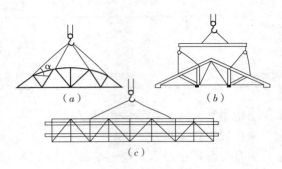

图 3-24 屋架的绑扎
(a) 四点绑扎；(b) 铁扁担绑扎；(c) 杉木杆临时加固

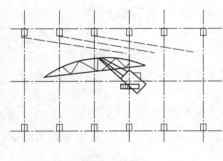

图 3-25 屋架的正向扶直

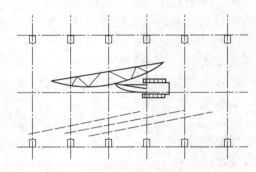

图 3-26 屋架的反向扶直

3) 吊升、对位与临时固定

屋架吊起后，应基本保持水平。吊至柱顶以上，用两端拉绳旋转屋架，使其基本对准安装轴线，随后缓慢落钩，在屋架刚接触柱顶时，即刹车进行对位，使屋架的端头轴线与柱顶轴线重合；对好线后，即可做临时固定，屋架固定稳妥，起重机才能脱钩。

第一榀屋架的临时固定必须十分可靠，因为它是单片结构，无处依托，侧向稳定很差；同时，它还是第二榀屋架的支撑，所以必须做好临时固定。做法一般是用四根缆风绳从两边把屋架拉牢，如图 3-27 所示。

第二榀屋架的临时固定，是用工具式支撑撑牢在第一榀屋架上。

4) 校正、最后固定

屋架经对位、临时固定后，主要校正垂直度偏差。规范规定，屋架上弦（跨中）对通过两支座中心垂直面的偏差不得大于 $h/250$（h 为屋架高度）。检查时可用垂球或经纬仪。校正无误后，立即用电焊焊牢，应对角施焊，避免预埋铁板受热变形。

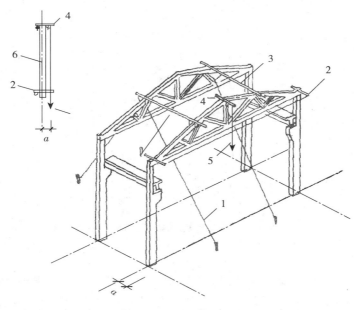

图 3-27　屋架的临时固定
1-缆风绳；2、4-挂线水平；3-工具式支撑；5-线锤；6-屋架

（4）屋面板安装

屋面板一般埋有吊环，用带钩的吊索钩住吊环即可安装。屋面板的安装次序，应自两边檐口左右对称地逐块铺向屋脊，避免屋架承受半边荷载。屋面板对位后，立即进行电焊固定，每块屋面板可焊三点，最后一块只能焊两点。

2. 结构吊装方案

（1）起重机型号的选择

履带式起重机的型号，应根据所安装构件的尺寸、质量以及安装位置来确定。

起重机的性能和起重杆长度，均应满足结构吊装的要求。

1）起重量

起重机的起重量必须大于所安装构件的重量与索具重量之和。

2）起重高度

起重机的起重高度必须满足所吊构件吊装高度的要求，如图 3-28 所示。

对于吊装单层厂房应满足：

$$H_{\min} = h_1 + h_2 + h_3 + h_4 \qquad (3-9)$$

式中　$H_{\min}$——起重机最小起重高度（m）；

　　　h_1——安装支座表面高度，自停机面算起（m）；

　　　h_2——安装空隙，一般不小于 0.3m；

　　　h_3——绑扎点至所吊构件底面的距离（m）；

　　　h_4——吊索高度，绑扎点至吊钩底的垂直距离（m）。

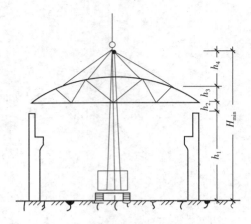

图 3-28 起重机的起重高度示意图

3) 回转半径

当起重机可以不受限制地开到所安装构件附近去吊装构件时，可不验算起重半径。但当起重机受限制不能靠近安装位置去吊装构件时，则应验算当起重机的起重半径为一定值时的起重量与起重高度能否满足吊装构件的要求。

4) 最小杆长的确定

当起重机的起重杆需跨过屋架去安装屋面板时，为了不碰动屋架，需求出起重机的最小杆长。求最小杆长可用数解法或图解法。

(2) 结构安装方法和起重机开行路线

1) 结构安装方法

单层厂房的安装方法，有以下两种：

①分件安装法。起重机在车间每开行一次，仅安装一种或两种构件，一般厂房仅需开行三次，即可安装好全部构件。三次开行中每次的安装任务是：

第一次开行，安装全部柱子，同时，吊车梁、连系梁也要运输就位；

第二次开行，跨中开入，进行屋架的扶直就位，再转至跨外，安装全部吊车梁、连系梁；

第三次开行，分节间安装屋架、天窗架、屋面板及屋面支撑等。

②综合安装法。是指起重机在车间一次开行中，分节间安装各种类型的构件。具体的做法是：先安装 4~6 根柱子，立即加以校正和最后固定；随后安装吊车梁、连系梁、屋架、屋面板等构件。起重机在每一个停机点上，尽可能安装构件。

这种方法的特点是：停机点少，开行路线短。但由于同时安装各种不同类型的构件，安装速度较慢；使构件供应和平面布置复杂；构件的校正、最后固定时间紧迫；操作面狭窄，易发生安全事故。因此，施工现场中很少采用，只有用桅杆式起重机时，因移动比较困难，才考虑用此法进行安装。

2) 起重机的开行路线

起重机的开行路线和起重机的性能，构件的尺寸与质量、平面布置、供应方法、安装方法等有关。

采用分件安装法时，起重机的开行路线如下：

①柱子。布置在跨内时，起重机沿跨内靠近开行；布置在跨外时，起重机沿跨外开行。每一停机点一般吊一根柱子。

②屋架扶直就位。起重机沿跨中开行。

③屋架、屋面板吊装。起重机沿跨中开行。

当厂房面积比较大，或为多跨结构时，为加快安装进度，可将建筑物划分为若干段，用多台起重机同时作业，每台起重机负责一个区段的全部安装任务。也可选用不同性能的起重机，有的专安装柱子，有的专安装屋盖，分工合作，互相配合，组织大流水施工。

(3) 构件的平面布置与运输堆放

构件的平面布置和起重机的性能、安装方法、构件的制作方法等有关。在选定起重机型号、确定施工方案后，根据施工现场实际情况加以制定。

1) 构件的平面布置原则

①每跨的构件宜布置在本跨内，如场地狭窄无法排放时，也可布置在跨外便于安装的地方。

②构件的布置，应便于支模及浇灌混凝土；当为预应力混凝土构件时，要为抽芯、穿钢筋留出必要的场地。构件之间留有一定的空隙，便于构件编号、检查，清除预埋件上的污物等。

③构件的布置，要满足安装工艺的要求，尽可能布置在起重机的工作半径内，减少起重机"跑吊"的距离及起伏起重杆的次数。

④构件的布置，力求占地最少，保证起重机、运输车辆的道路畅通。起重机回转时，机身不得与构件相碰。

⑤构件的布置，要注意安装时的朝向（特别是屋架），以免安装时在空中调头，影响安装进度，也不安全。

⑥构件均应在坚实的地基上浇筑，新填土要加以夯实，垫上通长的木板，以防下沉。

构件的布置方式也与起重机的性能有关，一般说来，起重机的起重能力大，构件比较轻时，应先考虑便于预制构件的浇筑；起重机的起重能力小，构件比较重时，则应优先考虑便于吊装。

2) 预制阶段的构件平面布置

①柱子的布置。

柱子的布置方式与场地大小、安装方法有关，一般有三种：即斜向布置、纵向布置及横向布置。其中以斜向布置应用最多，因其占地较少，起吊也方便。纵向布置是柱身和车间的纵轴线平行，虽然占地面积少，制作方便，但起吊不便，只有当场地受限制时，才采用此种方式。横向布置占地最多，且妨碍交通，只在个别特殊情况下加以采用。

A. 柱子的斜向布置。

柱子如用旋转法起吊，场地空旷，可按三点共弧斜向布置，如图 3-29 所示。

确定预制位置，可采用作图法：先确定起重机开行路线到柱基中线的距离；再确定起重机的停机点；最后确定柱子的预制位置。

布置柱子时，要注意柱子牛腿的朝向，避免安装时在空中调头。当柱子布置在跨内时，牛腿应面向起重机；布置在跨外时，牛腿应背向起重机。

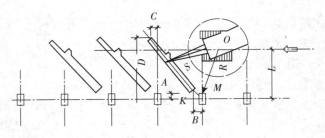

图 3-29　柱子的斜向布置

布置柱子时，有时由于场地限制或柱身过长，无法做到三点（杯口、柱脚、吊点）共弧，可根据不同情况，布置成两点共弧。

B. 柱子的纵向布置。

对于一些较轻的柱子，起重机能力有富余，考虑到节约场地、方便构件制作，可顺柱列纵向布置，如图 3-30 所示。

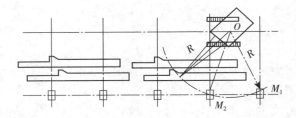

图 3-30　柱子的纵向布置

柱子纵向布置时，起重机的停机点应安排在两柱基的中点，使 $OM_1 = OM_2$，这样，每一停机点可吊两根柱子。

为了节约模板，减少用地，也可采取两柱叠浇。预制时，先安装的柱子放在上层，两柱之间要做好隔离措施。上层柱子由于不能绑扎，预制时要埋设吊环。柱子预制位置的确定方法同上，但上层柱子有时需先行就位。

②屋架的布置。

屋架一般安排在跨内叠层预制，每叠 3~4 榀。布置的方式有正面斜向布置、正反斜向布置、顺轴线正反向布置等，如图 3-31 所示。

确定预制位置时，要优先考虑正面斜向布置，因其便于屋架的扶直就位。只有当场地受限制时，才考虑采用其他两种方式。

屋架正面斜向布置时，下弦与厂房纵轴线的夹角 $\alpha = 10° \sim 20°$。预应力混凝土屋架，预留孔洞采用钢管时，屋架两端应留出 $(l/2 + 3)$m 的一段距离（l 为屋架跨度）作为抽管、穿筋的操作场地；如在一端抽管时，应留出 $(l + 3)$m 的一段距离。如用胶皮管预留孔洞时，距离可适当缩短。

每两榀屋架之间，要留 1m 左右的空隙，以便支模及浇混凝土。布置屋架预制位置时，要考虑屋架的扶直就位要求和扶直的先后次序，先扶直的放在上层。屋架的朝向、预埋铁件的位置也要注意安放正确。

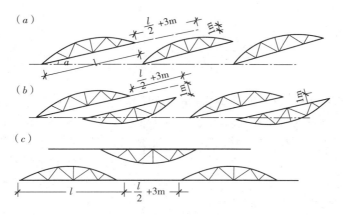

图 3-31 屋架的现场布置示意

(a) 正面斜向布置；(b) 正、反斜向布置；(c) 顺轴线正反向布置

③吊车梁的布置。

吊车梁安排在现场预制时，可靠近柱基顺纵向轴线或略作倾斜布置；也可插在柱子的空当中预制。

3）安装阶段构件的就位布置及运输堆放

安装阶段构件的就位布置包括屋架的扶直就位，吊车梁、屋面板的运输就位等。

吊车梁、连系梁、屋面板的运输堆放。单层厂房的吊车梁、连系梁、屋面板一般在预制厂集中生产，运至工地安装。构件运至现场后，按平面布置图安排的部位，依编号、安装顺序进行就位和集中堆放。吊车梁、连系梁的就位位置，一般在其安装位置的柱列附近，跨内跨外均可；有时，也可从运输车辆上直接起吊。屋面板的就位位置，可布置在跨内或跨外，根据起重机安装屋面板时所需的回转半径，排放在适当部位。一般情况，屋面板在跨内就位时，后退四五个节间开始堆放；跨外就位时，应后退一两个节间。

图 3-32 所示为某单跨厂房各构件的预制位置及起重机开行路线、停机点位置图。

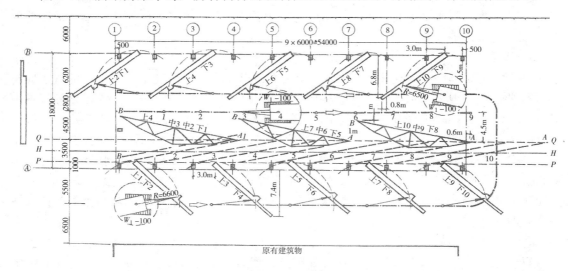

图 3-32 某单跨厂房预制构件平面布置图

（七）防水工程施工工艺

防水工程按其构造作法可分为结构自防水和防水层防水两大类。结构自防水主要是依靠建筑物构件材料自身的密实性及其构造措施（如坡度、埋设止水带等）使结构构件起到防水作用；防水层防水是在建筑物构件的迎水面或背水面以及接缝处，使用附加防水材料做成的防水层，以起到防水作用，如卷材防水、涂膜防水、刚性防水等。防水工程又可分为柔性防水（如卷材防水、涂膜防水等）和刚性防水（如细石混凝土、结构自防水等）。

防水工程按其部位又可分为屋面防水、地下防水、卫生间防水等。

1. 屋面防水施工工艺

屋面防水工程按所用材料不同，常用的有卷材防水屋面、涂料防水屋面和刚性防水屋面。

（1）卷材防水屋面

卷材防水屋面是用胶粘剂粘贴卷材形成一整片防水层的屋面。所用的卷材有石油沥青防水卷材、高聚物改性沥青防水卷材、高分子防水卷材等三大系列。粘贴层的材料取决于选用卷材的种类：石油沥青防水卷材用沥青胶作粘贴层，该做法目前已很少采用；高聚物改性沥青防水卷材则用改性沥青胶；合成橡胶树脂类卷材和合成高分子防水系列卷材则需用与其配套的胶粘剂。

卷材屋面一般由结构层、隔汽层、保温层、找平层、防水层和保护层组成。隔汽层能阻止室内水蒸气进入保温层，以免影响保温效果；保温层的作用是隔热保温，找平层用以找平保温层或结构层；防水层主要防止雨雪水向屋面渗透；保护层是保护防水层免受外界因素的影响而遭受损坏。

1）石油沥青卷材防水屋面

石油沥青卷材防水屋面防水层的施工包括基层的准备、沥青胶的调制、卷材铺贴前的处理及卷材铺贴等工序。

①基层要求。

基层要有足够的结构整体性和刚度，承受荷载时不产生显著变形。找平层的排水应符合设计要求，一般采用水泥砂浆（体积比为水泥:砂＝1:2.5～1:3，水泥的强度等级不得低于32.5）、沥青砂浆（质量比为沥青:砂＝1:8）和细石混凝土（强度等级不得低于C20）找平层作基层。找平层的排水坡度应符合设计要求。平屋面采用结构找坡不应小于3%，采用材料找坡宜为2%；天沟、檐沟纵向找坡不应小于1%，沟底水落差不得超过200mm。基层的平整度，应用2m靠尺检查，面层与直尺间最大空隙不应大于5mm。基层表面不得有酥松、起皮起砂、空鼓裂缝等现象。平面与突出物连接处和阴阳角等部位的找平层应抹成圆弧。

②卷材的铺贴顺序与方向。

防水层施工应在屋面上其他工程（如砌筑、烟囱、设备管道等）完工后进行；卷材铺贴应采取先高后低、先远后近的施工顺序，即高低跨屋面，先铺高跨后铺低跨；等高的大面积屋面,先铺离上料地点远的部位,后铺较近部位,由屋面最低标高处向上施工。铺贴卷材的方向应根据屋面坡度或屋面是否受振动而确定。当屋面坡度小于3%时,宜平行于屋脊铺贴;屋面坡度在3%~15%时,卷材可平行或垂直于屋脊铺贴;当屋面坡度大于15%或屋面受振动时,为防止卷材下滑,应垂直于屋脊铺贴;上下层卷材不得相互垂直铺贴。大面积铺贴卷材前,应先做好节点和屋面排水比较集中的部位(屋面与水落口连接处、檐口、天沟、变形缝、管道根部等)的处理,通常采用附加卷材或防水涂料、密封材料作附加增强处理。

③搭接要求。

铺贴卷材应采用搭接方法,即上下两层及相邻两卷材的搭接接缝均应错开。各层卷材的搭接宽度长边不应小于70mm,短边不应小于100mm,上下两层卷材的搭接接缝均应错开1/3或1/2幅宽,相邻两幅卷材的短边搭接缝应错开不小于300mm以上。平行于屋脊的搭接缝,应顺水流方向搭接;垂直于屋脊的搭接缝,应顺主导风向搭接。

④卷材的铺贴。

在铺贴卷材时,应先在屋面标高的最低处开始弹出第一块卷材的铺贴基准线,然后按照所规定的搭接宽度边铺边弹基准线。卷材铺贴方法常用的有浇油粘贴法和刷油粘贴法。施工时,要严格控制沥青胶的厚度,底层和里层宜为1~1.5mm,面层宜为2~3mm。卷材的搭接缝应粘结牢固,密封严密,不得有皱折、翘边和鼓泡等缺陷;防水层的收头应与基层粘结牢固,缝口封严,不得翘边。

⑤保护层施工。

保护层应在油毡防水层完工并经验收合格后进行,施工时应做好成品的保护。具体做法是在卷材上层表面浇一层2~4mm厚的沥青胶,趁热撒上一层粒径为3~5mm的小豆石(绿豆砂),并加以压实,使豆石与沥青胶粘结牢固,未粘结的豆石随即清扫干净。

2)高聚物改性沥青卷材防水屋面

所谓"改性",即改善沥青性能,也就是在石油沥青中掺入适量聚合物,特别是橡胶,可以降低沥青的脆点,并提高其耐热性,采用这类聚合物改性的材料,可以延长屋面的使用期限。目前使用较为普遍的是SBS改性沥青卷材、APP改性沥青卷材、PVC改性沥青卷材和再生胶改性沥青卷材等,其施工工艺流程与普通卷材防水层基本相同。

高聚物改性沥青防水卷材施工,可以采取单层外露或双层外露两种构造作法,有冷粘贴、热熔法及自粘法三种施工方法,目前使用最多的是热熔法。

①热熔法施工。

热熔法施工是指将卷材背面用喷灯或火焰喷枪加热熔化,靠其自身熔化后黏性与基层粘结在一起形成防水层的施工方法。

A. 施工条件。

改性沥青防水卷材热熔施工可在-10℃气温下进行,施工不受季节限制,但雨天、风天不得施工;基层必须干燥,局部稍潮可用火焰喷枪烘烤干燥;施工操作易着火,除施工中注意防火外,施工现场不得有其他明火作业。

B. 材料要求。

进场的改性沥青防水卷材应有合格证,其外观质量、规格和物理性能经复验均应符合标准、规范的规定要求。采用改性沥青涂料或胶粘剂作为基层处理剂。

C. 施工工艺流程。

清理基层→涂刷基层处理剂→铺贴卷材附加层→热熔铺贴大面积防水卷材→热熔封边→蓄水试验→保护层施工→质量验收。

②冷粘贴施工。

冷粘贴施工是利用毛刷将胶粘剂涂刷在基层或卷材上,然后直接铺贴卷材,使卷材与基层、卷材与卷材粘结,不需要加热施工。

冷粘贴施工要求:胶粘剂涂刷应均匀、不漏底、不堆积;排汽屋面采用空铺法、条粘法、点粘法应按规定位置与面积涂刷;铺贴卷材时,应排除卷材下的空气,并辊压粘贴牢固;根据胶粘剂的性能,应控制胶粘剂与铺卷材的间隔时间;铺贴卷材时应平整顺直,搭接尺寸准确,不得扭曲、皱折;搭接部位接缝胶应满涂、辊压粘结牢固,溢出的胶粘剂随即刮平封口;也可以用热熔法接缝。接缝口应用密封材料封严,宽度不小于10mm。

③自粘法施工。

自粘法卷材防水施工是指采用带有自粘胶的防水卷材,不用热施工,也不需涂胶结材料而进行粘结的方法。施工时在基层表面均匀涂刷基层处理剂,将卷材背面隔离纸撕净,将卷材粘贴于基层上形成防水层。

高聚物改性沥青防水卷材施工时,其细部做法如檐沟、檐口、泛水、变形缝、伸出屋面管道、水落口等处以及对排水屋面施工要求与沥青防水卷材施工相同。

3) 高分子卷材防水屋面

高分子防水卷材有橡胶、塑料和橡塑共混三大系列,这类防水卷材与传统的石油沥青卷材相比,具有单层结构防水、冷施工、使用寿命长等优点。合成高分子卷材主要品种有:三元乙丙橡胶防水卷材,氯化聚乙烯—橡胶共混防水卷材、氯化聚乙烯防水卷材和聚氯乙烯防水卷材等。

合成高分子卷材防水施工方法分为冷粘贴施工、热熔(或热焊接)法施工及自粘法施工三种,使用最多的是冷粘贴法。

冷粘贴防水施工是指以合成高分子卷材为主体材料,配以与卷材同类型的胶粘剂及其他辅助材料,用胶粘剂贴在基层形成防水层的施工方法。下面以三元乙丙橡胶防水卷材为例介绍冷粘贴法施工。

三元乙丙橡胶防水卷材一般用于高档工程屋面单层外露防水工程。卷材厚度宜选用1.5mm 或 1.2mm 厚。

①施工条件。

三元乙丙橡胶防水卷材冷粘贴施工时,下雨、预期下雨或雨后基层潮湿均不得进行施工;冬季负温时,由于胶粘剂中的溶剂挥发较慢不宜施工;施工现场100m以内不得有火源或焊接作业。

②材料要求。

三元乙丙橡胶防水卷材的类型及尺寸要求应符合有关规定,其外观应平直,不应有破损、断裂、砂眼、皱折等缺陷。

③施工工艺流程。

清理基层→涂刷基层处理剂→铺贴附加层卷材→涂刷基层胶粘剂→粘贴防水卷材→卷材接缝的粘接→卷材末端收头的处理→蓄水试验→保护层施工→质量验收。

（2）涂料防水屋面

涂料防水屋面是采用防水涂料在屋面基层（找平层）上现场喷涂、刮涂或涂刷抹压作业，涂料经过自然固化后形成一层有一定厚度和弹性的无缝涂膜防水层，从而使屋面达到防水的目的。防水涂料应采用高聚物防水涂料或高分子防水涂料，有薄质涂料和厚质涂料两类施工方法。

1）薄质防水涂料施工

①对基层的要求

涂料防水屋面的结构层、找平层的施工与卷材防水屋面基本相同。

②特殊部位的附加增强处理

在排水口、檐口、管道根部、阴阳角等容易渗漏的薄弱部位，应先增涂一布二油附加层，宽度为300～450mm。

③涂料防水层施工

基层处理剂干燥后方可进行涂膜的施工。薄质防水涂料屋面一般有三胶、一毡三胶、二毡四胶、一布一毡四胶、二布五胶等做法。防水涂料和胎体增强材料必须符合设计要求（检验方法：检查出厂合格证、质量检验报告和现场抽样复验报告）。涂膜应根据防水涂料的品种分层分遍涂布，不得一次涂成。涂膜的厚度必须达到有关标准、规范规定和设计要求。涂料的涂布顺序为：先高跨后低跨，先远后近，先立面后平面。同一屋面上先涂布排水较集中的水落口、天沟、檐口等节点部位，再进行大面积涂布。涂层应厚薄均匀、表面平整，待先涂的涂层干燥成膜后，方可涂布后一遍涂料。涂层中夹铺增强材料（玻璃棉布或毡片，其主要目的是增强防水层）时，宜边涂边铺胎体，应采用搭接法铺贴，其长边搭接宽度不得小于50mm，短边搭接宽度不得小于70mm。采用二层胎体增强材料时，上下不得相互垂直铺设，搭接缝应错开，其间距不应小于1/3幅宽。涂膜防水层收头应用防水涂料多遍涂刷或用密封材料封严。涂膜防水层与基层应粘结牢固，表面平整，涂刷均匀，无流淌、皱折、鼓泡、露胎体和翘边等缺陷。在涂膜未干前，不得在防水层上进行其他施工作业。

④保护层施工

涂膜防水屋面应设置保护层，保护层材料根据设计规定或涂料的使用说明书选定，一般可采用细砂、蛭石、云母、浅色涂料、水泥砂浆或块材等。当采用水泥砂浆或块材时，应在涂膜与保护层之间设隔离层。当用细砂、蛭石、云母时，应在最后一遍涂料涂刷后随即撒上，并随即用胶辊滚压，使之粘牢，隔日将多余部分扫去。涂层刷浅色涂料时，应在涂膜固化后进行。

2）厚质防水涂料施工

石灰乳化沥青属于厚质的防水涂料，采用抹压法施工，要求基层干燥密实、坚固干净，无松动现象，不得起砂、起皮。石灰乳化沥青应搅拌均匀，其稠度为50～100mm，铺抹前，宜根据不同季节和气温高低决定涂刷不同的冷底子油。当日最高气温≥30℃时，应先用水将屋面基层冲洗干净，然后刷稀释的石灰乳化沥青冷底子油（汽油:沥青=7:3），必要时应通过试抹确定冷底子油的种类和配合比。待冷底子油干燥后，立即铺抹石灰乳化沥青，厚度为5～7mm，待表面收水后，用铁抹子压实抹光，施工气温以5～30℃为宜。

(3) 刚性防水屋面

刚性防水屋面是指用细石混凝土、块体材料或补偿收缩混凝土等刚性材料作为防水层的屋面。它主要是依靠混凝土自身的密实性，并采取一定的构造措施（如增加钢筋、设置隔离层、设置分格缝，油膏嵌缝等）以达到防水目的。刚性防水屋面适用于Ⅰ～Ⅲ级的屋面防水；不适用于设有松散材料保温层以及受较大振动或冲击的和坡度大于15%的建筑屋面。

1）材料要求

①水泥：防水层的细石混凝土宜用普通硅酸盐水泥或硅酸盐水泥，用矿渣硅酸盐水泥时应采取减少泌水性的措施。水泥的强度等级不宜低于 32.5。不得使用火山灰质水泥。水泥贮存时应防止受潮，存放期不得超过三个月，否则必须重新检验，确定其强度等级。

②骨料与水：在防水层的细石混凝土和砂浆中，粗骨料的最大粒径不宜大于 15mm，含泥量不应大于 1%，细骨料应采用粗砂或中砂，含泥量不应大于 2%；拌合用水应为不含有害物质的洁净水。

③外加剂：防水层细石混凝土使用的膨胀剂、减水剂、防水剂等外加剂，应根据不同品种的适用范围及技术要求选定。

④钢筋：防水层内配置的钢筋宜采用冷拔低碳钢丝。

⑤配制：细石混凝土应按防水混凝土的要求设计，每立方米混凝土的水泥用量不得少于 330kg；含砂率为 35%～40%；灰砂比为 1:2～1:2.5；水灰比不应大于 0.55；混凝土强度等级不应低于 C20。

2）施工工艺

①基层要求：

刚性防水屋面的结构层宜为整体现浇的钢筋混凝土。刚性防水屋面的坡度宜为 2%～3%，并应采用结构找坡。如采用装配式钢筋混凝土时，应用强度等级不小于 C20 的细石混凝土灌缝，灌缝的细石混凝土宜掺微膨胀剂。当屋面板板缝宽度大于 40mm 或上窄下宽时，板缝内必须设置构造钢筋，板端缝应进行密封处理。

②隔离层施工：

细石混凝土防水层与结构层宜设隔离层。隔离层可选用干铺卷材、砂垫层、低强度等级砂浆等材料，以起到隔离作用，使结构层和防水层的变形互不受制约，以减少因结构变形对防水层的不利影响。干铺卷材隔离层的做法是在找平层上干铺一层卷材，卷材的接缝均应粘牢；表面涂两道石灰水或掺 10% 水泥的石灰浆（防止日晒卷材发软），待隔离层干燥有一定强度后进行防水层施工。

③现浇细石混凝土防水层施工

A. 分格缝的设置。为了防止大面积的防水层因温差、混凝土收缩等影响而产生裂缝，应按设计要求设置分格缝，分格缝处可采用嵌填密封材料并加贴防水卷材的办法进行处理，以增加防水的可靠性。分格缝的一般做法是在施工刚性防水层前，先在隔离层上定好分格缝的位置，再放分格条，分格条应先浸水并涂刷隔离剂，用砂浆固定在隔离层上。

B. 钢筋网施工。钢筋网铺设应按设计要求，设计无规定时，一般配置 $\phi^b 4$，间距为 100～200mm 双向钢筋网片，网片可采用绑扎或点焊成型，其位置宜居中偏上为宜，保护层不小于 15mm。分格缝钢筋必须断开。

C. 浇筑细石混凝土。混凝土厚度不宜小于40mm。混凝土搅拌应采用机械搅拌，其质量应严格保证。应注意防止混凝土在运输过程中漏浆和分层离析，浇筑时应按先远后近，先高后低的原则进行。一个分格缝内的混凝土必须一次浇筑完成，不得留施工缝。从搅拌到浇筑完成应控制在2h以内。

D. 表面处理。用平板振动器振捣至表面泛浆为宜，将表面刮平，用铁抹子压实压光，达到平整并符合排水坡度的要求。抹压时严禁在表面洒水、加水泥浆或撒干水泥。当混凝土初凝后，拆出分格条并修整。混凝土收水后应进行二次表面压光，并在终凝前三次压光成活。

E. 养护。混凝土浇筑12~24h后进行养护，养护时间不应少于14d，养护初期屋面不允许上人。养护方法可采取洒水湿润，也可覆盖塑料薄膜、喷涂养护剂等，但必须保证细石混凝土处于湿润状态。

2. 地下防水施工工艺

（1）防水方案

地下工程的防水方案，大致可分为三类：防水混凝土结构、结构表面附加防水层（水泥砂浆、卷材）、渗排水措施。

1）防水混凝土结构

防水混凝土结构是以调整混凝土配合比或在混凝土中掺入外加剂或使用新品种水泥等方法来提高混凝土本身的憎水性、密实性和抗渗性，使其具有一定防水能力的整体现浇混凝土和钢筋混凝土结构。它将防水、承重和围护合为一体，具有施工简单、工期短、造价低的特点，应用较为广泛。

2）结构表面附加防水层

在地下结构物的表面另加防水层，使地下水与结构隔离，以达到防水的目的。常用的防水层有水泥砂浆、卷材、沥青胶结材料和金属防水层等。可根据不同的工程对象、防水要求及施工条件选用。

3）渗排水防水

利用盲沟、渗排水层等措施来排除附近的水源以达到防水目的。适用于形状复杂、受高温影响、地下水为上层滞水且防水要求较高的地下建筑。

（2）变形缝、后浇带的处理

防水混凝土的变形缝、施工缝、后浇带等是防水的薄弱环节，处理不当，极易引起渗漏。

1）变形缝

地下结构物的变形缝应满足密封防水、适应变形、施工方便、检查容易等要求。选用变形缝的构造形式和材料时，应综合考虑工程特点、地基或结构变形情况以及水压、水质影响等因素，以适应防水混凝土结构的伸缩和沉降的需要，并保证防水结构不受破坏。变形缝的宽度宜为20~30mm，通常采用止水带、遇水膨胀橡胶腻子止水条等高分子防水材料和接缝密封材料。

对压力大于0.3MPa，变形量为20~30mm、结构厚度大于等于300mm的变形缝，应采用中埋式橡胶止水带；对环境温度高于50℃、结构厚度大于等于300mm的变形缝，可采用 2mm 厚的紫铜片或 3mm 厚的不锈钢等中间呈圆弧形的金属止水带；需要增强变形缝的防水能力时，可采用两道埋入式止水带，或采用嵌缝式、粘贴式、附贴式、埋入式等复合使用。其中埋入式止水带不得设在结构转角处。

2）后浇带

当地下室为大面积防水混凝土结构时，为防止结构变形、开裂而造成渗漏水时，在设计与施工时需留设后浇带，带内的结构钢筋不能断开。混凝土后浇带是一种刚性接缝，应设在受力和变形较小的部位，宽度以 1m 为宜，其形式有平直缝、阶梯缝和企口缝。后浇带的混凝土施工，应在其两侧混凝土浇筑完毕并养护六个星期、待混凝土收缩变形基本稳定后再进行，浇筑前应将接缝处混凝土表面凿毛，清洗干净，保持湿润。浇筑后浇带的混凝土应优先选用补偿收缩的混凝土，其强度等级与两侧混凝土相同。后浇带混凝土的施工温度应低于两侧混凝土施工时的温度，而且宜选择在气温较低的季节施工，以保证先后浇筑的混凝土相互粘结牢固，不出现缝隙。后浇带的混凝土浇筑完成后应保持在潮湿条件下养护 4 周以上。

3）穿墙管

当结构变形或管道伸缩量较小时，穿墙管可采用直接埋入混凝土内的固定式防水法，主管应满焊止水环；当结构变形或管道伸缩量较大或有更换要求时，应采用套管式防水法，套管与止水环满焊；当穿墙管线较多且密时，宜相对集中，采用穿墙盒法。盒的封口钢板应与墙上的预埋角钢焊严，并从钢板的浇筑孔注入密封材料。穿过地下室外墙的水、暖、电的管周应填塞膨胀橡胶泥，并与外墙防水层连接。

(3) 卷材防水层施工

地下室卷材防水是常用的防水处理方法。卷材有沥青防水卷材、高聚物防水卷材和合成高分子防水卷材，利用胶结材料通过冷粘、热熔粘结等方法形成防水层。地下室卷材防水层施工大多采用外防水法（卷材防水层粘贴在地下结构的迎水面）。而外防水中，依保护墙的施工先后及卷材铺贴位置，可分为外防外贴法和为外防内贴法。

1）外防外贴法施工

外防外贴法是在垫层铺贴好底板卷材防水层后，进行地下需防水结构的混凝土底板与墙体的施工，待墙体侧模拆除后，再将卷材防水层直接铺贴在墙面上。

外防外贴法的施工程序是：首先浇筑需防水结构的底面混凝土垫层，并在垫层上砌筑部分永久性保护墙，墙下干铺油毡一层，墙高不小于 $B+200\sim500$mm（B 为底板厚度）。在永久性保护墙上用石灰砂浆砌临时保护墙，墙高为 150mm×（油毡层数 +1）；在永久性保护墙上和垫层上抹 1:3 水泥砂浆找平层，临时保护墙用石灰砂浆找平；待找平层基本干燥后，即在其上满涂冷底子油，然后分层铺贴立面和平面卷材防水层，并将顶端临时固定。在铺贴好的卷材表面做好保护层后，再进行需防水结构的底板和墙体施工。需防水结构施工完成后，将临时固定的接槎部位的各层卷材揭开并清理干净，再在此区段的外墙表面上补抹水泥砂浆找平层，找平层上满涂冷底子油，将卷材分层错槎搭接向上铺贴在结构表面上，并及时做好防水层的保护结构。

2）外防内贴法施工

外防内贴法是在垫层四周先砌筑保护墙，然后将卷材防水层铺贴在垫层和保护墙上，最后再进行地下需防水结构的混凝土底板与墙体的施工。

外防内贴法的施工程序是：先铺设底板的垫层，在垫层四周砌筑永久性保护墙，然后在垫层及保护墙上抹1:3水泥砂浆找平层，待其基本干燥并满涂冷底子油，沿保护墙与底层铺贴防水卷材。铺贴完毕后，在立面防水层上涂刷最后一层沥青胶时，趁热粘上干净的热砂或散麻丝，待冷却后，立即抹一层10~20mm厚的1:3水泥砂浆找平层；在平面上铺设一层30~50mm厚的水泥砂浆或细石混凝土保护层，最后再进行需防水结构的混凝土底板和墙体的施工。

卷材防水层的施工要求是：铺贴卷材的基层表面必须牢固、平整、清洁和干燥。阴阳角处均应做成圆弧或钝角，在粘贴卷材前，基层表面应用与卷材相容的基层处理剂满涂。铺贴卷材时，胶结材料应涂刷均匀。外贴法铺贴卷材时应先铺平面，后铺立面，平立面交接处应交叉搭接；内贴法宜先铺立面，后铺平面；铺贴立面卷材时，应先铺转角，后铺大面。卷材的搭接长度，要求长边不应小于100mm，短边不应150mm。上下两层和相邻两幅卷材的接缝应相互错开1/3幅宽，并不得相互垂直铺贴。在立面和平面的转角处，卷材的接缝应留在平面上距离立面不小于600mm处。所有转角处均应铺贴附加层。卷材与基层和各层卷材间必须粘结紧密。搭接缝要仔细封严。

（4）防水混凝土结构的施工

1）防水混凝土的种类

常用的防水混凝土有：普通防水混凝土、外加剂或掺合料防水混凝土和膨胀水泥防水混凝土三类。

①普通防水混凝土：在普通混凝土骨料级配的基础上，通过调整和控制配合比的方法，提高自身密实度和抗渗性的一种混凝土。

②掺外加剂的防水混凝土：在混凝土拌合物中加入少量改善混凝土抗渗性的有机物，如减水剂、防水剂、引气剂等外加剂；掺合料防水混凝土是在混凝土拌合物中加入少量硅粉、磨细矿渣粉、粉煤灰等无机粉料，以增加混凝土密实性和抗渗性。防水混凝土中的外加剂和掺合料均可单掺，也可以复合掺用。

③膨胀水泥防水混凝土：利用膨胀水泥在水化硬化过程中形成大量体积增大的结晶（如钙矾石），主要是改善混凝土的孔结构，提高混凝土剂制作的防水混凝土抗渗性能。同时，膨胀后产生的自应力使混凝土处于受压状态，提高混凝土的抗裂能力。

2）材料要求

防水混凝土使用的水泥品种应按设计要求选用，其强度等级不应低于32.5级，不得使用过期或受潮结块的水泥；碎石或卵石的粒径宜为5~40mm，含泥量不得大于1.0%，泥块含量不得大于0.5%；砂宜用中砂，含泥量不得大于3.0%，泥块含量不得大于1.0%；拌制混凝土所用的水，应采用不含有害杂质的洁净水；外加剂的技术性能，应符合国家或行业标准一等品及以上的质量要求；粉煤灰的级别不应低于二级；硅粉掺量不应大于3%，其他掺合料的掺量应通过试验确定。

防水混凝土首先必须满足设计的抗渗等级要求，同时适应强度要求，所以防水混凝土的配合比必须由试验室根据实际使用的材料及选用的外加剂（或外掺料）通过试验确定，其抗渗等级应比设计要求提高0.2MPa；水泥用量不得少于300kg/m³，掺有活性掺合料时，水泥用量不得少于280kg/m³；砂率宜为35%~45%，灰砂比宜为1:2~1:2.5，水灰比不得大于0.55；普通防水混凝土坍落度不宜大于50mm，泵送时入泵坍落度宜为100~140mm。

3) 防水混凝土的施工

防水混凝土配料必须按重量配合比准确称量，采用机械搅拌。在运输和浇筑过程中，应防止漏浆和离析，坍落度不损失。浇筑时必须做到分层连续进行，采用机械振捣，严格控制振捣时间，不得欠振漏振，以保证混凝土的密实性和抗渗性。

施工缝是防水结构容易发生渗漏的薄弱部位，应连续浇筑宜少留施工缝。墙体一般只允许留水平施工缝，其位置应留在高出底板上表面 300mm 的墙身上。在施工缝处继续浇筑混凝土时，应将施工缝处的混凝土表面凿毛，清理浮粒和杂物，用水冲洗干净，保持湿润，再铺一层 20~25mm 厚的水泥砂浆，捣压实后再继续浇筑混凝土。

防水混凝土的养护对其抗渗性能影响极大，因此，必须加强养护，一般混凝土进入终凝后（浇筑后 4~6h）即应覆盖，浇水湿润不少于 14d，不宜采用电热养护和蒸汽养护。

防水混凝土养护达到设计强度等级的 70% 以上，且混凝土表面温度与环境温度之差不大于 15℃时，方可拆模，拆摸后应及时回填土，以免温差产生裂缝。

3. 卫生间防水施工工艺

(1) 卫生间楼地面聚胺酯防水施工

聚胺酯涂膜防水材料是双组分化学反应固化形的高弹性防水涂料，多以甲、乙双组分形式使用。主要材料有聚胺酯涂膜防水材料甲组份、聚胺酯涂膜防水材料乙组分和无机铝盐防水剂等。施工用辅助材料应备有二甲苯（清洗工具用）、二月桂酸二丁基锡（凝固过慢时，作促凝剂用）、苯磺酰氯（凝固过快时，作缓凝剂用）等。

1) 基层处理

卫生间的防水基层必须用 1:3 的水泥砂浆找平，要求抹平压光无空鼓，表面要坚实，不应有起砂、掉灰现象。在抹找平层时，凡遇到管子根部周围要使其略高于地面；在地漏的周围应做成略低于地面的洼坑。找平层的坡度以 1%~2% 为宜，凡遇到阴、阳角处，要抹成半径不小于 10mm 的小圆弧。穿过楼地面或墙壁的管件（如套管、地漏等）及卫生洁具等，必须安装牢固，收头必须圆滑，并按设计要求用密封膏嵌固。基层必须基本干燥，一般在基层表面均匀泛白无明显水印时，才能进行涂膜防水层施工。施工前要把基层表面的尘土杂物彻底清扫干净。

2) 施工工艺

①清理基层：

施工前，先将基层表面的突出物、砂浆疙瘩等异物铲除，并进行彻底清扫。如发现有油污、铁锈等，要用钢丝刷、砂布和有机溶剂等彻底清扫干净。

②涂布底胶：

将聚胺酯甲、乙组分和二甲苯按 1:1.5:2 的比例（质量比）配合搅拌均匀，再用小辊刷均匀涂布在基层表面上。干燥 4h 以上，才能进行下一道工序。

③配制聚胺酯涂膜防水涂料：

将聚胺酯甲、乙组分和二甲苯按 1:1.5:0.3 的比例配合，用电动搅拌器强力搅拌均匀备用。涂料应随配随用，一般在 2h 内用完。

④涂膜防水层施工：

用小辊刷或油漆刷将已配好的防水混合材料均匀涂布在底胶已干固的基层表面上。涂布时要求厚薄均匀一致，平刷3~4度为宜。防水涂膜的总厚度不小于1.5mm为合格。涂完第一度涂膜后，一般需固化5h以上，在基本不粘手时，再按上述方法涂布第二、三、四度涂膜，并使后一度与前一度的涂布方向相垂直。对管子根部和地漏周围以及下水管转角墙部位，必须认真涂刷，涂刷厚度不小于2mm。在涂刷最后一度涂膜固化前及时稀撒少许干净的粒径为2~3mm的小豆石，使其与涂膜防水层粘接牢固，作为与水泥砂浆保护层粘结的过渡层。

⑤做好保护层：

当聚胺酯涂膜防水层完全固化和通过蓄水试验并检验合格后，即可铺设一层厚度为15~25mm的水泥砂浆保护层，然后可根据设计要求铺设饰面层。

3）质量要求

聚胺酯涂膜防水材料的技术性能应符合设计要求或标准规定，并应附有质量证明文件和现场取样进行检验的试验报告以及其他有关质量的证明文件。涂膜厚度应均匀一致，总厚度不应小于1.5mm。涂膜防水层必须均匀固化，不应有明显的凹坑、气泡和渗漏水的现象。

（2）卫生间楼地面氯丁胶乳沥青防水涂料施工

氯丁胶乳沥青防水涂料是氯丁橡胶乳液与乳化沥青混合加工而成，它具有橡胶和石油沥青材料的双重优点。该涂料与溶剂型的同类涂料相比，成本较低，基本无毒，不易燃，不污染环境，成膜性好，涂膜的抗裂性较强，适宜于冷施工。

1）基层处理

与聚胺酯涂膜防水施工要求相同。

2）施工工艺

①阴角、管子根部和地漏等部位的施工：

这些部位必须先铺一布二油进行附加补强处理。即将涂料用毛刷均匀涂刷在需要进行附加补强处理的部位，再按形状要求把剪好的玻璃纤维布或聚酯纤维无纺布粘贴好，然后涂刷涂料。待干燥后，再按要求进行一布四油施工。

②一布四油施工：

在洁净的基层上均匀涂刷第一遍涂料，待涂料表面干燥后（4h以上），即可铺贴的玻璃纤维布或聚酯纤维无纺布，接着涂刷第二遍涂料。施工时可边铺边涂刷涂料。聚酯纤维无纺布的搭接宽度不应小于70mm。铺布过程中要用毛刷将布铺刷平整，彻底排除气泡，并使涂料浸透布纹，不得有白茬、皱折，垂直面应贴高250mm以上，收头处必须粘贴牢固，封闭严密。然后再涂刷第二遍涂料，待干燥（24h以上）后，再均匀涂刷第三遍涂料，待表面干燥（4h以上）后再涂刷涂料。

③蓄水试验：

第四遍涂料涂刷干燥（24h以上）后，方可进行蓄水试验，蓄水高度一般为50~100mm，蓄水时间24~48h，当无渗漏现象时，方可进行刚性保护层施工。

3）质量要求

水泥砂浆找平层做完后，应对其平整度、坡度和干燥程度进行预验收。防水涂料应有产品质量证明书以及现场取样的复检报告。施工完成后的氯丁胶乳沥青防水涂膜不得有起鼓、裂纹、孔洞等缺陷。末端收头部位应粘贴牢固，封闭严密，形成一个整体的防水层。做完防水层的卫生间，经24h以上的蓄水检验，无渗漏现象方为合格。要提供检查验收记录，连同材料质量证明文件等技术资料一并归档备查。

（八）装饰工程施工工艺

建筑装饰工程内容包括：建筑物的内外抹灰工程、饰面安装工程、轻质隔墙的墙面和顶棚罩面工程、油漆涂料工程、刷浆工程、裱糊工程、玻璃工程以及用于装饰工程的新型固结技术等。

1. 抹灰工程施工工艺

抹灰工程按面层不同分为一般抹灰和装饰抹灰。

一般抹灰的面层材料有石灰砂浆、水泥砂浆、混合砂浆、聚合物水泥砂浆、膨胀珍珠岩水泥砂浆、麻刀灰、石膏灰等。装饰抹灰的底层和中层与一般抹灰做法基本相同，区别主要反映在面层。

（1）一般抹灰工程

抹灰一般分为三层，即底层、中层和面层。底层主要是起与基层粘结的作用；中层抹灰起找平作用，面层起装饰作用。

1）内墙面抹灰施工工艺

内墙面抹灰施工工艺流程为：

基层处理→浇水湿润基层→找规矩、做灰饼→设置标筋→阳角做护角→抹底灰、中灰→抹窗台板、墙裙或踢脚板→抹面灰→清理。

内墙抹灰常见做法与施工要点见表3-14、表3-15、表3-16。

石灰砂浆抹灰　　　　　　　　　　　　　表3-14

基层材料	分层做法	施工要点
普通砖墙	①1:1石灰砂浆抹底层 ②1:1石灰砂浆抹中层 ③纸筋、麻刀灰罩面	①底层先由上往下抹一遍，接着抹第二遍，由下往上刮平，用木抹子搓平； ②在中层5~6成干时抹罩面，用铁抹子先竖着刮一遍，再横抹找平，最后压一遍。
加气混凝土墙	①1:1石灰砂浆抹底层 ②1:1石灰砂浆抹中层 ③刮石灰膏	墙面浇水湿润，刷一道108胶：水＝11~4的溶液，随后抹灰。

水泥混合砂浆抹灰　　　　　　　　　　　表3-15

基层材料	分层做法	施工要点
普通砖墙	①1:1:6水泥石灰砂浆抹底层 ②1:1:6水泥石灰砂浆抹中层 ③刮石灰膏或大白腻子	①中层石灰砂浆用抹子搓平后，再用铁抹子压光； ②刮石灰膏或大白腻子，要求平整； ③待前层石膏凝结后，再刮面层。
做油漆墙面	①1:0.3:1水泥石灰砂浆抹底层 ②1:0.3:1水泥石灰砂浆抹中层 ③1:0.3:1水泥石灰砂浆罩面	均同石灰砂浆 （若是混凝土基层，应先刮一层薄水泥浆后随即抹灰）

水泥砂浆抹灰　　　　　表 3-16

基层材料	分层做法	施工要点
普通砖墙	①1:1 水泥砂浆抹底层 ②1:1 水泥砂浆抹中层 ③1:2.5 或 1:1 水泥砂浆罩面	待前层灰膏凝结后，再刮第二层
混凝土墙	①1:1 水泥砂浆抹底层 ②1:1 水泥砂浆抹中层 ③1:2.5 或 1:2 水泥砂浆罩面	均同石灰砂浆 （若是混凝土基层，应先刮一层薄水泥浆后随即抹灰）

2）外墙抹灰施工工艺

外墙抹灰施工工艺流程为：

基层处理→浇水湿润基层→找规矩、做灰饼、冲筋→抹底灰和中灰→弹分格线、嵌分格条→抹面灰→起分格条→养护。

外墙一般抹灰饰面做法及施工要点为：

外墙的抹灰层要求有一定的防水性能，其做法有抹混合砂浆和抹水泥砂浆。

外墙抹灰应先上部，后下部；先檐口，再墙面。高层建筑，应按一定层数划分一个施工段，垂直方向控制用经纬仪来代替垂线，水平方向拉通线。大面积的外墙可分片同时施工，如一次抹不完，可在阴阳交接处或分格线处间断施工。

(2) 装饰抹灰

装饰抹灰与一般抹灰的主要操作程序和工艺基本相同，主要区别在于装饰面层的不同，即装饰抹灰对材料的基本要求、主要机具的准备、施工现场的要求以及工艺流程与一般抹灰相同，其面层根据材料及施工方法的不同而具不同的形式。

装饰抹灰工程，主要包括拉毛灰、搓毛灰、弹涂、滚涂、水刷石、斩假石、干粘石、水磨石等。

2. 门窗工程施工工艺

门窗工程按制作材料不同分为四大类：木门窗、金属门窗（铝合金门窗和钢门窗）、塑料门窗和特种门窗。门窗工程按施工方式不同可分为两类：一类是由工厂预先加工拼装成型，在现场安装；另一类是在现场根据设计要求加工制作即时安装。

(1) 木制门窗安装工艺

1）工艺流程

弹线找规矩 → 决定门窗框安装位置 → 决定安装标高 → 掩扇、门框安装样板 → 窗框、扇安装 → 门框安装 → 门扇安装

2）施工工艺要点

木门窗的安装有立口法（先立门窗框）和塞口法（后立门窗框）两种安装方法，其施工要点为：

①结构工程经过监督站验收达到合格后，即可进行门窗安装施工。

②依据室内 50cm 高的水平线检查门窗框安装的标高尺寸，对不符合的结构边棱进行处理。

③室内外门框应根据图纸位置和标高安装,为保证安装的牢固,应提前检查预埋木砖数量是否满足规范要求。
④木门框安装应在地面工程和墙面抹灰施工以前完成。
⑤采用预埋带木砖或采用其他连接方法的,应符合设计要求。
⑥弹线安装门窗框扇时,应考虑抹灰层厚度,并根据门窗尺寸、标高、位置及开启方向,在墙上画出安装位置线。有贴脸的门窗立框时,应与抹灰面齐平;
⑦若隔墙为加气混凝土条板时,应按要求预埋木橛,待其凝固后,再安装门窗框。

(2) 铝合金门窗安装工艺

1) 工艺流程

弹线找规矩 → 门、窗洞口处理 → 安装连接件的检查 → 外观检查 → 按要求运至安装地点 → 框安装、保护 → 框四周嵌缝 → 门扇安装 → 清理

铝合金门窗是用经过表面处理的型材,通过选材、下料、打孔、铣槽、攻丝和制框、扇等加工过程而制成的门窗框料构件,再与连接件、密封件和五金配件一起组装而成。

2) 施工工艺要点

铝合金门窗安装一般采用塞口安装法施工。其施工要点为:

①弹线:

铝合金门、窗框一般是用后塞口方法安装。在结构施工期间,应根据设计将洞口尺寸留出。门窗框加工的尺寸应比洞口尺寸略小,门窗框与结构之间的间隙,应视不同的饰面材料而定。抹灰面一般为20mm;大理石、花岗石等板材,厚度一般为50mm。以饰面层与门窗框边缘正好吻合为准,不可让饰面层盖住门窗框。

②门窗框就位和固定:

按弹线确定的位置将门窗框就位,先用木楔临时固定,待检查立面垂直、左右间隙、上下位置等符合要求后,用射钉将铝合金门窗框上的铁脚与结构固定。

③填缝:

铝合金门窗安装固定后,应按设计要求及时处理窗框与墙体缝隙。若设计未规定具体堵塞材料时,应采用矿棉或玻璃棉毡分层填塞缝隙,外表面留5~8mm深槽口,槽内填嵌缝油膏或在门窗两侧作防腐处理后填1:2水泥砂浆。

④门、窗扇安装:

门窗扇的安装,需在土建施工基本完成后进行,框装上扇后应保证框扇的立面在同一平面内,窗扇就位准确,启闭灵活。平开窗的窗扇安装前应先固定窗,然后再将窗扇与窗铰固定在一起;推拉式门窗扇,应先装室内侧门窗扇,后装室外侧门窗扇;固定扇应装在室外侧,并固定牢固,确保使用安全。

(3) 塑料门窗安装工艺

1) 工艺流程

弹线找规矩 → 门窗洞口处理 → 洞口预埋连接件的检查与核查 → 塑料门窗外观质量检查 → 按图纸编号要求运至安装地点 → 塑料门窗就位安装 → 门窗四周嵌缝、填保温材料 → 安装五金配件 → 质量检验 → 清理 → 成品保护

2）施工工艺要点

安装方法为塞口施工方法。其施工要点为：

①检查门窗洞口尺寸是否比门窗框尺寸大30mm，否则应先行剔凿处理；

②按图纸尺寸放好门窗框安装位置线及立口的标高控制线；

③安装门窗框上的铁脚；

④安装门窗框，并按线就位找好垂直度及标高，并牢固固定；

⑤嵌缝。门窗框与墙体的缝隙应按要求填实密封；

⑥门窗附件安装。

⑦安装后注意成品保护。防污染，防电焊火花烧伤及机械损坏面层。

3. 吊顶和隔墙工程施工工艺

(1) 吊顶工程

吊顶是采用悬吊方式将装饰顶棚支承于屋顶或楼板下面。

1）工艺流程

弹顶棚标高水平线 → 划分龙骨分档线 → 安装管线设施 → 安装大龙骨 → 安装小龙骨 → 防火处理 → 安装罩面板轴 → 安装压条

2）吊顶施工工艺要点

吊顶的构造组成吊顶主要由支承、基层和面层三个部分组成。

①木质吊顶施工。

A. 施工准备。

施工准备包括：弹标高水平线、划龙骨分档线、顶棚内管线设施安装，应按顶棚的标高控制，安装完毕后需打压试验和隐蔽验收等。

B. 龙骨安装。

龙骨安装包括主龙骨的安装和安装小龙骨。

一般而言，大龙骨固定应按设计标高起拱；设计无要求时，起拱一般为房间跨度的1/200～1/300。

主龙骨与屋顶结构或楼板结构连接主要有三种方式：用屋面结构或楼板内预埋铁件固定吊杆；用射钉将角钢等固定于楼底面固定吊杆；用金属膨胀螺栓固定铁件再与吊杆连接。

C. 安装罩面板。

木骨架底面安装顶棚罩面板，一般采用固定方式。常用方式有圆钉钉固法、木螺钉拧固法、胶结粘固法等三种。

a. 圆钉钉固法：这种方法多用于胶合板、纤维板的罩面板安装。

b. 木螺钉固定法：这种方法多用于塑料板、石膏板、石棉板。

c. 胶结粘固法：这种方法多用于钙塑板。每间顶棚先由中间行开始，然后向两侧分行逐块粘贴。

d. 安装压条：木骨架罩面板顶棚，设计要求采用压条作法时，待一间罩面板全部安装后，先进行压条位置弹线，按线进行压条安装。其固定方法，一般同罩面板，钉固间距为300mm，也可采用胶结料粘结。

②轻金属龙骨吊顶施工。

轻金属龙骨按材料分为轻钢龙骨和铝合金龙骨。

轻钢龙骨装配式吊顶施工：利用薄壁镀锌钢板带经机械冲压而成的轻钢龙骨即为吊顶的骨架型材。轻钢吊顶龙骨有 U 型和 T 型两种。

U 型上人轻钢龙骨安装方法如图 3-33 所示。

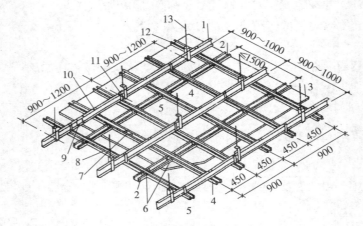

图 3-33　U 型龙骨吊顶示意图（mm）

1—BD 大龙内；2—UZ 横撑龙骨；3—吊顶板；4—UZ 龙骨；5—UX 龙骨；
6—UZ_3 支托连接；7—UZ_2 连接件；8—UX_2 连接件；9—BD_2 连接件；10—UX_1 吊件；
11—UX_2 吊件；12—BD_1 吊件；13—UX_3 吊杆 $\phi 8 \sim \phi 10$

A. 施工准备。

a. 弹顶棚标高水平线：根据楼层标高水平线，用尺竖向量至顶棚设计标高，沿墙、往四周弹顶棚标高水平线。

b. 划龙骨分档线：按设计要求的主、次龙骨间距布置，在已弹好的顶棚标高水平线上划龙骨分档线。

c. 安装主龙骨吊杆：弹好顶棚标高水平线及龙骨分档位置线后，确定吊杆下端头的标高，按主龙骨位置及吊挂间距，将吊杆无螺栓丝扣的一端与楼板预埋钢筋连接固定。未预埋钢筋时可用膨胀螺栓。

B. 龙骨安装。

a. 安装主龙骨。

Ⅰ 配装吊杆螺母。

Ⅱ 在主龙骨上安装吊挂件。

Ⅲ 安装主龙骨：将组装好吊挂件的主龙骨，按分档线位置使吊挂件穿入相应的吊杆原栓，拧好螺母。

Ⅳ 主龙骨相接处装好连接件，拉线调整标高、起拱和平直。

Ⅴ 安装洞口附加主龙骨，按图集相应节点构造，设置连接卡固件。

Ⅵ 钉固边龙骨，采用射钉固定。设计无要求时，射钉间距为 1000mm。

b. 安装次龙骨。

Ⅰ 按已弹好的次龙骨分档线,卡放次龙骨吊挂件。

Ⅱ 吊挂次龙骨:按设计规定的次龙骨间距,将次龙骨通过吊挂件吊挂在主龙骨上,设计无要求时,一般间距为 500～600mm。

Ⅲ 当次龙骨长度需多根延续接长时,用次龙骨连接件,在吊挂次龙骨的同时相交,调直固定。

Ⅳ 当采用 T 型龙骨组成轻钢骨架时,次龙骨的卡档龙骨应在安装罩面板时,每装一块罩面板先后各装一根卡档次龙骨。

C. 安装罩面板

罩面板与轻钢骨架固定的方式分为:罩面板自攻螺钉钉固法、罩面板胶结粘固法,罩面板托卡固定法三种。

D. 安装压条与防锈

罩面板顶棚如设计要求有压条,应按"拉缝均匀、对缝平整"的原则进行压条安装。其固定方法采用自攻螺钉,螺钉间距为 300mm;也可用胶结料粘贴。

轻钢骨架罩面板顶棚、碳钢或焊接处在各工序安装前应刷防锈漆。

铝合金龙骨装配式吊顶施工:铝合金吊顶龙骨的安装方法与轻钢龙骨吊顶基本相同。

(2) 顶棚装饰

1) 顶棚装饰的安装方法

顶棚装饰即龙骨和挂件安装完毕后,进行的装饰面板的安装,方法有:搁置法、嵌入法、粘贴法、钉固法、卡固法等。

2) 常见饰面板的安装

铝合金龙骨吊顶与轻钢龙骨吊顶饰面板安装方法基本相同。

①石膏饰面板的安装可采用钉固法、粘贴法和暗式企口胶结法。

②钙塑泡沫板的主要安装方法有钉固和粘贴两种。

③胶合板、纤维板安装应用钉固法。

④矿棉板安装的方法主要有搁置法、钉固法和粘贴法。

⑤金属饰面板主要有金属条板、金属方板和金属格栅。

板材安装方法有卡固法和钉固法。卡固法要求龙骨形式与条板配套;钉固法采用螺钉固定时,后安装的板块压住前安装的板块,将螺钉遮盖,拼缝严密。

方形板可用搁置法和钉固法,也可用铜丝绑扎固定。

格栅安装方法有两种,一种是将单体构件先用卡具连成整体,然后通过钢管与吊杆相连接;另一种是用带卡口的吊管将单体物体卡住,然后将吊管用吊杆悬吊。

金属板吊顶与四周墙面空隙,应用同材质的金属压缝条找齐。

(3) 轻质隔墙工程

1) 轻钢龙骨纸面石膏板隔墙施工

①轻钢龙骨的构造。

用于隔墙的轻钢龙骨有 C50、C75、C100 三种系列,各系列轻钢龙骨由沿顶沿地龙骨、竖向龙骨、加强龙骨和横撑龙骨以及配件组成(图 3-34)。

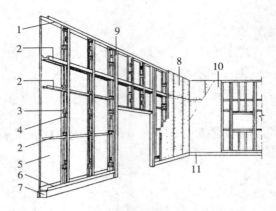

图 3-34 轻钢龙骨纸面石膏板隔墙

1-沿顶龙骨；2-横撑龙骨；3-支撑卡；4-贯通孔；5-石膏板；6-沿地龙骨；
7-混凝土踢脚座；8-石膏板；9-加强龙骨；10-塑料壁纸；11-踢脚板

②轻钢龙骨墙体的施工操作工序。

A. 弹线。根据设计要求确定隔墙、隔墙门窗的位置，包括地面位置、墙面位置、高度位置以及隔墙的宽度。并在地面和墙面上弹出隔墙的宽度线和中心线，按所需龙骨的长度尺寸，对龙骨进行划线配料。按先配长料，后配短料的原则进行。

B. 固定沿地沿顶龙骨。沿地沿顶龙骨固定前，将固定点与竖向龙骨位置错开，用膨胀螺栓和打木楔钉、铁钉与结构固定，或直接与结构预埋件连接。

C. 骨架连接。按设计要求和板材尺寸，进行骨架分格设置，然后将预选裁切好的竖向龙骨装入沿地、沿顶龙骨内，校正其垂直度后，将竖向龙骨与沿地、沿顶龙骨固定起来。固定方法用点焊将两者焊牢，或者用连接件与自攻螺钉固定。

D. 石膏板固定。固定石膏板用平头自攻螺钉，螺钉间距 200mm 左右。螺钉要沉入板材平面 2~3mm。石膏板之间采用腻子嵌缝。接缝分为明缝和暗缝两种做法。

E. 饰面处理。待嵌缝腻子完全干燥后，即可在石膏板隔墙表面裱糊墙纸、织物或进行涂料施工。

2）铝合金隔墙施工技术：

铝合金隔墙施工。铝合金隔墙是用铝合金型材组成框架，再配以玻璃等其他材料装配而成。

其主要施工工序为：弹线→下料→组装框架→安装玻璃。

①弹线根据设计要求确定隔墙在室内的具体位置、墙高、竖向型材的间隔位置等。

②划线在平整干净的平台上，用钢尺和钢划针对型材划线，要求长度误差 ±0.5mm，同时不要碰伤型材表面。沿顶、沿地型材要划出与竖向型材的各连接位置线及连接部位的宽度。

③铝合金隔墙的安装。铝合金型材相互连接主要用铝角和自攻螺钉，它与地面、墙面的连接，则主要用铁脚固定法。

④玻璃安装。先按框洞尺寸缩小 3~5mm 裁好玻璃，将玻璃就位后，用与型材同色的铝合金槽条，在玻璃两侧夹定，校正后将槽条用自攻螺钉与型材固定。安装活动窗口上的

玻璃，应与制作铝合金活动窗口同时安装。

4. 饰面工程施工工艺

饰面工程是指把块料面层镶贴（或安装）在墙柱表面以形成装饰层。块料面层的种类基本可分为饰面砖和饰面板两大类。

(1) 建筑墙面石材装饰施工

用于饰面的石材有大理石、花岗石、青石、人造石及预制水磨石板等。饰面的安装工艺主要有"镶、贴、挂"三种。石材饰面的施工部位常为墙面、柱面、地面、楼梯等的表面。安装时，一般来说小规格的饰面石材采用粘贴的方法；大规格的饰面板一般采月挂贴法和干挂法安装。

1) 湿法铺贴工艺

湿法铺贴工艺是传统的铺贴方法，即在竖向基体上预挂钢筋网（图3-35），月铜丝或镀锌钢丝绑扎板材并灌水泥砂浆粘牢。

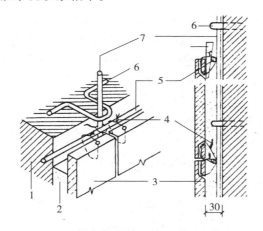

图3-35 饰面板钢筋网片固定及安装方法
1-墙体；2-水泥砂浆；3-大理石板；4-铜丝；5-横筋；6-铁环；7-立筋

这种方法的优点是牢固可靠，缺点是工序繁琐，卡箍多样，板材上钻孔易损坏，特别是浇筑砂浆易污染板面和使板材移位。

采用湿法铺贴工艺，墙体应设置锚固体。

2) 干法铺贴工艺

干法铺贴工艺，通常称为干挂法施工，即在饰面板材上直接打孔或开槽，用各种形式的连接件与结构基体用膨胀螺栓或其他架设金属连接而不需要浇筑砂浆或细石混凝土。饰面板与墙体之间留出40～50mm的空隙。这种方法适用于30m以下的钢筋混凝土结构基体上，不适用于砖墙和加气混凝土墙。干法铺贴工艺主要采用扣件固定法。

扣件固定法的安装施工步骤如下：

板材切割→磨边→钻孔开槽→涂防水剂→墙面修整→弹线→墙面涂刷防水剂→板材安装→板材固定→板材接缝的防水处理等施工步骤。

安装板块的顺序是自下而上进行。板材安装要求四角平整，纵横对缝。

(2) 内墙瓷砖粘贴施工

釉面砖的排列方法有"对缝排列"和"错缝排列"两种。

镶贴墙面时应先贴大面,后贴阴阳角、凹槽等难度较大、耗工较多的部位。

(3) 外墙釉面砖镶贴

外墙釉面砖镶贴由底层灰、中层灰、结合层及面层组成。

面砖宜竖向镶贴;一般应对缝排列,接缝宜采用离缝,缝宽不大于10mm;不宜采用错缝排列。

①镶贴顺序应自下而上分层分段进行。

②在同一墙面应用同一品种、同一色彩、同一批号的面砖,并注意花纹倒顺。

5. 地面工程施工工艺

(1) 整体面层地面施工

1) 水泥砂浆地面

面层施工前,先按设计要求测定地坪面层标高,校正门框,将垫层清扫干净洒水湿润,表面比较光滑的基层,应进行凿毛,并用清水冲洗干净。铺抹砂浆前,应在四周墙上弹出一道水平基准线,作为确定水泥砂浆面层标高的依据。面积较大的房间,应根据水平基准线在四周墙角处每隔1.5~2m用1:2水泥砂浆抹标志块,以标志块的高度做出纵横方向通长的标筋来控制面层厚度。

面层铺抹前,先刷一道含4%~5%的108胶素水泥浆,随即铺抹水泥砂浆,用刮尺赶平,并用木抹子压实,在砂浆初凝后终凝前,用铁抹子反复压光三遍。砂浆终凝后铺盖草袋、锯末等浇水养护。当施工大面积的水泥砂浆面层时,应按设计要求留分格缝,防止砂浆面层产生不规则裂缝。

水泥砂浆面层强度小于5MPa之前,不准上人行走或进行其他作业。

2) 细石混凝土地面

细石混凝土地面可以克服水泥砂浆地面干缩较大的弱点。这种地面强度高,干缩值小。与水泥砂浆面层相比,它的耐久性更好,但厚度较大,一般为30~40mm。混凝土强度等级不低于C20,所用粗骨料要求级配适当,粒径不大于15mm,且不大于面层厚度的2/3。用中砂或粗砂配制。

细石混凝土面层施工的基层处理和找规矩的方法与水泥砂浆面层施工相同。

铺细石混凝土时,应由里向门口方向进行铺设,按标志筋厚度刮平拍实后,稍待收水,即用钢抹子预压一遍,待进一步收水,即用铁辊筒滚压3~5遍或用表面振动器振捣密实,直到表面泛浆为止,然后进行抹平压光。细石混凝土面层与水泥砂浆基本相同,必须在水泥初凝前完成抹平工作,终凝前完成压光工作,要求其表面色泽一致,光滑无抹子印迹。

钢筋混凝土现浇楼板或强度等级不低于C15的混凝土垫层兼面层时,可用随捣随抹的方法施工,在混凝土楼地面浇捣完毕,表面略有吸水后即进行抹平压光。混凝土面层的压光和养护时间和方法与水泥砂浆面层同。

3) 现制水磨石地面

水磨石地面面层施工,一般是在完成顶棚、墙面等抹灰后进行。也可以在水磨石楼、地面磨光两遍后再进行顶棚、墙面抹灰，但对水磨石面层应采取保护措施。

①水磨石地面施工工艺流程。

基层清理→浇水冲洗湿润→设置标筋→铺水泥砂浆找平层→养护→嵌分格条→锺抹水泥石子浆→养护→研磨→打蜡抛光。

水磨石面层所用的石子应用质地密实、磨面光亮，如硬度不大的大理石、白云石、方解石或质地较硬的花岗石、玄武岩、辉绿岩等。石子应洁净无杂质，石子粒径一般为4～12mm；白色或浅色的水磨石面层，应采用白色硅酸盐水泥，深色的水磨石面层应采用普通硅酸盐水泥或矿渣硅酸盐水泥，水泥中掺入的颜料应选用遮盖力强、耐光性、耐候性、耐水性和耐酸碱性好的矿物颜料，掺量不宜大于水泥用量的12%。

②施工要点。

A. 基层处理：将混凝土基层上的浮灰、污物清理干净。

B. 抹底灰：抹底灰前地漏或安装管道处要临时堵塞。在基层清理好后，应刷以水灰比为0.4～0.5的水泥浆。并根据墙上水平基准线，纵横相隔1.5～2m用1:2水泥砂浆做出标志块，待标志块达到一定强度后，以标志块为高度做标筋，标筋宽度为8～10cm，待标筋砂浆凝结、硬化后，即可铺设底灰（其目的是找平）。然后用木抹子搓实，至少两遍。24h后洒水养护。其表面不用压光，要求平整、毛糙、无油渍。

C. 弹线、镶条：待底灰有一定强度后，方可进行弹线分格。先在底灰表面按设计要求弹上纵横垂直线或图案分格墨线，然后按墨线固定嵌条（铜条或玻璃条），并予以埋牢。

水磨石分格条的嵌固是一道很重要的工序，应特别注意水泥浆的粘嵌高度和水平方向的角度。

D. 罩面：分格条固定3d左右，待分格条稳定，便可抹面灰。

首先应清理找平层（底灰），对于浮灰渣或破碎分格条要清扫干净。为了面层砂浆与底灰粘结牢固，在抹面层前湿润找平层，然后再刷一道素水泥浆。抹面层宜自里向外，抹完一块，用铁抹子轻轻拍打，再将其抹平。最后用小靠尺搭在两侧分格条上，检查平整度与标高，最后用辊筒滚压。

如果局部超高，用铁抹子将多余部分挖掉，再将挖去的部分拍打抹平。用抹子拍打用力要适度，以面平和石粒稳定即可，面层抹灰宜比分格条高出1～2mm，待磨光后，面层与分格条能够保持一致。

E. 水磨：水磨的主要目的是将面层的水泥浆磨掉，将表面的石粒磨平。

水磨大面积施工宜用磨石机研磨，小面积、边角处，可用小型湿式磨光机研磨或手工研磨，研磨石磨盘下应边磨边加水，对磨下的石浆应及时清除。

水磨石面一般采用"二浆三磨"法，即整修研磨过程中磨光三遍，补浆二次。

水磨主要控制两点：一是控制好开磨时间；二是掌握好水磨的遍数。水磨石的开磨时间与水泥强度和气温高低有关，应先试磨，在石子不松动的条件下方可开磨。开磨早，水泥石粒浆强度太低，造成石粒松动甚至脱落。开磨时间晚，水泥石粒浆强度高，给磨光带来困难，要想达到同样的效果，花费的时间相应的要长一些。

F. 打蜡抛光：目的是使水磨石地面更光亮、光滑、美观。同时也因表面有一层薄蜡而易于保养与清洁。打蜡前，为了使蜡液更好地同面层粘结，要对面层进行草酸擦洗。

打蜡常用办法：一是用棉纱蘸成品蜡向表面满擦一层，待干燥后，用磨石机扎上磨袋卷，磨擦几遍，直到光亮为止。另一种是将成品蜡抹在面层，用喷灯烤，使溶化的蜡液渗到孔隙内，然后再磨光。打蜡后须进行养护。

（2）板块面层铺设施工

块材地面是在基层上用水泥砂浆或水泥浆铺设块料面层（如水泥花砖、预制水磨石板、花岗石板、大理石板等）形成的楼地面。

1）大理石板、花岗石板及预制水磨石板地面铺贴

①板材浸水施工前应将板材（特别是预制水磨石板）浸水湿润。铺贴时，板材的底面以内潮外干为宜。

②摊铺结合层先在基层或找平层上刷一遍掺有4%~5%108胶的素水泥浆，水灰比为0.4~0.5。随刷随铺水泥砂浆结合层，厚度10~15mm，每次铺2~3块板面积为宜，并对照拉线将砂浆刮平。

③正式铺贴时，要将板块四角同时着浆，四角平稳下落，对准纵横缝后，用木槌敲击中部使其密实、平整，准确就位。大理石、花岗石不大于1mm，预制水磨石板不大于2mm。

④灌缝要求：嵌铜条的地面板材铺贴，先将相邻两块板铺贴平整，留出嵌条缝隙，然后向缝内灌水泥砂浆，将铜条敲入缝隙内，使其外露部分略高于板面即可，然后擦净挤出的砂浆。

对于不设镶条的地面，应在铺完24h后洒水养护，2d后进行灌缝，灌缝力求达到紧密。

⑤上蜡磨亮板块铺贴完工，待结合层砂浆强度达到60%~70%即可打蜡抛光，3d内禁止上人走动。

2）铺陶瓷地砖与墙地砖面层施工

铺贴前应先将地砖浸水湿润后阴干备用，阴干时间一般3~5d，以地砖表面有潮湿感但手按无水迹为准。

①铺结合层砂浆，提前一天在楼地面基体表面浇水湿润后，铺1:3水泥砂浆结合层。

②弹线定位，根据设计要求弹出标高线和平面中线，施工时用尼龙线或棉线在墙地面拉出标高线和垂直交叉的定位线。

③铺贴地砖，用1:2水泥砂浆摊抹于地砖背面，按定位线的位置铺于地面结合层上，用木槌敲击地砖表面，使之与地面标高线吻合贴实，边贴边用水平尺检查平整度。

④擦缝，整幅地面铺贴完成后，养护2d后进行擦缝，擦缝时用水泥（或白水泥）调成干团，在缝隙上擦抹，使地砖的拼缝内填满水泥，再将砖面擦净。

3）木质地面施工

木质地面施工通常有架铺和实铺两种。架铺是在地面上先做出木格栅，然后在木格栅上铺贴基面板，最后在基面板上镶铺面层木地板。实铺是在建筑地面上直接拼铺木地板。

木地板直接铺贴在地面时，对地面的平整度要求较高，一般地面应采用防水水泥砂浆找平或在平整的水泥砂浆找平层上刷防潮剂。

①面层木地板铺设。

木地板铺在基面或基层板上，铺设方法有钉接式和粘结式两种。

A. 钉接式。木地板面层有单层和双层两种。单层木地板面层是在木格栅上直接钉直条企口板；双层木地板面层是在木搁栅架上先钉一层毛地板，再钉一层企口板。双层板面层铺钉前应在毛板上先铺一层沥青油纸或油毡隔潮。

木板面层铺完后，清扫干净。先按垂直木纹方向粗刨一遍，再顺木纹方向细刨一遍，然后磨光，待室内装饰施工完毕后再进行油漆并上蜡。

B. 粘结式。粘结式木地板面法，多用实铺式，将加工好的硬木地板块材用粘结材料直接粘贴在楼地面基层上。

拼花木地板粘贴前，应根据设计图案和尺寸进行弹线。对于成块制作好的木地板块材，应按所弹施工线试铺，以检查其拼缝高低、平整度、对缝等。符合要求后进行编号，施工时按编号从房中间向四周铺贴。

铺贴时，人员随铺贴随往后退，要用力推紧、压平，并随即用砂袋等物压6～24h。

地板粘贴后应自然养护，养护期内严禁上人走动。养护期满后，即可进行刮平、磨光、油漆和打蜡工作。

②木踢脚板的施工。

木地板房间的四周墙脚处应设木踢脚板，踢脚板一般高100～200mm，常用150mm，厚20～25mm。所用木板一般也应与木地板面层所用的材质品种相同。踢脚板应预先刨光，上口刨成线条。一般木踢脚板与地面转角处安装木压条或安装圆角成品木条，其构造做法如图3－36所示。

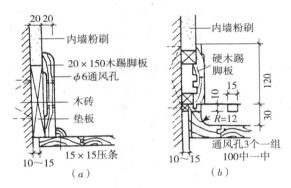

图3－36　木踢脚板做法示意图（mm）
(a) 压条做法；(b) 圆角做法

6. 涂饰工程施工工艺

涂饰工程施工的基本工序有：基层处理、打底子、刮腻子、磨光、涂料等，根据质量要求的不同，涂料工程分为普通、中级和高级三个等级。涂料工程施工技术要点：

1) 基层处理

混凝土和抹灰表面：基层表面必须坚实平整，无酥皮、脱层、起砂、粉化等现象，否则应铲除。

木材表面：应先将木材表面上的灰尘、污垢应清除，并把木材表面的缝隙、毛刺等用腻子填补磨光。

金属表面：将灰尘、油渍、锈斑、焊渣、毛刺等清除干净。

2）涂料施工

涂料施工主要操作方法有：刷涂、滚涂、喷涂、刮涂、弹涂、抹涂等。

①刷涂。是人工用刷子蘸上涂料直接涂刷于被饰涂面。要求：不流、不挂、不皱、不漏、不露刷痕。刷涂一般不少于两道，应在前一道涂料表面干后再涂刷下一道。

②滚涂。是利用涂料辊子蘸上少量涂料，在基层表面上下垂直来回滚动施涂。阴角及上下口一般需先用排笔、鬃刷刷涂。滚涂是在底层上均匀地抹一层厚为2~3mm带色的聚合物水泥浆，随即用平面或刻有花纹的橡胶、泡沫塑料辊子在罩面层上直上直下施滚涂拉，并一次成活滚出所需花纹。

③喷涂。是一种利用压缩空气将涂料制成雾状（或粒状）喷出，涂于被饰涂面的机械施工方法。涂层一般两遍成活，横向喷涂一遍，竖向再涂一遍。两遍之间间隔时间由涂料品种及喷涂厚度而定，要求涂膜应厚薄均匀、颜色一致、平整光滑，不出现露底、皱纹、流挂、钉孔、气泡和失光现象。

④刮涂。是利用刮板，将涂料厚浆均匀地批刮于涂面上，形成厚度为1~2mm的厚涂层。这种施工方法多用于地面等较厚层涂料的施涂。

刮涂地面施工时，为了增加涂料的装饰效果，可用划刀或记号笔刻出席纹、仿木纹等各种图案。

⑤弹涂。弹涂时在基层上喷刷一遍掺有108胶的聚合物水泥色浆涂层，然后用弹涂器分几遍将不同色彩的聚合物水泥浆弹在已涂刷的涂层上，形成1~3mm大小的扁圆花点。通过不同颜色的组合和浆点所形成的质感，相互交错，有近似于干粘石的装饰效果；也有做成色光面、细麻面、小拉毛拍平等多种花色。

⑥抹涂。先在基层刷涂或滚涂1~2道底涂料，待其干燥后，使用不锈钢抹灰工具将饰面涂料抹到底层涂料上。一般抹1~2遍，间隔1h后再用不锈钢抹子压平。涂抹厚度内墙为1.5~2mm，外墙2~3mm。

（九）钢结构工程施工工艺

钢结构工程一般由专业厂家或承包单位总负责。即负责详图设计、构件加工制作、构件拼接安装、涂饰保护等任务。其工作程序为：

工程承包 → 详图设计 → 技术设计单位审批 → 材料订货 → 材料运输 → 钢结构件加工、制作 → 成品运输 → 现场安装

钢结构工程的施工，除应满足建筑结构的使用功能外，还应符合《钢结构工程施工质量验收规范》（GB 50205—2001）及其他相关规范、规程的规定。

1. 钢结构构件的加工制作

（1）零件加工

1）放样

放样是指把零（构）件的加工边线、坡口尺寸、孔径和弯折、滚圆半径等以1:1的比

例从图纸上准确地放制到样板和样杆上,并注明图号、零件号、数量等。

2) 划线

划线是指根据放样提供的零件的材料、尺寸、数量,在钢材上画出切割、铣、刨边、弯曲、钻孔等加工位置,并标出零件的工艺编号。

3) 切割下料

钢材切割下料方法有气割、机械剪切和锯切等。

4) 边缘加工

边缘加工分刨边、铣边和铲边三种:

刨边是用刨边机切削钢材的边缘,加工质量高,但工效低、成本高。

铣边是用铣边机滚铣切削钢材的边缘,工效高、能耗少、操作维修方便、加工质量高,应尽可能用铣边代替刨边。

铲边分手工铲边和风镐铲边两种,对加工质量不高,工作量不大的边缘加工可以采用。

5) 矫正平直

钢材由于运输和对接焊接等原因产生翘曲时,在划线切割前需矫正平直。矫平可以用冷矫和热矫的方法。

6) 滚圆与揻弯

滚圆是用滚圆机把钢板或型钢变成设计要求的曲线形状或卷成螺旋管。

揻弯是钢材热加工的方式之一,即把钢材加热到 900~1000℃（黄赤色）,立即进行揻弯,在 700~800℃（樱红色）前结束。采用热揻时一定要掌握好钢材的加热温度。

7) 零件的制孔

零件制孔方法有冲孔、钻孔两种。冲孔在冲床上进行,冲孔只能冲较薄的钢板,孔径的大小一般大于钢材的厚度,冲孔的周围会产生冷作硬化。钻孔是在钻床上进行,可以钻任何厚度的钢材,孔的质量较好。

(2) 构件组装

组装亦称装配、组拼,是把加工好的零件按照施工图的要求拼装成单个构件。钢构件的大小应根据运输道路、现场条件、运输和安装单位的机械设备能力与结构受力的允许条件等来确定。

1) 一般要求

①钢构件组装应在平台上进行,平台应测平。用于装配的组装架及胎模要牢固的固定在平台上;

②组装工作开始前要编制组装顺序表,组拼时严格按照顺序表所规定的顺序进行组拼;

③组装时,要根据零件加工编号,严格检验核对其材质、外形尺寸,毛刺飞边要清除干净,对称零件要注意方向,避免错装;

④对于尺寸较大、形状较复杂的构件,应先分成几个部分组装成简单组件,再逐渐拼成整个构件,并注意先组装内部组件,再组装外部组件;

⑤组装好的构件或结构单元,应按图纸的规定对构件进行编号,并标注构件的重量、重心位置、定位中心线、标高基准线等。

2）焊接连接的构件组装

①根据图纸尺寸，在平台上画出构件的位置线，焊上组装架及胎模夹具。组装架离平台面不小于50mm，并用卡兰、左右螺旋丝杠或梯形螺纹，作为夹紧调整零件的工具。

②每个构件的主要零件位置调整好并检查合格后，把全部零件组装上并进行点焊，使之定形。在零件定位前，要留出焊缝收缩量及变形量。高层建筑钢结构的柱子，两端除增加焊接收缩量的长度之外，还必须增加构件安装后荷载压缩变形量，并留好构件端头和支承点锐平的加工余量。

③为了减少焊接变形，应该选择合理的焊接顺序。如对称法、分段逆向焊接法、跳焊法等。在保证焊缝质量的前提下，采用适量的电流，快速施焊，以减小热影响区和温度差，减小焊接变形和焊接应力。

2. 钢结构连接施工

（1）焊接施工

1）焊接方法选择

焊接是钢结构使用最主要的连接方法之一。在钢结构制作和安装领域中，广泛使用的是电弧焊。在电弧焊中又以药皮焊条、手工焊条、自动埋弧焊、半自动与自动CO_2气体保护焊为主。在某些特殊场合，则必须使用电渣焊。

2）焊接工艺要点

①焊接工艺设计：确定焊接方式、焊接参数及焊条、焊丝、焊剂的规格型号等。

②焊条烘烤：焊条和粉芯焊丝使用前必须按质量要求进行烘焙，低氢型焊条经过烘焙后，应放在保温箱内随用随取。

③定位点焊：焊接结构在拼接、组装时要确定零件的准确位置，要先进行定位点焊。定位点焊的长度、厚度应由计算确定。电流要比正式焊接提高10%～15%，定位点焊的位置应尽量避开构件的端部、边角等应力集中的地方。

④焊前预热：预热可降低热影响区冷却速度，防止焊接延迟裂纹的产生。预热区焊缝两侧，每侧宽度均应大于焊件厚度的1.5倍以上，且不应小于100mm。

⑤焊接顺序确定：一般从焊件的中心开始向四周扩展；先焊收缩量大的焊缝，后焊收缩量小的焊缝；尽量对称施焊；焊缝相交时，先焊纵向焊缝，待冷却至常温后，再焊横向焊缝；钢板较厚时分层施焊。

⑥焊后热处理：焊后热处理主要是对焊缝进行脱氢处理，以防止冷裂纹的产生。焊后热处理应在焊后立即进行，保温时间应根据板厚按每25mm板厚1h确定。预热及后热均可采用散发式火焰枪进行。

（2）高强度螺栓连接施工

高强度螺栓连接是目前与焊接并举的钢结构主要连接方法之一。其特点是施工方便，可拆换，传力均匀，接头刚性好，承载能力大，疲劳强度高，螺母不易松动，结构安全可靠。高强度螺栓从外形上可分为大六角头高强度螺栓（即扭矩形高强度螺栓）和扭剪型高强度螺栓两种。高强度螺栓和与之配套的螺母、垫圈总称为高强度螺栓连接副。

1）一般要求

①高强度螺栓使用前，应按有关规定对高强度螺栓的各项性能进行检验。运输过程应

轻装轻卸，防止损坏。当发现包装破损、螺栓有污染等异常现象时，应用煤油清洗，并按高强度螺栓验收规程进行复验，经复验扭矩系数合格后方能使用。

②工地储存高强度螺栓时，应放在干燥、通风、防雨、防潮的仓库内，并不得沾染污染物。

③安装时，应按当天需用量领取，当天没有用完的螺栓，必须装回容器内，妥善保管，不得乱扔、乱放。

④安装高强度螺栓时接头摩擦面上不允许有毛刺、铁屑、油污、焊接飞溅物。摩擦面应干燥，没有结露、积霜、积雪，并不得在雨天进行安装。

⑤使用定扭矩扳子紧固高强度螺栓时，每天上班前应对定扭矩扳子进行校核，合格后方能使用。

2) 安装工艺

①一个接头上的高强度螺栓连接，应从螺栓群中部开始安装，向四周扩展，逐个拧紧。扭矩型高强度螺栓的初拧、复拧、终拧，每完成一次应涂上相应的颜色或标记，以防漏拧。

②接头如有高强度螺栓连接又有焊接连接时，应按先栓后焊的方式施工，先终拧完高强度螺栓再焊接焊缝。

③高强度螺栓应自由穿入螺栓孔内，当板层发生错孔时，允许用铰刀扩孔。扩孔时，铁屑不得掉入板层间。扩孔数量不得超过一个接头螺栓的1/3，扩孔后的孔径不应大于1.2d（d为螺栓直径）。严禁使用气割进行高强度螺栓孔的扩孔。

④一个接头多个高强度螺栓穿入方向应一致。垫圈有倒角的一侧应朝向螺栓头和螺母，螺母有圆台的一面应朝向垫圈，螺母和垫圈不应装反。

⑤高强度螺栓连接副在终拧以后，螺栓丝扣外露应为2~3扣，其中允许有10%的螺栓丝扣外露1扣或4扣。

3) 紧固方法

①大六角头高强度螺栓连接副紧固。

大六角头高强度螺栓连接副一般采用扭矩法和转角法紧固。

扭矩法：使用可直接显示扭矩值的专用扳手，分初拧和终拧二次拧紧。初拧扭矩为终拧扭矩的60%~80%，其目的是通过初拧，使接头各层钢板达到充分密贴，终拧扭矩把螺栓拧紧。

转角法：根据构件紧密接触后，螺母的旋转角度与螺栓的预拉力成正比的关系确定的一种方法。操作时分初拧和终拧两次施拧。初拧可用短扳手将螺母拧至附件靠拢，并作标记。终拧用长扳手将螺母从标记位置拧至规定的终拧位置。转动角度的大小在施工前由试验确定。

②扭剪型高强度螺栓紧固。

扭剪型高强度螺栓有一特制尾部，采用带有两个套筒的专用电动扳手紧固。紧固时用专用扳手的两个套筒分别套住螺母和螺栓尾部的梅花头，接通电源后，两个套筒按反向旋转，拧断尾部后即达相应的扭矩值。一般用定扭矩扳手初拧，用专用电动扳手终拧。

3. 多层及高层钢结构安装

(1) 安装顺序

一般钢结构标准单元施工顺序如图3-37所示。

多高层建筑钢结构安装前,应根据安装流水段和构件安装顺序,编制构件安装顺序表。表中应注明每一构件的节点型号、连接件的规格数量、高强度螺栓规格数量、栓焊数量及焊接量、焊接形式等。构件从成品检验、运输、现场核对、安装、校正到安装后的质量检查,应统一使用该安装顺序表。

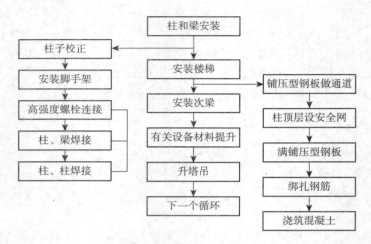

图 3-37 钢结构标准单元施工顺序

(2) 构件吊点设置与起吊

1) 钢柱

平运 2 点起吊,安装 1 点立吊。立吊时,需在柱子根部垫上垫木,以回转法起吊,严禁根部拖地。吊装 H 型钢柱、箱形柱时,可利用其接头耳板作吊环,配以相应的吊索、吊架和销钉。钢柱起吊如图 3-38 所示。

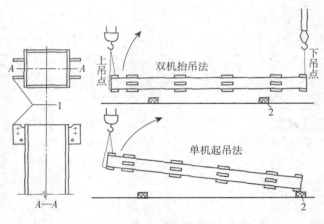

图 3-38 钢柱起吊示意图
1—吊耳;2—垫木

2) 钢梁

距梁端 500mm 处开孔,用特制卡具 2 点平吊,次梁可三层串吊,如图 3-39 所示。

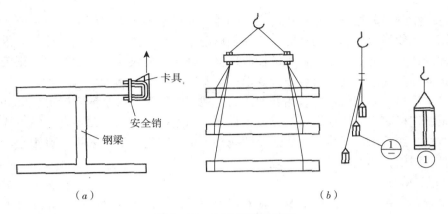

图 3-39 钢梁吊装示意图
(a) 卡具设置示意;(b) 钢梁吊装

3) 组合件

因组合件形状、尺寸不同,可计算重心确定吊点,采用 2 点吊、3 点吊或 4 点吊。凡不易计算者,可利用设捯链协助找重心,构件平衡后起吊。

4) 零件及附件

钢构件的零件及附件应随构件一并起吊。尺寸较大、重量较重的节点板、钢柱上的爬梯、大梁上的轻便走道等,应牢固固定在构件上。

(3) 构件安装与校正

1) 钢柱安装与校正

①首节钢柱的安装与校正。安装前,应对建筑物的定位轴线、首节柱的安装位置、基础的标高和基础混凝土强度进行复检,合格后才能进行安装。

②上节钢柱安装与校正。上节钢柱安装时,利用柱身中心线就位,为使上下柱不出现错口,尽量做到上、下柱定位轴线重合。上节钢柱就位后,按照先调整标高,再调整位移,最后调整垂直度的顺序校正。

2) 钢梁的安装与校正

①钢梁安装时,同一列柱,应先从中间跨开始对称地向两端扩展;同一跨钢梁,应先安上层梁再安中下层梁。

②在安装和校正柱与柱之间的主梁时,可先把柱子撑开,跟踪测量二校正,预留接头焊接收缩量,这时柱产生的内力,在焊接完毕焊缝收缩后也就消失了。

③一节柱的各层梁安装好后,应先焊上层主梁后焊下层主梁,以使框架稳固,便于施工。一节柱的竖向焊接顺序是:上层主梁→下层主梁→中层主梁→上柱与下柱焊接。

(4) 楼层压型钢板安装

多高层钢结构楼板,一般多采用压型钢板与混凝土叠合层组合而成。

一节柱的各层梁安装校正后,应立即安装本节柱范围内的各层楼梯,并铺好各层楼面的压型钢板,进行叠合楼板施工。

1) 压型钢板安装铺设

①在铺板区弹出钢梁的中心线。

②将压型钢板分层分区按料单清理、编号,并运至施工指定部位。

③用专用软吊索吊运。吊运时,应保证压型钢板板材整体不变形、局部不卷边。

④按设计要求铺设。压型钢板铺设应平整、顺直、波纹对正,设置位置正确;压型钢板与钢梁的锚固支承长度应符合设计要求,且不应小于50mm。

⑤采用等离子切割机或剪板钳裁剪边角。裁减放线时,富余量应控制在5mm范围内。

⑥压型钢板固定。压型钢板与压型钢板侧板间连接采用咬口钳压合,使单片压型钢板间连成整板,然后用点焊将整板侧边及两端头与钢梁固定,最后采用栓钉固定。为了浇筑混凝土时不漏浆,端部肋作封端处理。

2)栓钉焊接

焊接时,先将焊接用的电源及制动器接上,把栓钉插入焊枪的长口,焊钉下端置入母材上面的瓷环内。按焊枪电钮,栓钉被提升,在瓷环内产生电弧,在电弧发生后规定的时间内,用适当的速度将栓钉插入母材的融池内。焊完后,立即除去瓷环,并在焊缝的周围去掉卷边,检查焊钉焊接部位。

四、工程施工组织与管理

（一）工程施工组织

工程施工组织就是结合工程的特点，对生产过程中人力、材料、机械、施工方法等方面的要素进行统筹安排。

1. 流水施工原理

（1）流水施工的基本概念

流水施工就是指所有的施工过程按一定的时间间隔依次投入施工，各个施工过程陆续开工、陆续竣工，使同一施工过程的施工队组保持连续、均衡施工，不同的施工过程尽可能平行搭接施工的组织方式。如图4-1所示。

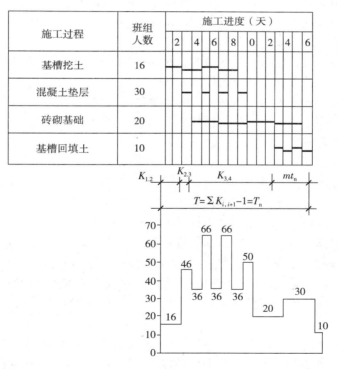

图4-1 流水施工

1）流水施工的基本特点

流水施工有较好的技术经济效果，具体可归纳为以下几点：

①能根据工程实际划分施工段；

②可以取得合理的工期和加快施工进度；

③可以组织专业化施工,有利于劳动生产率的提高;
④各个专业工种能连续施工,相邻的工作之间可实现合理的搭接,减少停工、窝工现象。
⑤施工的连续性、均衡性,使劳动消耗、物资供应、机械设备利用等处于相对平稳状态,充分发挥管理水平,降低工程成本。

2)组织流水施工的要点

组织流水施工的要点是:划分分部/分项工程、划分施工段、每个施工过程可组织专业的施工队组作业、主要施工过程必须连续、均衡地施工、不同的施工过程尽可能组织平行搭接施工。

(2)流水施工参数

流水施工的基本参数有工艺、空间和时间三种参数。

1)工艺参数

在组织流水施工时,用以表达流水施工在施工工艺上开展顺序及其特征的参数。通常,工艺参数包括施工过程数和流水强度两种。

施工过程数是指参与一组流水的施工过程数目,以符号"n"表示。施工过程划分的数目多少、粗细程度一般与下列因素有关:施工计划的性质与作用、施工方案及工程结构、劳动组织及劳动量大小、施工过程内容和工作范围等。

流水强度是指某施工过程在单位时间内所完成的工程量,一般以 V_i 表示。

2)空间参数

在组织流水施工时,用以表达流水施工在空间布置上所处状态的参数,称为空间参数。空间参数主要有:工作面、施工段数和施工层数。

①工作面:某专业工种的工人在从事施工生产过程中,所必须具备的活动空间,这个活动空间称为工作面。它的大小是根据相应工种单位时间内的产量定额、工程操作规程和安全规程等要求确定的。

②施工段数和施工层数:

施工段数和施工层数是指工程对象在组织流水施工中所划分的施工区段数目。一般把平面上划分的若干个劳动量大致相等的施工区段称为施工段,用符号 m 表示。把建筑物垂直方向划分的施工区段称为施工层,用符号 r 表示。

划分施工段的基本要求:施工段的数目要合理;各施工段的劳动量(或工程量)要大致相等;要有足够的工作面;要有利于结构的整体性,施工段分界线宜划在伸缩缝、沉降缝以及对结构整体性影响较小的位置;以主导施工过程为依据进行划分;当组织流水施工对象有层间关系,每层的施工段数必须大于或等于其施工过程数。

3)时间参数

在组织流水施工时,用以表达流水施工在时间排列上所处状态的参数,称为时间参数。它包括:流水节拍、流水步距、平行搭接时间、技术与组织间歇时间、工期等。

①流水节拍:

流水节拍是指从事某一施工过程的施工队组在一个施工段上完成施工任务所需的时间,用符号 t_i 表示($i=1、2……$)。流水节拍的大小直接关系到投入的劳动力、机械和材料量的多少,决定着施工速度和施工的节奏,因此,合理确定流水节拍,具有重要的意义。

②流水步距：

流水步距是指两个相邻的施工过程的施工队组相继进入同一施工段开始施工的最小时间间隔（不包括技术与组织间歇时间），用符号 $k_{i,i+1}$ 表示（i 表示前一个施工过程，$i+1$ 表示后一个施工过程）。流水步距的数目等于 $(n-1)$ 个参加流水施工的施工过程（队组）数。

③工期：

工期是指完成一项工程任务或一个流水组施工所需的时间。

(3) 流水施工的分类

根据流水施工节奏特征的不同，流水施工的基本方式分为有节奏流水和无节奏流水两大类。有节奏流水又可分为等节奏流水和异节奏流水两种。

1) 有节奏流水

①等节奏流水施工：

等节奏流水是指同一施工过程在各施工段上的流水节拍都相等，并且不同施工过程之间的流水节拍也相等的一种流水施工方式。即各施工过程的流水节拍均为常数，故也称为全等节拍流水或固定节拍流水。如图 4-2 所示。

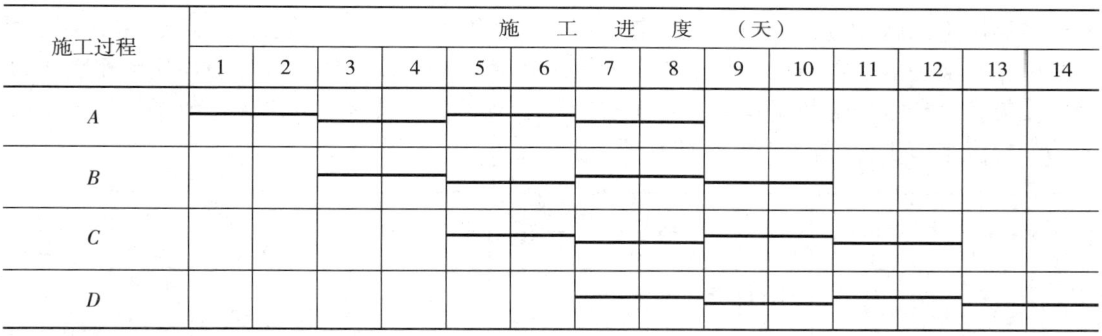

施工过程	施工进度（天）													
	1	2	3	4	5	6	7	8	9	10	11	12	13	14
A														
B														
C														
D														

图 4-2　等节奏流水施工进度计划

等节奏流水施工的特征：各施工过程在各施工段上的流水节拍彼此相等；流水步距彼此相等，而且等于流水节拍值；各专业工作队在各施工段上能够连续作业，施工段之间没有空闲时间；施工班组数等于施工过程数。等节奏流水施工一般适用于工程规模较小，建筑结构比较简单，施工过程不多的房屋或某些构筑物。常用于组织一个分部工程的流水施工。

②异节奏流水施工：

异节奏流水是指同一施工过程在各施工段上的流水节拍都相等，不同施工过程之间的流水节拍不一定相等的流水施工方式。异节奏流水又可分为异步距异节拍流水和等步距异节拍流水两种。

A. 异步距异节拍流水施工

异步距异节拍流水施工的特征：同一施工过程流水节拍相等，不同施工过程之间的流水节拍不一定相等；各个施工过程之间的流水步距不一定相等；施工班组数等于施工过程数。异步距异节拍流水施工适用于施工段大小相等的分部和单位工程的流水施工，它在进度安排上比全等节拍流水灵活，实际应用范围较广泛。如图 4-3 所示。

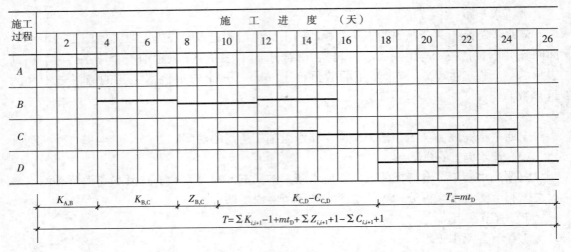

图 4-3　某工程异步距异节拍流水施工进度计划

B. 等步距异节拍流水施工

等步距异节拍流水施工亦称成倍节拍流水，是指同一施工过程在各个施工段上的流水节拍相等，不同施工过程之间的流水节拍不完全相等，但各个施工过程的流水节拍均为其中最小流水节拍的整数倍，即各个流水节拍之间存在一个最大公约数。为加快流水施工进度，按最大公约数的倍数组建每个施工过程的施工队组，以形成类似于等节奏流水的等步距异节奏流水施工方式。如图 4-4 所示。

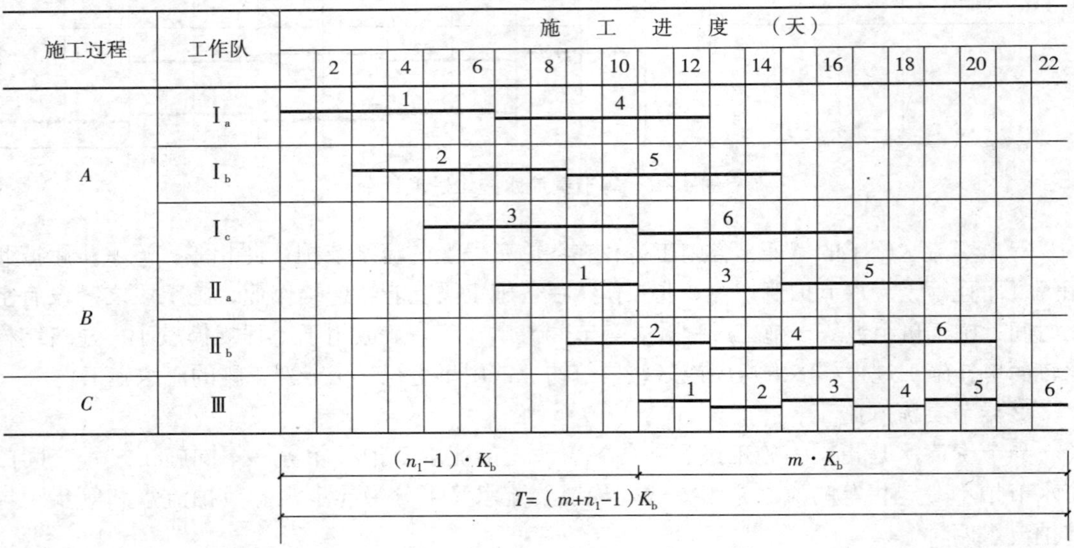

图 4-4　某工程等步距异节拍流水施工进度计划

等步距异节拍流水施工的特征：同一施工过程流水节拍相等，不同施工过程流水节拍等于其中最小流水节拍的整数倍；流水步距彼此相等，且等于最小流水节拍值；施工队组数大于施工过程数。

2）无节奏流水施工

无节奏流水施工是指同一施工过程在各个施工段上流水节拍不完全相等的一种流水施工方式。在实际工程中，通常每个施工过程在各个施工段上的工程量彼此不等，各专业施工队组的生产效率相差较大，导致大多数的流水节拍也彼此不相等，形成了无节奏流水施工的普遍形式。如图4-5所示。

无节奏流水施工的特点：每个施工过程在各个施工段上的流水节拍不尽相等；各个施工过程之间的流水步距不完全相等且差异较大；各施工作业队能够在施工段上连续作业，但有的施工段之间可能有空闲时间；施工队组数等于施工过程数。无节奏流水施工不像有节奏流水施工那样有一定的时间规律约束，在进度安排上比较灵活、自由，适用于分部工程和单位工程及大型建筑群的流水施工。

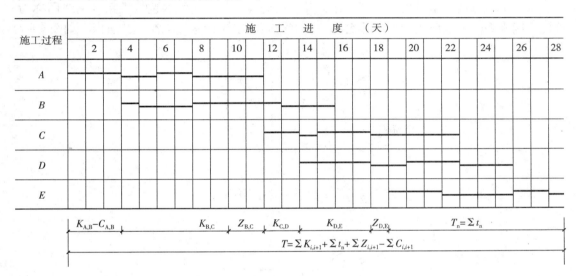

图4-5 某工程无节奏流水施工进度计划

2. 工程网络技术的基本知识及应用

（1）工程网络技术的基本概念

自20世纪50年代以来，国外陆续出现了一些计划管理的新方法，其中最基本的是关键线路法（CPM）和计划评审技术（PERT）。由于这些方法是建立在网络图的基础上的，因此统称为网络计划方法。

1）网络图

网络计划的表达形式是网络图。所谓网络图是指由箭线和节点组成的，用来表示工作流程的有向、有序的网状图形。网络图按其节点和箭线所代表的含义不同，可分为双代号网络图和单代号网络图两类表达方法。

用一根箭线及其两端节点的编号表示一项工作的网络图称为双代号网络图。工作的名称写在箭线上面，工作持续时间写在箭线下面，箭尾表示工作的开始，箭头表示工作的结束。在箭线前后的衔接处画圆圈表示节点，并在节点内编上号码，箭尾节点号码是i，箭头节点号码是j，以节点编号i和j代表一项工作名称，如图4-6所示。

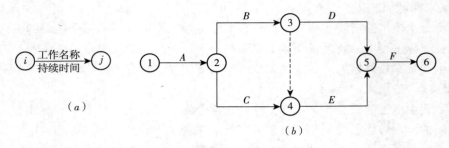

图 4-6 双代号网络图
(a) 工作的表示方法；(b) 工程的表示方法

用一个节点及其编号表示一项工作，并用箭线表示工作之间的逻辑关系的网络图称为单代号网络图。节点所表示的工作名称、持续时间和工作代号等标注在节点内，如图4-7所示。

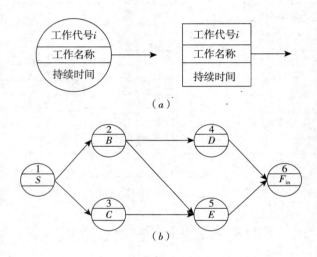

图 4-7 单代号网络图
(a) 工作的表示方法；(b) 工程的表示方法

2) 网络计划的分类

用网络图表达任务构成、工作顺序并加注工作时间参数的进度计划称为网络计划。网络计划的种类很多，可以从不同的角度进行分类，具体分类方法如下：

① 按网络计划目标分类。

根据计划最终目标的多少，网络计划可分为单目标网络计划和多目标网络计划。只有一个最终目标的网络计划称为单目标网络计划。由若干个独立的最终目标与其相互有关工作组成的网络计划称为多目标网络计划。

② 按网络计划层次分类。

根据计划的工程对象不同和使用范围大小，网络计划可分为局部网络计划、单位工程网络计划和综合网络计划。以一个分部工作或施工段为对象编制的网络计划称为局部网络计划。以一个单位工程为对象编制的网络计划称为单位工程网络计划。以一个建筑项目或建筑群为对象编制的网络计划称为综合网络计划。

③按网络计划时间表达方式分类。

根据计划时间的表达不同，网络计划可分为时标网络计划和非时标网络计划。工作的持续时间以时间坐标为尺度绘制的网络计划称为时标网络计划。工作的持续时间以数字形式标注在箭线下面绘制的网络计划称为非时标网络计划。

3）双代号网络图的基本符号

①箭线：

A. 在双代号网络图中，一条箭线代表一项工作，工作所包含的范围可大可小，既可以是一道工序，也可以是一个分部工程，甚至是一个单位工程。如砌砖、抹灰等。

B. 每项工程都要占用一定的时间，也要消耗一定的资源（如劳动力、材料等）。因此，凡是占用一定时间的过程，都应作为一项工作来看待。例如，混凝土养护。

C. 在无时标的网络图中，箭线的长短并不反映该工作占用时间的长短。

D. 箭线所指的方向表示工作进行的方向，箭线的箭尾表示该项工的开始，箭头表示该工作的结束。工作名称标注在箭线水平部分的上方，工作的持续时间（也称作业时间）则标注在箭线的下方（图4-8）。

图4-8 工作名称和持续时间标注法

E. 两项工作前后连续施工时，代表两项工作的箭线也前后连续画下去。当出现平行工作时，其箭线也平行绘制，见图4-9。就某项工作而言，紧靠其前的工作称作紧前工作，紧靠其后的工作称作紧后工作，与之平行的工作称作平行工作，该工作称作"本工作"。

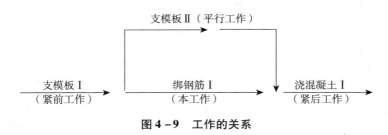

图4-9 工作的关系

②节点：

A. 节点在双代号网络图中表示一项工作的开始或结束，用圆圈表示。

B. 节点仅为前后两项工作交接之点，只是一个"瞬间"概念，它既不消耗时间也不消耗资源。

C. 箭线尾部的节点称箭尾节点，箭线头部的节点称箭头点。

D. 在网络图中，对某一个节点来讲，可能有许多箭线通向该节点，这些箭线称为该节点"内向箭线"；同样也可能有许多箭线由某一节点发出，这些箭线称为该节点"外向箭线"。

E. 网络图的第一个节点叫起点节点，它意味着一项工程或任务的开始；最后一个节点叫终点节点，它意味着一项工程或任务的完成，网络图中的其他节点称为中间节点。

③虚箭线：

虚箭线又称虚工作，它表示一项虚拟的工作，用带箭头的虚线表示（图4-10）。由于是虚拟的工作，故不占用时间，不消耗资源，它的主要作用是在网络图中解决工作之间的连接关系，即正确表示网络图中工作之间的相互依存和相互制约的逻辑关系。

④节点编号：

一项活动是用一条箭线和两个节点来表示的。为使网络图便于检查和计算，所有节点均应统一编号，一条箭线两端节点的一对号码就是该箭线所表示的活动代号，如图4-11 (a) 中的活动代号就是7—8。

在进行节点编号时，箭尾节点的号码应小于箭头节点的号码，如图4-11 (b) 所示，i应小于j。

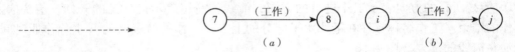

图4-10 虚工作的表示法　　　图4-11 节点编号

4）逻辑关系

工作之间相互制约或依赖的关系称为逻辑关系。工作之间的逻辑关系包括工艺关系和组织关系。

①工艺关系：是指生产工艺上客观存在的先后顺序关系，或者是非生产性工作之间由工作程序决定的先后顺序关系。

②组织关系：是指在不违反工艺关系的前提下，人为安排的工作先后顺序关系。例如，建筑群中各个建筑物的开工顺序的先后；施工对象的分段流水作业等。组织顺序可以根据具体情况，按安全、经济、高效的原则统筹安排。

(2) 双代号网络图的绘制方法

1）网络图绘制规则

①双代号网络图必须正确表达逻辑关系。

②网络图中不允许出现循环线路。

③网络图中不允许出现代号相同的箭线。

④在一个网络图中只允许有一个起点节点和一个终点节点。在网络图中除起点和终点外，不允许再出现没有外向工作的节点及没有内向工作的节点（多目标网络除外）。

⑤严禁在网络图中出现没有箭尾节点的箭线和没有箭头节点的箭线。

⑥网络图中不允许出现双向箭头、无箭头或倒向的线。

⑦当网络图的起点节点有多条外向箭线或终点节点有多条内向箭线时，为使图形简洁，可应用母线法绘图，如图4-12所示。

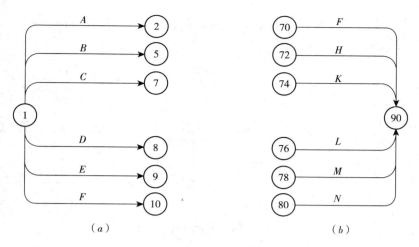

图 4-12 母线法绘图

2) 虚箭线的作用

①正确地表示工作间的逻辑关系，起"连接"和"断路"的作用。图 4-13 中，A 工作的紧后工作为 B，C 工作的紧后工作为 D，但 D 又是 A 的紧后工作，那么连接 A 与 D 的关系就要虚箭线将没有关系的工作断开。图 4-14 (a)，A、B 工作的紧后工作为 C、D 工作，增加虚箭线去掉 A 工作与 D 工作的关系，如图 4-14 (b) 所示。

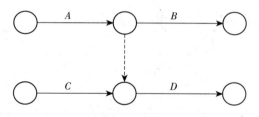

图 4-13 虚箭线用途之一

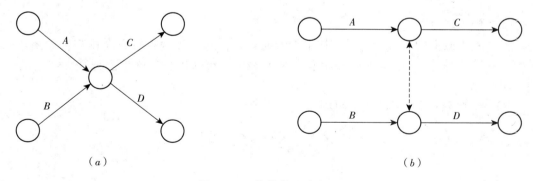

图 4-14 虚箭线用途之二

②区分作用。两项或两项以上的工作同时开始且同时完成时，必须引进虚箭线，以符合画图规则。图 4-15 (a) 中 A、B、C 三项工作共用①、②两个节点，1—2 代号既表示

A 工作又可表示 B 工作，还可以表示 C 工作，就会在工作中造成混乱，所以必须采用图 4-15 (b) 方法区分。

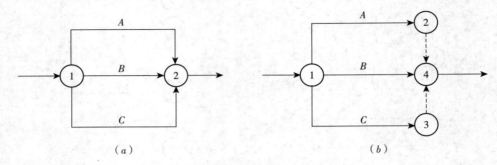

图 4-15 虚箭线用途之三

3) 双代号网络图的排列

在网络计划的实际应用中，要求网络图按一定的次序组织排列，做到逻辑关系准确清晰，形象直观，便于计算与调整。主要排列方式有：

① 按施工过程排列。

根据施工顺序把各施工过程按垂直方向排列，施工段按水平方向排列，如图 4-16 所示。其特点是相同工种在同一水平线上，突出不同工种的工作情况。

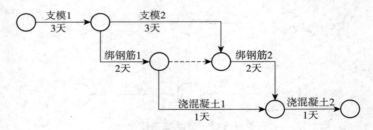

图 4-16 按施工过程排列

② 按施工段排列。

同一施工段上的有关施工过程按水平方向排列，施工段按垂直方向排列，如图 4-17 所示。其特点是同一施工段的工作在同一水平线上，反映出分段施工的特征，突出工作面的利用情况。

4) 绘制双代号网络图注意事项

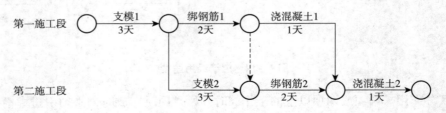

图 4-17 按施工段排列

①网络图布局要条理清楚，重点突出。虽然网络图主要用以表达各工作之间的逻辑关系，但为了使用方便，布局应条理清楚，层次分明，行列有序，同时还应突出重点，尽量把关键工作和关键线路布置在中心位置。

②正确应用虚箭线进行网络图的断路。应用虚箭线进行网络图的断路是正确表达工作之间逻辑关系的关键。

③力求减少不必要的箭线和节点。双代号网络图中，应在满足绘图规则和两个节点一根箭线代表一项工作的原则基础上，力求减少不必要的箭线和节点，使网络图图面简捷，减少时间参数的计算量。

④网络图的分解。当网络图中的工作任务较多时，可以把它分成几个小块来绘制。分界点一般选择在箭线和节点较少的位置，或按施工部位分块。分界点要用重复编号，即前一块的最后一节点编号与后一块的第一个节点编号相同。

(3) 双代号网络计划时间参数

根据工程对象各项工作的逻辑关系和绘图规则绘制网络图是一种定性的过程，只有进行时间参数的计算这样一个定量的过程，才使网络计划具有实际应用价值。

计算网络计划时间参数目的主要有三个：第一，确定关键线路和关键工作，便于施工中抓住重点，向关键线路要时间。第二，明确非关键工作及其在施工中时间上有多大的机动性，便于挖掘潜力，统筹全局，部署资源。第三，确定总工期，做到工程进度心中有数。

网络计划时间参数及其符号为：

1）工作持续时间。

工作持续时间是指一项工作从开始到完成的时间，用 D_{i-j} 表示。

2）工期。

工期是指完成一项任务所需要的时间，一般有以下三种工期：

①计算工期：是指根据时间参数计算所得到的工期，用 T_c 表示。

②要求工期：是指任务委托人提出的指令性工期，用 T_r 表示。

③计划工期：是指根据要求工期和计算工期所确定的作为实施目标的工期，用 T_p 表示。

当规定了要求工期时：$T_p \leqslant T_r$

当未规定要求工期时：$T_p = T_c$

3）网络计划中工作的时间参数及其计算程序。

网络计划中的时间参数有六个：最早开始时间、最早完成时间、最迟完成时间、最迟开始时间、总时差、自由时差。

①最早开始时间和最早完成时间。

最早开始时间是指各紧前工作全部完成后，本工作有可能开始的最早时刻。工作 $i-j$ 的最早开始时间用 ES_{i-j} 表示。

最早完成时间是指各紧前工作全部完成后，本工作有可能完成的最早时刻。工作 $i-j$ 的最早完成时间用 EF_{i-j} 表示。

计算程序为：自起点节点开始，顺着箭线方向，用累加的方法计算到终点节点。

②最迟完成时间和最迟开始时间。

最迟完成时间是指在不影响整个任务按期完成的前提下,工作必须完成的最迟时刻。工作 $i-j$ 的最迟完成时间用 LF_{i-j} 表示。

最迟开始时间是指在不影响整个任务按期完成的前提下,工作必须开始的最迟时刻。工作 $i-j$ 的最迟开始时间用 LS_{i-j} 表示。

计算程序为:自终点节点开始,逆着箭线方向,用累减的方法计算到起点节点。

③总时差和自由时差。

总时差是指在不影响总工期的前提下,本工作可以利用的机动时间。工作 $i-j$ 的总时差用 TF_{i-j} 表示。

自由时差是指在不影响其紧后工作最早开始时间的前提下,本工作可以利用的机动时间。工作 $i-j$ 的自由时差用 FF_{i-j} 表示。

(4) 关键工作和关键线路的确定

1) 线路、关键线路、关键工作

①线路:网络图中从起点节点开始,沿箭头方向顺序通过一系列箭线与节点,最后达到终点节点的通路称为线路。一个网络图中,从起点节点到终点节点,一般都存在着许多条线路,每条线路都包含若干项工作,这些工作的持续时间之和就是该线路的时间长度,即线路上总的工作持续时间。

②关键线路和关键工作:线路上总的工作持续时间最长的线路称为关键线路。其余线路称为非关键线路。位于关键线路上的工作称为关键工作。关键工作完成快慢直接影响整个计划工期的实现。

一般来说,一个网络图中至少有一条关键线路。关键线路也不是一成不变的,在一定的条件下,关键线路和非关键线路会相互转化。例如,当采取技术组织措施,缩短关键工作的持续时间,或者非关键工作持续时间延长时,就有可能使关键线路发生转移。

非关键线路都有若干机动时间(即时差),它意味着工作完成日期允许适当挪动而不影响工期。时差的意义就在于可以使非关键工作在时差允许范围内放慢施工进度,将部分人、财、物转移到关键工作上去,以加快关键工作的进程,或者在时差允许范围内改变工作开始和结束时间,以达到均衡施工的目的。

关键线路宜用粗箭线、双箭线或彩色箭线标注,以突出其在网络计划中的重要位置。

2) 关键工作和关键线路的确定

①线路上总的工作持续时间最长的线路应为关键线路,位于关键线路上的工作是关键工作;

②总时差为最小的工作应为关键工作,自始至终全部由关键工作连接的线路为关键线路。

(5) 双代号时标网络计划

时标网络计划是以时间坐标为尺度编制的网络计划。时标网络计划的工作以实箭线表示,自由时差以波形线表示,虚工作以虚箭线表示。当实箭线后有波形线且其末端有垂直部分时,其垂直部分用实线绘制;当虚箭线有时差且其末端有垂直部分时,其垂直部分用虚线绘制。

图4-18是按最早开始时间绘制的时标网络计划图。

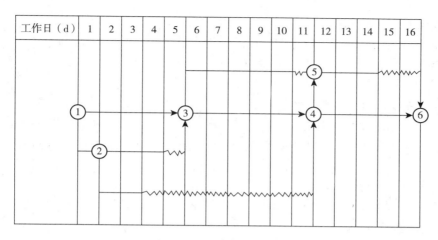

图4-18 按最早时间绘制的时标网络计划

3. 施工组织设计的编制原理及方法

(1) 施工方案编制方法及步骤

1) 首先确定施工程序

单位工程施工程序是指单位工程施工中,各分部/分项工程或施工阶段的先后次序及其相互制约关系。单位工程施工中应遵循的程序一般如下:先地下后地上、先主体后围护、先结构后装修、先土建后设备。

2) 确定施工起点和流向

施工起点和流向是指单位工程在平面和空间上开始施工的部位及其流动的方向,这主要取决于生产需要、缩短工期和保证质量等要求。一般来说,对单层建筑物,只要按其跨间分区分段地确定平面上的施工流向;对多层建筑物,除了确定每层平面上的施工流向外,还要确定其层间或单元空间上的施工流向。

3) 确定施工顺序

施工顺序是指施工过程或分项工程之间施工的先后次序。组织单位工程施工时,应将其划分为若干个分部工程或施工阶段,每一分部工程又划分为若干个分项工程(施工过程),并对各个分部/分项工程的施工顺序作出合理安排。

一般工业和民用建筑总的施工顺序为:基础工程→主体工程→屋面工程→装饰工程。

4) 划分施工段

实际施工时,基础工程和主体工程一般进行分段流水作业,施工段的划分可相同也可不同,为了便于组织施工,基础和主体工程施工段的数目和位置基本一致。屋面工程施工时若没有高低层,或没有设置变形缝,一般不分段施工,而是采用依次施工的方式组织施工。装饰工程平面上一般不分段,立面上分层施工,一个结构层可作为一个施工层。

5) 主要分部分项工程的施工方法及施工机械的选择

施工方法主要内容:拟定主要的操作过程和方法,包括施工机械的选择;提出质量要求和达到质量要求的技术措施;指出可能产生的问题及防治措施;提出季节性施工和降低成本措施;制定切实可行的安全施工措施等。

6）拟定技术组织措施

技术组织措施包括保证缩短工期、提高工程质量、降低工程成本、确保施工安全及文明施工的要求。

（2）进度计划的编制

1）施工进度计划的编制依据

施工进度计划的编制依据主要包括：施工图、工艺图及有关标准图等技术资料；施工组织总设计对本工程的要求；工程合同；施工工期要求；施工方案；施工定额以及施工资源供应情况。

2）进度计划的编制步骤

①划分施工过程：编制单位工程施工进度计划时，首先必须研究施工过程的划分，再进行有关内容的计算和设计。

②计算工程量。

工程量应根据施工图纸、工程量计算规则及相应的施工方法进行计算。实际就是按工程的几何形状进行计算。计算时应注意以下几个问题：注意工程量的计量单位，每个施工过程的工程量的计量单位应与采用的施工定额的计量单位相一致。注意采用的施工方法，计算工程量时应与采用的施工方法相一致。正确取用预算文件中的工程量。

③套用施工定额。

确定了施工过程及其工程量之后，即可套用施工定额（当地实际采用的劳动定额及机械台班定额），以确定劳动量和机械台班量。有些采用新技术、新材料、新工艺或特殊施工方法的施工过程，定额中尚未编入，这时可参考类似施工过程的定额、经验资料，按实际情况确定。

④计算劳动量及机械台班量。

根据工程量及确定采用的施工定额，即可进行劳动量及机械台班量的计算。

⑤计算确定施工过程的持续时间。

施工过程持续时间的确定方法有三种：经验估算法、定额计算法和计划倒排法。

经验估算法也称三时估算法，即先估计出完成该施工过程的最乐观时间、最悲观时间和最可能时间三种施工时间，再根据式（4-1）计算出该施工过程的延续时间。这种方法适用于新结构、新技术、新工艺、新材料等无定额可循的施工过程。

$$D = \frac{A + 4B + C}{6} \tag{4-1}$$

式中　A——最乐观的时间估算（最短的时间）；
　　　B——最可能的时间估算（正常的时间）；
　　　C——最悲观的时间估算（最长的时间）。

定额计算法：这种方法是根据施工过程需要的劳动量或机械台班量，以及配备的劳动人数或机械台数，确定施工过程持续时间。其计算公式如式（4-2）、式（4-3）：

$$D = \frac{P}{N \times R} \tag{4-2}$$

$$D_{机械} = \frac{P_{机械}}{N_{机械} \times R_{机械}} \tag{4-3}$$

式中　D——某手工操作为主的施工过程持续时间（天）；

　　　P——该施工过程所需的劳动量（工日）；

　　　R——该施工过程所配备的施工班组人数（人）；

　　　N——每天采用的工作班制（班）；

　　　$D_{机械}$——某机械施工为主的施工过程的持续时间（天）；

　　　$P_{机械}$——该施工过程所需的机械台班数（台班）；

　　　$R_{机械}$——该施工过程所配备的机械台数（台）；

　　　$N_{机械}$——每天采用的工作台班（台班）。

要确定施工班组人数 R 或施工机械台班数 $R_{机械}$，除了考虑必须能获得或能配备的施工班组人数（特别是技术工人人数）或施工机械台数之外，在实际工作中，还必须结合施工现场的具体条件、最小工作面与最小劳动组合人数的要求以及机械施工的工作面大小、机械效率、机械必要的停歇维修与保养时间等因素考虑，才能定出符合实际可能和要求的施工班组人数及机械台数。

每天工作班制确定，当工期允许、劳动力和施工机械周转使用不紧迫、施工工艺上无连续施工要求时，通常采用一班制施工（在建筑业中往往采用1班即8小时）。当工期较紧或为了提高施工机械的使用率及加快机械的周转使用，或工艺上要求连续施工时，某些施工项目可考虑两班甚至三班制施工。但采用多班制施工，必然增加有关设施及费用，因此，须慎重研究确定。

计划倒排法：这种方法根据施工的工期要求，先确定施工过程的延续时间及工作班制，再确定施工班组人数（R）或机械台数（$R_{机械}$）。

⑥初排进度计划。

⑦检查与调整进度计划。

施工进度计划初步方案编出后，应根据与业主和有关部门的要求、合同规定及施工条件等，先检查各施工过程之间的施工顺序是否合理、工期是否满足要求、劳动力等资源消耗是否均衡，然后再进行调整，直至满足要求，正式形成施工进度计划。总的要求是在合理的工期下尽可能地使施工过程连续施工，这样便于资源的合理安排。

（3）施工准备的内容及方法

施工准备工作的内容一般可以归纳为以下几个方面：技术经济的调查与收集资料、技术资料准备，资源准备、施工现场准备、季节施工准备等。准备工作分为室内准备和外部准备两个方面。

1）技术经济的调查

①对建设单位的调查：建设项目计划任务书等有关文件；建设项目性质、规模、建设要求；生产工艺流程、主要工艺设备名称及来源、供应时间、分批和全部到货时间；建设期限、开工时间、交工先后顺序、竣工投产时间；总概算投资、年度建设计划等。

②对设计单位的调查：建设单位总平面规划；工程地质勘察资料；水文勘察资料；项目建筑规模，建筑、结构、装修概况，总建筑面积、占地面积；单项（单位）工程个数；设计进度状况等。

③自然条件调查。

它包括建设地区的气象、工程地形地质、工程水文地质、周围民宅的坚固等。

④技术经济条件调查分析建设地域的资源调查。
它包括地方建筑生产企业、地方资源、交通运输、水电及其他能源，施工设备、三大材料和特殊材料，以及它们的生产能力等。
⑤施工现场的实况调查。
包括施工占地、拆迁情况、可利用的建筑设施、有无高压线通过等。

2）技术资料准备
它是施工准备的重要环节，其主要内容包括：熟悉和会审图纸，编制中标后施工组织设计，编制施工预算等。
①熟悉和会审图。
图纸会审一般工程由建设单位组织并主持会议，设计单位交底，施工单位、监理单位参加。重点工程或规模较大及结构、装修较复杂的工程，如有必要可邀请各主管部门、消防、防疫与协作单位参加，会审的程序是：设计单位作设计交底，施工单位对图纸提出问题，有关单位发表意见，与会者讨论、研究、协商，逐条解决问题达成共识，组织会审的单位汇总成文，各单位会签，形成图纸会审纪要，会审纪要作为与施工图纸具有同等法律效力的技术文件使用。
②编制中标后施工组织设计。
中标后施工组织设计是在投标书施工组织设计的基础上，结合所收集的原始资料和相关信息资料，根据图纸及会议纪要，按照编制施工组织设计的基本原则，综合建设单位、监理单位、设计意图的具体要求进行编制的，以保证工程好、快、省、安全、顺利地完成。相关信息与资料包括：现行的由国家有关部门制定的技术规范、规程及有关技术规定，各专业工程施工技术规范；企业现有的施工定额、施工手册、类似工程的技术资料及平时施工实践活动中所积累的资料等。收集这些相关信息与资料，是进行施工准备工作和编制施工组织设计的依据之一，可为其提供有价值的参考。
③编制施工预算。
施工预算是施工单位根据施工合同价款、施工图纸、施工组织设计或施工方案、施工定额等文件进行编制的企业内部经济文件，它直接受施工合同中合同价款的控制，是施工前的一项重要准备工作。它是施工企业内部控制各项成本支出、考核用工、签发施工任务书、限额领料、基层进行经济核算、进行经济活动分析的依据。在施工过程中，要按施工预算严格控制各项指标，以促进降低工程成本和提高施工管理水平。

3）资源准备
①劳动力组织准备。
劳动力组织准备包括施工管理层和作业层两大部分，这些人员的合理选择和配备，将直接影响到工程质量与安全、施工进度及工程成本。施工管理层的准备就是建立项目经理部，作业层的准备就是组织精干的施工队伍。
②物资准备。
施工物资准备：施工物资准备是指施工中必须有的劳动手段（施工机械、工具）和劳动对象（材料、配件、构件）等的准备，是一项较为复杂而又细致的工作。施工管理人员应尽早地计算出各阶段对材料、施工机械、设备、工具等的需用量，并说明供应单位、交货地点、运输方式等，特别是对预制构件，必须尽早地从施工图中摘录出构件的规格、质

量、品种和数量，制表造册，向预制加工厂订货并确定分批交货清单、交货地点及时间，对大型施工机械、辅助机械及设备要精确计算工作日，并确定进场时间，做到进场后立即使用，用毕后立即退场，提高机械利用率，节省机械台班费及停留费。物资准备的具体内容有材料准备、构配件及设备加工订货准备。施工机具准备、生产工艺设备准备、运输设备和施工物质价格管理等。

4）施工现场准备

施工现场准备工作由两个方面组成，一是业主应完成的施工现场准备工作，二是施工单位应完成的施工现场准备工作。施工单位现场准备工作主要如下：

①根据工程需要，提供和维修非夜间施工使用的照明、围栏设施，并负责安全保卫；
②拆除原有建筑物、构筑物等；
③建立测量放线基准点；
④工程用地范围内的七通一平，其中平整场地工作应由其他单位承担，但业主也可要求施工单位完成，费用仍有业主承担。
⑤搭设现场生产和生活用的临时设施。

5）季节性施工准备

建筑工程施工绝大部分工作是露天作业，受气候影响比较大，因此，在冬、雨期及夏期施工中，必须从具体条件出发，正确选择施工方法，做好季节性施工准备工作，以保证按期、保质、安全地完成施工任务，取得较好的技术经济效果。

①冬期施工准备。

合理安排施工进度计划，进行冬期施工的工程项目，在入冬前应组织专经编制冬期施工方案。组织人员培训，并与当地气象台站保持联系，及时接收天气预报，防止寒流突然袭击。

安排专人测量施工期间的室外气温、暖棚内气温，砂浆、混凝土的温度要做好记录。凡进行冬期施工的工程项目，必须复核施工图纸查对其是否能适应冬期施工要求，要进行现场准备并采取安全与防火的措施。

②雨期施工准备。

合理安排雨期施工，加强施工管理，做好雨期施工的安全教育；现场防雷装置的准备；防洪排涝，做好现场排水工作；做好道路维护，保证运输畅通；做好物资的储存；做好机具设备等的防护。

③夏期施工准备。

编制夏期施工项目的施工方案，施工人员防暑降温工作的准备。

6）作业条件的准备

作业条件的准备如定位放线、制定作业计划、组织材料构件制品进场、进行技术质量安全交底等。

(4) 施工现场平面设计

项目现场是指从事工程施工活动经批准占用的场地。它既包括红线以内占用的建筑用地和施工用地，又包括红线以外现场附近经批准占用的临时施工用地，但不包括施工单位自有的场地或生产基地。良好的现场管理可使现场空间环境美观整洁，道路畅通，材料放置有序，施工有条不紊，安全、消防、保安均能得到有效的保障，并且使得与项目有关的相关方都能达到满意。相反，低劣的现场管理会损害项目相关方面的利益，会直接影响施工进度，并且会产生事故隐患。项目现场平面设计的内容包括：

①合理规划施工用地：要保证场内占地合理使用。当场内空间不充足时，应会同建设单位向规划部门和公安、通部门申请场外用地，但需经批准后才能获得、使用场外临时施工用地。

②科学地进行施工总平面设计。施工总平面设计及施工组织设计是施工现场管理的主要依据。在施工总平面图上，临时设施、大型机械、材料堆场、物资仓库、构件堆场、消防设施、道路及进出口、加工场地、水电管线、周转使用场地等，都应井然有序，科学安排，从而呈现出现场施工的文明程度。有利于安全和环境保护、有利于节约，有利于工程施工。

③根据施工进展的具体需要，按阶段调整施工现场的平面布置：不同的施工阶段，施工的需要不同，现场的平面布置亦应进行调整。当然，施工内容变化是主要原因，另外随着分包单位的变化，他们对施工现场提出新的要求等。因此，不应当把施工现场当成一个固定不变的空间组合，而应当对它进行动态的管理和控制，但是调整也应该在一定的限度内，不能太频繁，以免造成浪费。一些重大设施应基本固定，调整的对象应是规模小的设施或功能失去作用的设施。

④加强对施工现场使用的检查：现场管理人员应经常检查现场布置是否按平面布置图进行，是否符合各项规定，是否满足施工需要，还有哪些薄弱环节，从而为调整施工现场布置提供有用的信息，也使施工现场保持相对稳定。

⑤建立施工现场管理组织：在企业范围内建立由企业领导和各工区主要领导挂帅，各部门主要负责人参加的施工现场管理领导小组，并建立以项目经理部为核心的施工现场管理组织。

⑥建立文明的施工现场。文明施工现场是指按照有关法规的要求，使施工现场和临时占地范围内秩序井然，文明安全，环境得到保护，绿地树木不被破坏，交通畅通，文物得以保存，防火设施完备，居民不受干扰，场容和环境卫生均符合要求。文明施工现场有利于提高工程质量和工作质量，提高企业信誉。

（二）工程项目管理

1. 工程项目管理及其分类

(1) 工程项目

工程项目，又称土木工程项目或建筑工程项目，是以建筑物或构筑物为目标生产产品、有开工时间和竣工时间的相互关联的活动所组成的特定过程。该过程要达到的最终目标应符合预定的使用要求，并满足标准（或业主）要求的质量、工期、造价和资源等约束条件。

1）工程项目的特点

①工程项目是一次性的过程。这个过程除了有确定的开工时间和竣工时间外，还有过程的不可逆性、设计的单一性、生产的单件性、项目产品位置的固定性等。

②每一个工程项目的最终产品均有特定的用途和功能，它是在概念阶段策划并且决

策，在设计阶段具体确定，在实施阶段形成，在结束阶段交付。

③工程项目的实施阶段主要是在露天进行。受自然条件的影响大，施工条件很差，变更多，组织管理任务繁重，目标控制和协调活动困难重重。

④工程项目生命周期的长期性。从概念阶段到结束阶段，少则数月，多则数年甚至几十年。工程产品的使用周期也很长，其自然寿命主要是由设计寿命决定的。

⑤投入资源和风险的大量性。由于工程项目体形庞大，故需要投入的资源多、生命周期很长，投资额巨大，风险量也很大。投资风险、技术风险、自然风险和资源风险与各种项目相比，都是发生频率高、损失量大的，在项目管理中必须突出风险管理过程。

2）工程项目的分类

①按性质分类。

工程项目按性质分类，可分为建设项目和更新改造项目。

A. 建设项目包括新建和扩建项目。新建项目指从无到有建设的项目；扩建项目指原有企业为扩大原有产品的生产能力或效益和为增加新品种的生产能力而增建主要生产车间或其他产出物的活动过程。

B. 更新改造项目包括改建、恢复、迁建项目。改建项目指对现有厂房、设备和工艺流程进行技术改造或固定资产更新的过程；恢复项目指原有固定资产已经全部或部分报废，又投资重新建设的项目；迁建项目是由于改变生产布局、环境保护、安全生产以及其他需要，搬迁到另外地方进行建设的项目。

②按用途分类。

工程项目按用途分类，可分为生产性项目和非生产性项目。

A. 生产性项目包括工业工程项目和非工业工程项目。工业工程项目包括重工业工程项目、轻工业工程项目等；非工业工程项目包括农业工程项目、交通运输工程项目、能源工程项目、IT工程项目等。

B. 非生产性项目包括居住工程项目、公共工程项目、文化工程项目、服务工程项目、基础设施工程项目等。

③按专业分类。

工程项目按专业分类，可分为建筑工程项目、土木工程项目、线路管道安装工程项目、装修工程项目。

A. 建筑工程项目亦称房屋建筑工程项目，是产出物为房屋工程兴工构建及相关活动构成的过程。

B. 土木工程项目指产出物为公路、铁路、桥梁、隧道、水工、矿山、高耸构筑物等兴工构建及相关活动构成的过程。

C. 线路管道安装工程指产出物为安装完成的送变电、通讯等线路，给水排水、污水、化工等管道，机械、电气、交通等设备，动工安装及相关活动构成的过程。

D. 装修工程项目指构成装修产品的抹灰、油漆、木作等及其相关活动构成的过程。

④按等级分类。

工程项目按等级分类，可分为一等项目、二等项目和三等项目。

A. 一般房屋建筑工程的一等项目包括：28层以上，36m跨度以上（轻钢结构除外），单项工程建筑面积30000m^2以上；二等项目包括：14~28层，24~36m跨度（轻钢龙骨除外），单项工程建筑面积 10000~30000m²；三等工项目包括：14 层以下，24m 跨度以下（轻钢结构除外），单项工程建筑面积 10000m² 以下。

B. 公路工程的一等项目包括高速公路和一级公路；二等项目包括高速公路路基和一级公路路基；三等项目指二级公路以下的各级公路。

⑤按投资主体分类。

按投资主体分类，有国家政府投资工程项目、地方政府投资工程项目、企业投资工程项目、三资（国外独资、合资、合作）企业投资工程项目、私人投资工程项目、各类投资主体联合投资工程项目等。

⑥按工作阶段分类。

按工作阶段分类，工程项目可分为预备项目、筹建项目、实施工程项目、建成投产工程项目、收尾工程项目。

A. 预备工程项目，指按照中长期计划拟建而又未立项、只做初步可行性研究或提出设想方案供决策参考、不进行建设的实际准备工作。

B. 筹建工程项目，指经批准立项，正在进行建设前期准备工作而尚未正式开始施工的项目。这些工作包括：设立筹建机构，研究和论证建设方案，进行设计和审查设计文件，办理征地拆迁手续，平整场地，选择施工机械、材料、设备的供应单位等。

C. 实施工程项目包括：设计项目，施工项目（新开工项目、续建项目）。

D. 建成投产工程项目包括：建成投产项目，部分投产项目和建成投产单项工程项目。

E. 收尾工程项目，指基本全部投产只剩少量不影响正常生产或使用的辅助工程项目。

⑦按管理者分类。

按管理者分类，工程项目可分为建设项目、工程设计项目、工程监理项目、工程施工项目、开发工程项目等，它们的管理者分别是建设单位、设计单位、监理单位、施工单位、开发单位。

⑧按规模分类。

工程项目按规模分类，可分为大型项目、中型项目和小型项目。

(2) 工程项目管理

项目管理是指为了达到项目目标，对项目的策划（规划、计划）、组织、控制、协调、监督等活动过程的总称。项目管理的对象是项目。项目管理者是项目中各项活动主体本身。项目管理的职能同所有管理的职能均是相同。项目管理要求按照科学的理论、方法和手段进行，特别是要用系统工程的观念、理论和方法进行管理。项目管理的目的就是保证项目目标的顺利实现。

1) 工程项目管理的特点

工程项目管理是特定的一次性任务的管理，它之所以能够使工程项目取得成功，是由于其职能和特点决定的。施工项目管理的特点有：管理目标明确；是系统的管理；是以项目经理为中心的管理；按照项目的运行规律进行规范化的管理；有丰富的专业内容；管理应使用现代化管理方法和技术手段；应实施动态管理。

2) 工程项目管理的职能

工程项目管理的职能有：策划职能、决策职能、计划职能、组织职能、控制职能、协调职能、指挥职能、监督职能。

2. 工程项目管理的组织

(1) 项目管理的组织原则

1) 责、权、利平衡

在项目的组织设置过程中应明确项目投资者、业主、项目其他参加者以及其他利益相关者之间的经济关系、职责和权限，并通过合同、计划、组织规则等文件定义。这些关系错综复杂，形成一个严密的体系，它们应符合责、权、利平衡的原则。

2) 适用性和灵活性原则

项目组织机构设置的适用性和灵活性原则主要有：应确保项目的组织结构适合于项目的范围、项目组织的大小、环境条件及业主的项目战略；项目组织结构应根据或考虑到与原组织的适应性；顾及项目管理者过去的项目管理经验，应充分利用这些经验，选择最合适的组织结构。项目组织结构应有利于项目的所有参与者的交流和合作，便于领导；组织结构简单、工作人员精简，项目组要保持最小规模，并最大可能地使用现有部门中的职能人员。

3) 组织制衡原则

由于项目和项目组织的特殊性，要求组织设置和运作中必须有严密的制衡。

4) 保证组织人员和责任的连续性和统一

5) 管理跨度和管理层次的要求

按照组织效率原则，应建立一个规模适度、组织结构层次较少、结构简单、能高效率运作的项目组织。由于现代工程项目规模大，参加单位多，造成组织结构非常复杂。组织结构设置常常在管理跨度与管理层次之间进行权衡。

6) 合理授权

项目的任何组织单元在项目中为实现总目标承担一定的角色，有一定的工作任务和责任，则组织单元必须拥有相应的权力、手段和信息去完成任务。根据项目的特点，项目组织是一种有较大分权的组织。项目鼓励多样性和创新，则必须分权。有了较大分权，才能调动下层的积极性和创造力。

(2) 项目经理部

项目经理部是项目管理的工作班子，置于项目经理的领导之下。为了充分发挥项目经理部在项目管理中的主题作用，必须对项目经理部的机构设置加以特别重视，设计好、组建好、运转好，从而发挥其应有的功能。

1) 建立项目经理部的基本原则

①要根据所设计的项目组织形式设置项目经理部。

②要根据项目的规模、复杂程度和专业特点设置项目经理部。

③项目经理部是一个具有弹性的一次性管理组织，应随工程任务的变化而进行调整，不应搞成一级固定性组织。

④项目经理部的人员配置应面向现场，满足现场的计划与调度、技术与质量、成本与核算、劳务与物资、安全与文明作业的需要。

⑤在项目管理机构建成以后，应建立有益于组织运转的工作制度。

2) 项目经理部的部门设置和人员配备

项目经理部部门设置和人员配备的指导思想是要把项目经理部建成一个能够代表企业

形象面向市场的窗口，真正成为企业加强项目管理，实现管理目标，全面履行合同的主体。一般按照动态管理，优化配置原则，项目经理部的编制设岗定员及人员配备分别由项目经理、总工程师、总经济师、总会计师、政工师和技术、预算、劳资、定额、计划、质量、保卫、按测试、计量以及辅助生产人员 15~45 人组成设定。其中，专业职称设岗为：高级 5%~10%、中级 40%~45%、初级 37%~40%、其他 10%~13%，实行一职多岗，一专多能，全部岗位职责覆盖项目施工全过程管理，不留死角，避免了职责重叠交叉。

项目经理部可设置以下管理部门：经营核算部门、工程技术部门、物资设备部门、监控管理部门、测试计量部门。

(3) 项目管理组织的主要形式

1) 直线职能式项目组织

直线职能式组织结构形式呈直线状且设有职能部门或职能人员的组织，每个成员（或部门）只受一位直接领导人指挥。它是按职能原则建立的项目组织，并不打乱企业现行的建制。把项目委托给企业某一专业部门或委托给某一施工队，由被委托的部门（施工队）领导，在本单位组织人员负责实施项目组织，项目终止后恢复原职。

2) 矩阵式项目组织

矩阵式项目组织结构形式呈矩阵状的组织，项目管理人员由企业有关职能部门派出并进行业务指导，受项目经理直接领导。

矩阵式项目组织有以下几点特种特征：

①项目组织机构与职能部门的结合部同职能部门数相同。多个项目与职能部门的结合部呈矩阵状。

②把职能原则和对象原则结合起来，既发挥职能部门的纵向优势，又发挥项目组织的横向优势。

③专业职能部门是永久性的，项目组织是临时性的。职能部门负责人对参与项目组织的人员有组织调配、业务指导和管理考察的责任。项目经理将参与项目组织的职能人员在横向上有效地组织在一起，为实现项目目标协同工作。

④矩阵中的每个成员或部门，接受原部门负责人和项目经理的双重领导，但部门的控制力大于项目的控制力。部门负责人有权根据不同项目的需要和忙闲程度，在项目之间调配本部门人员。一个专业人员可能同时为几个项目服务。特殊人才可充分发挥作用，免得人才在一个项目中闲置又在另一个项目中短缺，大大提高人才利用率。

⑤项目经理对调配到本项目经理部的成员有权控制和使用。当感到人力不足或某些成员不得力时，他可以要向职能部门要求给予解决。

⑥项目经理部的工作有多个职能部门支持，项目经理没有人员包袱，但要求在水平方向和垂直方向有良好的信息沟通及良好的协调配合，对整个企业组织和项目组织的管理水平和组织渠道畅通提出了较高的要求。

3) 事业部式项目组织

事业部组织是在企业内作为派往项目的管理班子，对企业外具有独立的法人资格的项目管理组织。其特征是企业成立事业部，事业部对企业来说是职能部门，对企业外有相对独立的经营权，可以是一个独立单位。事业部可以按地区设置，也可以按工程类型或经营内容设置。事业部能较迅速适应环境变化，提高企业的应变能力，调动部门积极性。当企业向大型化、智能化发展时，事业部式是一种很受欢迎的选择，既可以加强经营战略管理，又可以加强项目管理。

3. 工程项目管理的目标和基本内容

工程项目的控制目标有：进度控制目标、质量控制目标、成本控制目标、安全控制目标。工程项目管理的目标是通过项目管理的工作实现的。为了实现项目管理目标必须对项目进行全过程的多方面的管理。工程项目管理的基本内容有：

（1）建立项目管理组织

①由企业采用适当的方式选聘称职的项目经理。

②根据项目组织原则，选用适当的组织形式，组建项目管理机构，明确责任、权限和义务。

③在遵守企业规章制度的前提下，根据项目管理的需要，制定项目管理制度。

（2）编制项目管理规划

项目管理规划是对项目管理目标、组织、内容、方法、步骤、重点进行预测和决策，做出具体安排的文件。项目管理规划的内容主要有：

①进行工程项目分解，形成施工对象分解体系，以便确定阶段控制目标，从局部到整体地进行施工活动和项目管理。

②建立项目管理工作体系，绘制项目管理工作体系图和项目管理工作信息流程图。

③编制项目管理规划，确定管理点，形成文件，以利执行。

（3）进行项目的目标控制

项目的目标有阶段性目标和最终目标。实现各项目标是项目管理的目的所在。因此应当坚持以控制论原理和理论为指导，进行全过程的科学控制。

由于在项目目标的控制过程中，会不断受到各种客观因素的干扰，各种风险因素有随时发生的可能性，故应通过组织协调和风险管理，对项目目标进行动态控制。

（4）对项目现场的生产要素进行优化配置和动态管理

项目的生产要素是项目目标得以实现的保证，主要包括：人力资源、材料、设备、资金和技术（即5M）。生产要素管理的内容包括：

①分析各项生产要素的特点。

②按照一定原则、方法对项目生产要素进行优化配置，并对配置状况进行评价。

③对项目的各项生产要素进行动态管理。

（5）项目的合同管理

由于项目管理是在市场条件下进行的特殊交易活动的管理，这种交易活动从招投标开始，贯穿项目管理的全过程，因此必须依法签订合同，进行履约经营。合同管理的好坏直接影响项目管理及工程施工的技术经济效果和目标实现。因此，要从招投标开始，加强工程合同的签订、履行和管理。合同管理是一项执法、守法活动，建设市场有国内市场和国际市场，合同管理势必涉及国内和国际上有关法规和合同文本、合同条件，在合同管理中应予高度重视。合同管理还必须注意搞好索赔，讲究方法和技巧，提供充分的证据。

（6）项目的信息管理

现代化管理要依靠信息。项目管理是一项复杂的现代化的管理活动，更要依靠大量信息及对大量信息的管理。项目目标控制、动态管理，必须依靠信息管理，并应用电子计算机进行辅助。

(7) 组织协调

组织协调指以一定的组织形式、手段和方法，对项目管理中产生的关系不畅进行疏通，对产生的干扰和障碍予以排除的活动。由于各种条件和环境的变化，在控制与管理的过程中，必然形成不同程度的干扰，使原计划的实施产生困难，这就必须协调。协调是为顺利"控制"服务的，协调与控制的目的都是保证目标实现。协调要依托一定的组织、形式和手段，并针对干扰的种类和关系的不同而分别对待。除努力寻求规律以外，协调还要靠应变能力，靠处理例外事件的机制和能力来实现。

主要参考文献

［1］刘祥顺主编．建筑材料．北京：中国建筑工业出版社，1997．
［2］李业兰主编．建筑材料．北京：中国建筑工业出版社，1997．
［3］张海梅主编．建筑材料．北京：科学出版社，2001．
［4］赵研主编．建筑识图与构造．北京：中国建筑建筑工业出版社，2004．
［5］李必瑜主编．房屋建筑学．武汉：武汉理工大学出版社，2000．
［6］江忆南，李世芬主编．房屋建筑教程．北京：化学工业出版社，2004．
［7］陈卫华主编．建筑装饰构造．北京：中国建筑建筑工业出版社，2000．
［8］危道军主编．土木建筑制图．北京：高等教育出版社，2002．
［9］刘昭如主编．建筑构造设计基础．北京：科学出版社，2000．
［10］舒秋华主编．房屋建筑学（第二版）．武汉：武汉理工大学出版社，2002．
［11］中华人民共和国建设部主编．建筑结构制图标准 GB/T 50105－2001．北京：中国计划出版社，2002．
［12］中国建筑标准设计研究院主编．混凝土结构施工图平面整体表示方法制图规则和构造详图 03G101－1．中国建筑标准设计研究院出版，2005．
［13］胡兴福主编．建筑力学与结构．武汉：武汉理工大学出版社，2004．
［14］罗向荣主编．建筑结构．北京：中国环境科学出版社，2003．
［15］吴承霞，吴大蒙主编．建筑力学与结构基础知识．北京：中国建筑工业出版社，1997．
［16］危道军，李进主编．建筑施工技术．北京：人民交通出版社，2007．
［17］姚谨英主编．建筑施工技术．北京：中国建筑工业出版社，2004．
［18］毛鹤琴主编．土木工程施工．武汉：武汉理工大学出版社，2006．
［19］危道军主编．建筑施工组织．北京：中国建筑工业出版社，2004．
［20］危道军主编．工程项目管理（第二版）．武汉：武汉理工大学出版社，2008．

尊敬的读者：

感谢您选购我社图书！建工版图书按图书销售分类在卖场上架，共设22个一级分类及43个二级分类，根据图书销售分类选购建筑类图书会节省您的大量时间。现将建工版图书销售分类及与我社联系方式介绍给您，欢迎随时与我们联系。

★建工版图书销售分类表（见下表）。

★欢迎登陆中国建筑工业出版社网站www.cabp.com.cn，本网站为您提供建工版图书信息查询、网上留言、购书服务，并邀请您加入网上读者俱乐部。

★中国建筑工业出版社总编室　　电　话：010—58337016　　传　真：010—68321361

★中国建筑工业出版社发行部　　电　话：010—58337346　　传　真：010—68325420
　　　　　　　　　　　　　　　E-mail：hbw@cabp.com.cn

建工版图书销售分类表

一级分类名称（代码）	二级分类名称（代码）	一级分类名称（代码）	二级分类名称（代码）
建筑学（A）	建筑历史与理论（A10）	园林景观（G）	园林史与园林景观理论（G10）
	建筑设计（A20）		园林景观规划与设计（G20）
	建筑技术（A30）		环境艺术设计（G30）
	建筑表现·建筑制图（A40）		园林景观施工（G40）
	建筑艺术（A50）		园林植物与应用（G50）
建筑设备·建筑材料（F）	暖通空调（F10）	城乡建设·市政工程·环境工程（B）	城镇与乡（村）建设（B10）
	建筑给水排水（F20）		道路桥梁工程（B20）
	建筑电气与建筑智能化技术（F30）		市政给水排水工程（B30）
	建筑节能·建筑防火（F40）		市政供热、供燃气工程（B40）
	建筑材料（F50）		环境工程（B50）
城市规划·城市设计（P）	城市史与城市规划理论（P10）	建筑结构与岩土工程（S）	建筑结构（S10）
	城市规划与城市设计（P20）		岩土工程（S20）
室内设计·装饰装修（D）	室内设计与表现（D10）	建筑施工·设备安装技术（C）	施工技术（C10）
	家具与装饰（D20）		设备安装技术（C20）
	装修材料与施工（D30）		工程质量与安全（C30）
建筑工程经济与管理（M）	施工管理（M10）	房地产开发管理（E）	房地产开发与经营（E10）
	工程管理（M20）		物业管理（E20）
	工程监理（M30）	辞典·连续出版物（Z）	辞典（Z10）
	工程经济与造价（M40）		连续出版物（Z20）
艺术·设计（K）	艺术（K10）	旅游·其他（Q）	旅游（Q10）
	工业设计（K20）		其他（Q20）
	平面设计（K30）	土木建筑计算机应用系列（J）	
执业资格考试用书（R）		法律法规与标准规范单行本（T）	
高校教材（V）		法律法规与标准规范汇编/大全（U）	
高职高专教材（X）		培训教材（Y）	
中职中专教材（W）		电子出版物（H）	

注：建工版图书销售分类已标注于图书封底。